アニマル・コネクション
人間を進化させたもの

パット・シップマン 著

河合 信和 訳

同成社

THE ANIMAL CONNECTION by Pat Shipman
Copyright © 2011 by Pat Shimpman
Published by arrangement with Pat Shipman,
in care of Tessler Literary Agency LLC, New York
through Tuttle-Mori Agency, Inc., Tokyo

目　次

プロローグ ……………………………………………………………………………… 1
　ある講演会での聴講女性からの奥深い質問／各地で出遭った人々に随伴する動物／聴講女性が気付かせてくれた動物とのつながり／人と動物の関わりの意味の探究へ／私の仮説――人類進化と動物との根源的なつながり／人類進化の三つの進歩

第1章　初めの始まり ………………………………………………………………… 9
　ヒトとチンプの分岐の乏しい証拠／最古の3種、オロリン、サヘラントロプス、カダッバ／420万年前のラミダス骨格の発見／古人類の種の区分の難しさ／アウストラロピテクス属と頑丈なパラントロプス属／特異な食性だったパラントロプス／340万年前の「石器」の疑問／ガルヒの発見が奪ったハビリスの最古の石器製作者の栄誉／行動面の進化、すなわち石器製作がヒト科を変えた

第2章　進化なき進化 ………………………………………………………………… 23
　石器の作り方の発見という大躍進／材質の選別への理解／オルドワン・インダストリーの確立／石核石器は剥片を剥がした後の廃品／身体外の適応としての道具製作／石器を作って使えば鋭い歯の進化は不要／変化もなく100万年以上続いたオルドワン／なぜヒトは石器を必要としたのか／石器によるカットマークの識別／精密化していく骨の傷跡の解釈／始まりから動物死体処理に石器の使われた証拠／例数のまだ少ない植物処理の証拠／大きさの多様な動物に満遍なくカットマーク／南ア、クルーガーの肉食獣の体重別標的の調査／初期ヒト科の獲物の予測／自分よりはるかに大型のライオンと似る初期人類の獲物／初期人類のハンターとしての適応はたった二つ／無能なハンターとしてのチンパンジー／石器が肉食獣と獲物の普通の関係を一変させた

第3章　注意を払わないと …………………………………………………………… 51
　カットマークの語る「力尽くの死肉漁り」だった可能性／石器のもたらした新しい食資源／肉食化の三つの効用／捕食者になったことで受けた強い淘汰圧／栄養学のピラミッド、頂点にいるのは肉食獣／頂点での暮らしは実は不安定／ホモに突きつけられた三つの進化の選択肢／肉食獣との干渉競争へ／ヒトが石器を作り始めた260万年前に11種もの大型肉食獣／石器はヒト科の暮らす生態系全体も変えた

第4章　道具、道具、道具？ ………………………………………………………… 69
　石以外の道具素材である骨／経験深いメアリー・リーキーの骨器の提起／オルドゥヴァイ骨器の再同定へ／ゾウの骨から作られたハンドアックス／「骨製金床」の凹みはワニの歯で付けられた可能性も／南アのボブ・ブレインとの出遭い／長骨の裂片は掘り棒の結論、だが……／新たな研究でシロアリを掘り出す道具と判

明／パラントロプスの骨に残ったシロアリ食の痕跡／南アのパラントロプスが骨器を使った？／南アフリカと東アフリカのテクノロジーの差の謎

第5章　ヒトに特有なのか？ ……………………………………………………85
間違っていた「道具製作者としての人」／チンパンジーの道具使用では56種もの行動の観察／コートジボワール、ヌルのチンパンジー「遺跡」／オルドワン石器よりヌル標本は重い／オルドワン専門家たちはヌルの「石器」に否定的／チンプの道具作りとオルドワン製作者との根本的違い／尖らせた棒で獲物を突くが、それは伸ばした手の延長／数十年の観察で明確化したチンプとヒトの道具の違い

第6章　ボノボの解決策 …………………………………………………………97
最初は懐疑的だったカンジの石器製作実験／カンジに関心をもたせる訓練からスタート／最初の解決策は石を床に投げて剥片を作ること／カンジに続き、妹のパンバニシャも石器作りに習熟／野生のボノボは道具を使わないし作らない／紐を切る以外の目的の転用には無関心／ある活動の因果関係を理解／力はあるが、石を打ち付ける速度はオルドワンに及ばない／ボノボの石器作りは非効率／本質的に道具製作者ではないボノボ／石器がヒト科と類人猿の進化に及ぼした五つの違い

第7章　レヴァント地方で一休み ………………………………………………113
ゲシャー・ベノット・ヤアコフ遺跡の画期的発見／火を使用して石器加工／火を特定の場所、炉で使い、魚介類も食用／火で炙って植物食の毒消し／75万年前の驚くべき革新

第8章　何を言ってるの？ ………………………………………………………121
第2の身体外の適応としての言語／情報の統合・組織化と情報の伝達／言語を使える能力と会話できることとは異なる／動物の言語能力は／象徴化行動としての言語／言語は思考の整理の手段／ジェニーの悲劇が示す言語の社会的側面／好奇心は旺盛で、学ぶべき重要な時期を失っただけ／知恵遅れの母と身振りで会話していたイザベルは言語を習得／言語は構文を必須とするチョムスキー説／複雑な内容を表現する役割をもつ「曖昧性解消項目」／単語の連なりだけのピジン語／初めから揃っていたわけではない言語の諸要素／単語理解、単語発音、文法の順で発達か／文法のある言語の400語の閾／コミュニケーションとしての三つの要素／構文がない動物のコミュニケーション／動物にさらに注意を払うのに必要だったもっと情報に富む意思疎通

第9章　それについては全部教えて ……………………………………………143
象徴を探せ／「革命はなかった」――2人の女性考古学者の与えた衝撃／60万年前のボド頭蓋に祭祀行動の跡／ヘルト現代人頭蓋には祭祀行動の跡／アフリカ、ブロンボス洞窟のオーカーの線刻／何かの概念を表した線刻の意味は未解読／6万年前のダチョウの卵殻にも／自らのアイデンティティーの表示、個人的装身具／長距離交易、骨・角・牙などの新素材の利用／大型獣狩猟、火の管理な

目　次　iii

ど——ただ古い人類にも見られた／持続していない？　アフリカでの現代人的行動／懐疑論者を説得する難しさ／現代人の様々な集団との出遭い、交換で表れた「革命」

第10章　言葉の広がり ……………………………………………………………161

よそ者と遭遇する機会の増加／ラスコー洞窟での衝撃と興奮／躍動する雄牛たち／「中国のウマ」の魅惑／死んだ男とバイソンの意味は／「泳ぐトナカイ」や「ネコ科のギャラリー」／正確に生態が写し取られた動物たち／先史芸術の目的は動物の情報の伝達／何が描かれなかったのか——人、植物、道具、風景……／5万8000年前の顔料の製作工房、シブドゥ洞窟／死活問題となっていた動物の精密な情報の記録／音響効果を計算していた芸術家：音楽の誕生／西南ドイツの3万5000年以上前のフルート／音楽の効果で芸術を介したコミュニケーション／動物とのつながりの深化が言語誕生へ

第11章　私のネコが玄関を開けるようねだる ……………………………………181

言語による集合知の累積が社会発展へ／ペットも人とコミュニケーションをとろうとする／カンジの個人史／「賢いハンス」は動物と人とのコミュニケーション例／座って教えるだけの行き詰まり／環境整えて学習が進んだが、カンジはまだ400語以下／節や再帰性構造の複雑な文も理解するカンジ／人間と動物とのコミュニケーションの可能性／子どもにも積極的には教えないチンパンジー／注意を引きつけてコミュニケーションをとる努力／見逃してはならない動物の反応の一瞬の機会／人間とボノボの対話をなし遂げた途方もない瞬間／ヘレン・ケラーが言語の獲得した瞬間／人類で獲得された言語は思考を整理・発展させた

第12章　共に暮らす ………………………………………………………………199

3万2000年前に始まった人類進化の最後の大飛躍／チャイルドの「新石器革命」／家畜化と馴化の違い／植物栽培化初期の矛盾／植物栽培化と動物家畜化の違い／家畜には親しみを抱き、意思疎通できる／家畜と意思疎通できた人たちがもった淘汰上の優位性／チャイルドの新石器革命仮説の検証／栽培家畜化は多元的であり、順番も実態と異なる／緩やかに進んだ「革命」／ロシアのギンギツネがたった40年で「イヌ」化／自然状態ではギンギツネ例のようには急激に進まない／チャイルド説を破綻させた3万2000年前の最古のイヌの発見

第13章　戸口のオオカミ …………………………………………………………215

食料として家畜化するには不合理なイヌ科／肉食のためイヌを家畜化するにはコストがかかる／非合理の塊のオオカミ家畜化は肉が目的ではなかったから／誰かがみなしごオオカミをキャンプに連れ帰った／コッピンガーの自己家畜化説／遊動する狩猟採集民のもとで自己家畜化は起こらない／先史時代犬はオオカミと家犬の中間の独立クラスター／正体不明の標本の帰属を判定／ゴウェ洞窟など旧石器標本3点は先史時代犬のクラスターに／ゴウェ洞窟原始犬の年代は3万2000年前／標本数の少ない幾つかの理由／古代オオカミ（？）の食は主にウマとバイソン／旧石器人に「敵」の接近を知らせる役目か／一塩基多型が明かした原始犬

iv

の故郷

第14章　家畜化の証拠 …………………………………………………………235
図像芸術などの開始と同時期に始まったイヌの家畜化／「生きた道具」を用いて自らのニッチを構築／家畜化の幾つかのポイント／家畜と野生種をどのように区別できるか／原初犬が洞窟壁画に描かれない理由／現代ペンシルベニアの家庭ゴミにシカの骨が多いが家畜ではない／ソリュートレ遺跡の家畜でないウマの骨の集積というバイアス／骨の死亡年齢と性別のパターンに家畜と野生種の違い／性比で1万年前のガンジ・ダレの家畜ヤギを立証／古くからイヌの役割は分化／角の中心角や突然の動物の出現も家畜化の判断基準／初期の家畜化で動物は小型化、食性も変化／ユーラシア7地域で独立に起こったブタの家畜化／カザフスタン、ボタイ遺跡のウマ家畜化の研究／ボタイのウマの骨の54%は去勢された？雄の成体／ウマの大半は成熟個体で、全部位が見つかる／馬具の存在を裏付ける小臼歯の磨耗痕／家畜の糞に含まれる高濃度のリンと尿の塩分も検出／土器片から検出された馬乳脂肪の痕跡が決定打／ステップ地帯の文化発展を変えたウマ家畜化／最初にウマを家畜化した人たちの大きな利益

第15章　メー、メーと鳴く黒ヒツジ（厄介者）、どんな毛を採れる？ ………263
「革命」を否定する栽培と家畜化に横たわる年代的ギャップ／偶然だった栽培家畜化の開始／ヤンガー・ドリアス期のもたらした多角的な食資源の開発／肉以外の供給を重視する「二次産物革命」説／時間と労力を投入した家畜化の鍵は再生可能資源／11種もの資源をもらたした「生きた道具」／家畜の助けで新たな居住地に進出／動物への認識が家畜化の基礎／動物側の家畜化の条件と人間の側の要件／家畜飼育で変わった人間

第16章　夕陽に向かって駆ける …………………………………………………277
歴史を変えた動物原性感染症／パックス・モンゴリカとウマがペストを世界的疫病に／中世ヨーロッパを荒廃させた黒死病の蔓延／繰り返される動物原性感染症の大流行／動物と人との長期の濃厚な接触が病気を生んだ／人は家畜化で生き延びた動物と共進化したが代償も伴った／家畜化と人口増が病原体に開いた新しいチャンス

第17章　現代世界における動物とのつながり …………………………………287
かくも大きなペットの占める位置／ペットへの愛好は遺伝的基礎をもつ行動／人の健康保全と癒しとなるペット／捕食動物の本能は消せず、危険を伴う接触もある／動物と関わりたいという欲求は果てしなく／260万年のタイムスパンで動物との関わりを観た本書／現代の都市に欠落する動物との関わりの維持の視点／現代人はいかに動物との接触に餓えているか／想像もできない動物のいない世界

図版クレジット 299

謝　辞 301

訳者あとがき 303
　　人と動物との関わりと身体外の適応というユニークな視点／ウマの家畜化の意義と動物原性感染症の出現／初期人類の誕生期／ホモ3種の鼎立／南アと東アフリカのパラントロプスはやはり別系統か／顔料製作工房はさらに古く

アニマル・コネクション　人間を進化させたもの

プロローグ

ある講演会での聴講女性からの奥深い質問

「何か骨を見つけたとして、貴女はそれが人間だってどうやって分かるんですか？」。会場の後方で、ある女性が質問した。

このような質問は、私がそうだが、本書の読者が古人類学者で、私のように一般向けの講演会に出れば、聴衆からかなり頻繁に出てくる。専門家でない人から質問を受けると、私は「教師の耳」で聞くようにしている。質問者が言葉どおりに語っていることではなく、質問者が言わんとしていることを聞く耳である。冒頭の質問者の言わんとすることは、通常は「貴女が高等霊長類の化石を見つけたら、どうやってそれがサルかヒトかを見分けるんですか？」ということだ。多くの人々はヒトとチンパンジーは遺伝的配列の99％を共有しているということを知っているので、特にそうした質問が向けられるのである。

一つの答えは、こうだ。「ご存知のとおり、化石にはラベルが付いていません。化石の動物がどんな適応をしていたかを解明するには、まず化石を見つけるためにしたのと同じくらい、いやそれ以上、研究しなければならないんです。化石に見られる解剖学的特徴を、サルの特徴、ヒトの特徴、あるいは他の動物の特徴と比較し、どれが一番、一致点が多いか、どれが最も似通っているかを見るんです。そうやって同じ動物のさらに多くの化石を見つけられると希望を持てれば、検討できる骨がさらに見つかるでしょう」。

その女性の声や知性的な視線にあるものは、彼女がもっと普遍的なこと、もっと重要なことを意味しているのでは、と推定させた。私には彼女が実は非常に奥深い質問をしているのだと分かった。つまり人間とは

何を意味するのか、という問いだ。

驚くだろうが、その答えは「私たちのようなものである存在」ではない。長い年代的視点で見れば、今日のホモ・サピエンス・サピエンスは、数十万年間もうろつき回り、変化を続けてきた種の中でもかなり進歩したメンバーだと言える。逆説的に聞こえるかもしれないが、私たちはヒトの種が現れた当初から「我々」ではなかった。

長期的で幅広い視点から言えば、人間とは私たちの含まれる属と同じホモ属のことであり、200数十万年間の歴史をもつ。その間に、私たちの古い祖先は「彼ら」——我々ではない存在——から「我々」に進化したのだ。だがその進化は、すぐにも、そして素早く起こったものでもなかった。

各地で出遭った人々に随伴する動物

質問者に、人間のユニークな解剖学的特徴と行動的特徴——私たちに似た歯、比較的に大きな脳、二本脚で真っ直ぐな姿勢で歩くこと、複雑な道具の製作、十分に発達した言語——を詳しく説明した回答を始めると、何かが思いがけずに私の頭をかすめた。それは、かつて自分の目で見たり、読んだりしたことのある世界の民族の映像コラージュのようなものだった。

プラハ、アクラ、北京などのやかましく活気に満ちた都市住民、ジャングルに通じる狭い小径に消えていった物静かで黒い髪の毛をしたアマゾンの狩猟採集民が、現れた。私がかつて発掘調査していた地域のマサイ族のように、荒涼としたケニアに暮らす優雅で誇り高い牧畜民、がっしりとして、青白い肌をした、堅実な中西部アメリカの農民もいた。背が高くて日焼けしたカリフォルニアの少女、サリーをまとい、黒い目と髪をしたデリーの美女、こざっぱりした格好をした中央アフリカの深い密林に暮らすエフェ・ピグミーも現れた。また青々とした菜園と一緒に

パプアニューギニアの部族、細身で漕ぎやすい丸木舟を漕いでいる筋肉隆々としたポリネシア人、真っ黒の肌のウシ飼いのオーストラリア・アボリジン、稲の植わった水田でスイギュウを慈しむ痩せたジャワ島農民も、思い出した。さらに、ターバンを巻いたサハラ砂漠のトゥアレグ族、ステップでウマに乗ったモンゴル族、厳しい寒さに耐えるためにゴワゴワした皮のパーカとレギンスを身につけたアラスカのイヌイット狩猟民……。彼らのイメージが、私の胸中を次々に通り過ぎていった。

頭の中のこの世界旅行を思い出すと、人間の多様性に満ちた生活様式、住居、体形・体格、肌の色、習慣、居住地に驚嘆させられる。私はまた、人間たちをまとめている存在、他の人類学者も生物学者もほとんど注意を払ってこなかった行動も初めて見た。

頭の中をかすめていったそうした民族のイメージのどれにも随伴しているのが、動物であった。誰であれ、世界のどこかに出かけ、その土地に住む人たちを見れば、そこに動物がいることだろう。そのことを、私は前は気にも留めなかった。動物は、人間の居住地、大切なペット、貴重な家畜、仕留めた獲物、人や財物などを運ぶ役畜にとって、どうでもいいような、時には望まざる訪問者かもしれないが、動物たちはともかく身近にいるのだ。人はそれらの動物を受け入れ、餌を与え、育て、一緒に遊び、繁殖させ、訓練し、使役し、食べるのだ。私たちは、動物と一緒に物を考えている。

聴講女性が気付かせてくれた動物とのつながり

なぜ驚いたのかは分からない。私自身、いつも動物たち——ほとんどネコとウマだが——と一緒にいるし、動物抜きの暮らしは不完全だと感じているからだろうか。動物と暮らし、動物とコミュニケーションをとり、一緒に活動することは、私にとって大いなる喜びなのである。

その瞬間、私は気がついた。動物と暮らすことは、人間にとってユニー

クな特質なのだ、と。野生の世界で、他の動物と親密に暮らしている動物は、他にいない。シマウマはアンテロープ（羚羊類）を群れに受け入れないし、シカは自分たちを守ってくれると期待して決してオオカミのアカンボウの面倒を見たりはしないし、サルは育ててペットにするために幼いマングースを連れ帰ったりもしない。捕らえているという状況以外に、他のどの動物も、別の動物の個体と長期的な養育関係を日常的に持つ種はいない。サイの皮膚に寄生するダニを食べるウシツツキとサイは、互いにその存在を容認しているが、あるウシツツキが特定のサイの「所有」であったり、あるいはその逆であったりすることはない。その関係は広く見られ、また偶然の結びつきであって、1対1の特殊なものではないのだ。

　人間の行動は文化的に条件付けられ、可変的でもあるので、人類学者が人間の普遍的な行動様式に気付くのは非常に難しい。だが動物と共に生きることは、実際に人間の特徴であり、その歴史は非常に古く、またかなりの重要性ももつのである。何がヒトを人間にしたかについての謎を人類学者が解明する時、彼らは「動物と私たちとの結びつき」だとは言わないが、私はそうに違いないと考えている。

　冒頭の女性が唐突に発した真剣な質問は、人類進化で一番長期に及び、最も忍耐強く進んだ傾向は緩やかに強化された動物と人との関わりであったことを教えてくれた。人間と動物との関わり、結びつきは、私たちが誰であり、何の種かを大いに明らかにしてくれる。そしてこれはあくまでも想像なのだが、動物との結びつきは、遺伝的に選択されてきたのではなかろうか。

人と動物の関わりの意味の探究へ

　頭の中にこの洞察を入れて人類進化のストーリーをとことん考え抜いた時、人類進化の過程でのたくさんの真実と節目を誤解していたことに

気がついた。今、私に明らかになったことは、人間と動物との関わりは、流れの速い川のように人が過去260万年間の進化を通じて流れを通り抜けてきたということだ。現代人のもつ人間らしさに向けての行動と能力を伝えながら。一つの途切れのないテーマへという人類進化の、一見した限りでは別物のような出来事をまとめ上げたものこそ動物との結びつきだったのである。

この思いつきは、講演後の数週間、私の心の中で増殖していき、その結果、私は人類進化の新しい視点を見つけた、と悟った。聴衆のその人が誰であるか、彼女がなぜ私の講演を聴きに来たのかは分からないが、私は彼女に感謝の念をもっている。彼女の素朴な好奇心が人間という動物の特徴となる新しい特質――以前は見過ごしていた重要な特質に私が気付く引き金を引いてくれたからだ。動物と人間との関わりの意味を探究しようという私の決断は、その思いつきの瞬間から始まった。本書と新しい多くの疑問は、その着想に由来するのである。

動物と私たち人との関わりは、文字どおり「ヒト」を「人間らしい存在」に変えたのだろうか？　動物は、今も人間であることの本質の中核に位置するのだろうか？

人は動物と接点を持ちたいと願い、それが必要だから、多額の金をペットと家畜に投じたり、動物園や野生動物の群れる国立公園、野生保護区などに出かけるのに消費したりしているのだろうか？

私たちは動物のいない世界に近づきつつあり、あるいはそこで暮らしているのだろうか――そして種としてのヒトの未来にとってそれはどんな意味があるのだろうか？

私の仮説――人類進化と動物との根源的なつながり

最初に、私の仮説をはっきりさせておこう。

ヒトという種の他と異なる明らかな特徴は、少なくとも260万年前の

石器製作の開始から重要性を高めてきた動物との結びつきを持続してきた、ということである。その特徴がヒトを人間にすることになり、私たちを他の動物と区別させるものになり、その特徴は、部分的にか全面的にかはともかく、ヒトの遺伝子にコードされている。ただ私は、動物との結びつきが唯一の明確な特徴だとまでは言わない——本書で多くのページを費やして他のことを論じるつもりだ——が、動物と私たちとの結びつきは非常に奥が深く、古く、また根本的なものなので、それを考慮に入れないと人類進化も人類の本質もしんそこ理解できないだろうとは述べたいと思う。

以上が私の確信していることについての見解だが、科学的に検証できる仮説ではない。批判的な読者——考える読者——を説得するために自説の意味するところを詳しく説明し、予測を立て、その検証を行い、それが確かな証拠によって裏付けられるかを調べることが必要だ。声高に、そして熱狂的に主張したとしても、それは科学としては全く不十分なのだ！

ほとんどの科学では、誰であれ自分のアイデアを検証するために何らかの実験を考え出す。だが古人類学では、実験ができない。時間をさかのぼり、いくつかの変数をいじくりまわしても、進化の間に別のことが起こったことを確認できないからだ。私たち古人類学者にとって実験室とは過去であり、実験とはすでに起こったことである。これから何が起こるかではなくて、化石と考古記録で見つけ出せるかもしれないすでに起こったことについて、過去を予測しなければならないのだ。古人類学者は、その証拠をもっと賢く吟味して検証することで、自分の仮説を確証したり反証したりしようと努める。実験科学者にしてみれば、これはちょっと変わった作業のように思えるかもしれないが、過去を研究する者ができる主な方法なのである。

人類進化の三つの進歩

 化石の分類法と命名について独自の見解に基づき、古人類学者は、現生人類を含めて私たちの系統のどの種をもヒト科とかヒト族と呼ぶ。本書で、私たちの系統のストーリーを語る。そして、技術的な細部のことでつまらない論争に関わりたくないので、本書ではホモ属のどの種をも人間と呼ぶことにする。

 ヒト科の系統の行動の進化は、次の三つの進歩に要約できる。すなわち、

 1 石器製作
 2 言語使用と象徴的行動
 3 他の動物の家畜化

である。

 私の仮説が正しければ、上記の進歩で線引きされた人類進化の三つの段階で、私たちの祖先は動物と別ちがたく結びつけられていたというはっきりした証拠を見つけられるだろう。言い換えれば、動物は人の暮らし方、人類の進化した行動と解剖学的構造の核心であるはずだ。動物と関係をもつようになって祖先がいかに恩恵を受けたか、人との関わりが動物にいかに選択的利益をもたらしたかを見つけられるに違いない。そして動物と人との関係がどんどん重要になっていった意味を見定めることができるはずだ。さらにまた、動物と人との結びつきが、人類進化における上記三つの大きな行動上の進歩をどのようにして引き起こし、またどのように寄与したのかを見つけられるに違いない。本書を読み終わるまでに、読者は私が正しいのか間違っているのかを判断できるはずだ。

 こうした予測に対する私の仮説を検証するために、『不思議の国のアリス (*Alice's Adventures in Wonderland*)』の裁判で王様が白うさぎに与えた賢者の忠告に従うことを決めた。「初めから始めるがよい。そして最

後にくるまで続けるのじゃ。そうしたら止まれ」。

　白うさぎの原理に従い、私は人間の系統のまさに最初のメンバー、つまり「初め」を見ていくことから始めよう。それから現代人の時代まで年代に従って進んでいく。それぞれの段階では起こった変化を検討し、動物との結びつきが果たした役割を指摘していくことにしたい。

第1章
初めの始まり

ヒトとチンプの分岐の乏しい証拠

　現生人類と関係するヒト科の系統は、およそ600万〜700万年前のアフリカに起源をもっている。それ以前にヒト科と認められる身体的、解剖学的特徴をもつ化石は、世界のどこからも見つかっていない。しかしそれ以降になると、ヒト科の化石は多くなる。したがって現生のチンパンジーとボノボにいたる系統と人類につながる系統とは、この間のいつの時かに分岐したのだと思われる。

　「思われる」と言ったが、その理由は、かつて生きていた種のすべてが化石として保存されているわけではないからだ。進化を研究する者は、誰もが自分たちの手にした化石記録が完全ではないだろうという、たじろぎたくなる現実に直面している。ではヒトと類人猿の分岐年代──化石記録に基づくもの──は、信頼できるのか。化石が5万年前より古ければ、放射年代測定法はかなり正確なものになり得る。測定された年代は、その化石の上下にある地層の年代だからだ。ただ、化石そのものの年代ではない。そのうえ地上を歩き始めた最古のヒト科の骨が保存され、その後に古人類学者に発見され、さらにそれがヒト科だと突きとめられるチャンスは、極めて稀だ。それならこの二つの系統がいつ別れたのかを、化石は古人類学者に教えてくれるものだろうか。

　幸いにも、この問題に光明をもたらしてくれる第二の証拠がある。異なる現生種間のDNAの配列を割り出し、ある種ともう一つの種とのDNAを比較する方法だ。それにより遺伝学者は、二つの種が分岐して以来、進化の過程でどれだけの数の遺伝子の突然変異が起こったかを計

測できる。異種間の同一の遺伝子の変異を数えることで、遺伝学者は一種の分子時計が利用できるようになるのだ。それぞれの DNA の変異が時計の時の刻みを表すとみなせるからだ。遺伝子が異なれば変異率も異なる——時の刻みが早くなったり遅くなったりする——ので、多数の遺伝子を調べ、その結果を関連づけられれば、この方法は正確になる。チンプとヒトの分岐の場合、化石証拠の示すとおり、400 万～600 万年前の年代に収斂するたくさんの分子証拠がある（訳者あとがき参照）。つまりチンパンジーとヒトの分岐年代を推定する二つの方法が存在するのだ。

最古の 3 種、オロリン、サヘラントロプス、カダッバ

しかしながらヒト科の系統の最古の種は、およそ人間らしくは見えず、あなたにも私にも全く似ていなかった。事実、最初のヒト科とされるものの実態は、かなり不明瞭である。

現在、アフリカで 3 種の化石が見つかっており、そのどれもが最古のヒト科の可能性がある。すなわち約 600 万年前のオロリン・ツゲネンシス、それとは別の方法で年代推定され、600 万年前より古いと考えられていて、ひょっとすると 680 万～720 万年前にもなるかもしれないとされるサヘラントロプス・チャデンシス、そして 520 万～580 万年前と年代測定されているアルディピテクス・カダッバである。この 3 種のどれも、まだ完全な骨格が発見されていないし、それぞれの種の骨格の共通する部分はどれも見つかっていない。そのため、最古のヒト科の適応形態を言葉で詳しく説明することはできない。これらの古い種の 1 種か 2 種、あるいは 3 種全部が、最古のヒト科であるのかそれともチンパンジーとヒトの最後の共通祖先なのか、まだこれから証明されていく必要があるだろう。

ただ私たちは、この 3 種を二つの特徴から早期のヒト科の候補と考える。その二つとは、彼らがヒト科にふさわしい歯と脚をもつことだ。3 種

のすべてが、類人猿の犬歯よりも現生人類のそれに良く似た犬歯を備えている。類人猿の犬歯は、人のものより大きく、短剣状である。私たちの犬歯は、小さく、先端がすり減って平坦になっている。歯と同様に、前記3種すべては、下肢の骨から直立二足歩行していたのではないかと推定できる。だがそれを確かなものにするには、もっと多くの骨が必要だろう。ヒトの系統は、地表を常習的に立ち、大股で歩くように機能する——カンガルーのような跳躍する歩き方で跳ねて回るのではなく——2本脚で移動する唯一の哺乳類なので、どんな直立二足歩行動物もヒト科にふさわしい候補と言えるのだ。私たちの歩き方は、それほど特殊であり、特徴的なのである。

420万年前のラミダス骨格の発見

　上記の結論は、もう一つの、前記3種より新しい（たった420万年前の）化石で補強されている。それは、アルディピテクス・ラミダスという名の、アルディピテクス・カダッバに近い関係の種の化石である。幸いにも、私たち古人類学者はアルディピテクス・ラミダスのたくさんの骨を手にしている。その中では、「アルディ」という愛称をもつ雌の成体の部分骨格が有名である。アルディは、2009年の年末に科学雑誌と一般向けの新聞・雑誌で鳴り物入りで発表され、『サイエンス』誌によりその年の最大の発見だと指名された。アルディと彼女の仲間の分析の発表で、科学界は大きな驚きに包まれた。

　まず第一に思いがけないことに、アルディはラミダスの雄個体とほとんど変わらないほどに大きかった。アウストラロピテクス・アファレンシスのようなさらに新しい種では、例えばルーシーと呼ばれる雌の部分骨格で最もよく知られているように、雌は雄よりもずっと小さい。これは、性的二型と呼ばれる。

　第二に、体の大きさに比べて彼女の頭蓋はかなり小さく、また前歯も

小さい。前歯が小さいことは、ヒト科に典型的な特徴である。

　第三にアルディは、(かつて直立二足歩行の進化に不可欠と考えられた) サバンナではなく、森林性の居住地で発見された。またアルディと一緒に発見された他の動物も、圧倒的に森林居住性だった。例えばコロブスというサルや森林性のアンテロープなどである。

　第四にアルディは、全く新しい歩き方で、地上で直立二足歩行していた。その歩行様式は、化石と言わず現生動物と言わず既知の他の種には見られない歩き方だった。それでもアルディは、四本脚で木に登っていたであろう。もしアルディの直立二足歩行の種類がヒト科のもっと古い種でも標準的なものであったとすれば、直立二足歩行の進化は、これまで誰も予測していなかった、非常に奇妙な経過をたどったことになる。

　最後に多くの初期ヒト科のように、アルディピテクスは、肉食獣の餌

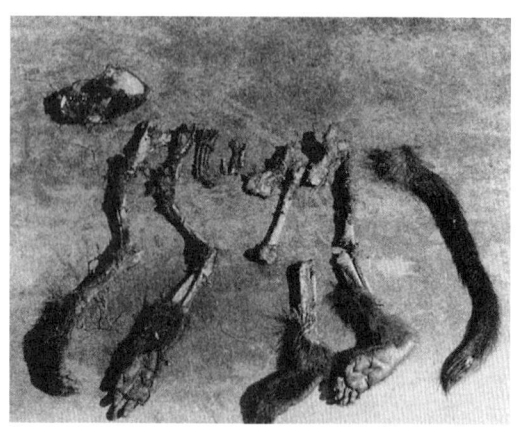

図1　ラミダスの骨格とヒヒの残骸
アルディピテクス・ラミダスの部分骨格 (左) は、チーターに捕食されたヒヒとの残骸 (上) に非常に良く似ている。このことから、アルディピテクス骨格のなくなった部分は、ディノフェリスのような絶滅したネコ科動物が食べたのではないか、と推定できる。

食となっていた動物だったと思われる。アルディの骨も含めて、アルディピテクス化石の多くに、何かの肉食獣に噛まれ、しゃぶられた痕跡がある。たぶんそれは、剣歯ネコの一種のディノフェリスだっただろう。ディノフェリスは、巨大な犬歯を備え、大きな体をしていた。アルディを貪った後にディノフェリスが残したものは、現生のチーターがヒヒを餌食にした後に残した跡とそっくりだ。つまり頭蓋と歯、手先まで完全な腕、足まで完全な脚は残るものの、肋骨、脊椎骨、肩甲骨、骨盤はごく僅かしか残らない（図1）。

アルディは、確かに小さな歯をもった直立二足歩行をする類人猿と呼べるだろう。ただ類人猿ではあっても、直立二足歩行を行い、小さな犬歯しかもたないことから、アルディは、類人猿ではなくやはりヒト科に含められる。これは、ヒト科系統の最古の種の記載としては実にありきたりだけれども、おそらくはそれは正しいのだ。それら最古のヒト科と最初の人間との間には、進化の過程でたくさんの変化が起こり、多数の絶滅した種が存在した。そしてそれらは、傍系の系統であったか、進化の側枝であった。

古人類の種の区分の難しさ

化石記録で何が新しい種であり、何がそうでないかを決めるのは、やっかいだ。生物学では、二つの個体群が繁殖上、互いに隔離されているのなら——両個体群が互いに交雑できないまま、長く生き延びられる繁殖力のある子を生めない状態のことだが——、それぞれ別種と定義される。だが化石となると、彼らの（かつての）性生活については慎重な考察が必要だ。だからその代わりに、二つの種の現生の個体間の差違を基準に、二つの化石の形態的違いがどの程度なのかという評価に頼らなければならない。ヒト科化石群の早期のグループでは、完全な骨格はほとんど発見できない。だから骨格の同一部位を見つけられるほどの幸運に恵まれ

ることはまずなく、そのためにそれぞれの個体が似た生活形態に適応して同じような格好をしているのかどうかを調べようとしても、複数の個体化石を相互比較することはできないことが多い。

　化石を計測し、それを復元し、他の化石と比較するのに優れた方法がいくつかあるが、新発見の化石が新種なのかどうかを評価するとなると、主観的要素が入り込む余地もある。古人類学者は、よく次のような冗談を飛ばすことがある。基本原則は、こうだ。つまり*私*が化石を発見したのなら、それは新種だ。けれども*君*が発見したのなら、それは新種じゃない、と。現実に似たような化石群をじっくりと、しかも綿密に研究すると、研究者によっては多数の種を創設するバイアスに陥ることがある。その研究者は、多数の個体の変異を細部にまで認めるからだ。そうした科学者は、「スプリッター（細分主義者）」と呼ばれる。大まかに見て二つの似た化石を互いに別種だとするには、例えば体の大きさ、四肢プロポーション、歯のサイズでどれだけの違いがあればいいのだろうか？　頰歯の食物を磨り潰す領域で20％の違いがあれば、二つの化石を別々の2種と分類するのに十分なのか？　それとも5％、あるいは30％なのか？　答えは、個人的見解という部分が多い、ということになる。

　それとは別の研究者は、共通する特徴と解剖学的特徴に表れた適応の全体像をより重視する。彼らは、「ランパー（包括分類派）」と呼ばれる。こうした研究者たちは、体サイズや歯の形態の違いを観察し、それを現生の人間の中に見られる違いと比較する傾向がある。すると例えば、ランパーはこう言うかもしれない。「そうだね、この化石は脚と比べてほぼ長さが等しい腕を持っているのに、もう一つの化石は脚ほど長くはない腕をもっているだけだね。基本的にこの解剖学的構造から言えるのは、彼らは両方ともテナガザルやフクロテナガザルのように樹上で腕渡りしていた長い腕をもつ種だったから、私は二つとも同一の種に含めるよ。たぶん単一の進化系統に属するのだろうね」。

この問題を説明するために、具体例を挙げることにしよう。競馬の騎手とフットボールの選手が人間の体の大きさと形態の極端な例だとしよう。そしてもちろん、両者は同一の種の一員だ。だとすれば、二つの化石を互いに別種とするには、それ以上の違いを示していなければならないのではないか。完全で、それぞれの大きさが完璧に保存されている数体の骨格があれば、理想的なことは確かだ。だがそんなことは、ほとんどありえない。仮にそれだけ揃っていても、確証するにはどれだけの数の骨格があればいいのだろうか。たまたま見つけた化石が、平均のサイズだという可能性はどれだけあるのか。もし何らかの統計的な偶然で、保存された化石二つが最大の個体、あるいは最小の個体、さらにはその両極端だったとしたらどうなのか。

こうした問題は、かなり悩ましい謎でもある。よくありがちなこの性質のために、専門用語についてたくさんの論争が交わされるが、問題の化石種の目に見える解剖学的特徴と復元された行動については、それと比べれば論争は少ない。

アウストラロピテクス属と頑丈なパラントロプス属

400万年ちょっと前以降になると、アフリカでヒト科化石が大量に見つかるようになるが、他の大陸にはまだ出現しない。アルディピテクスは、その後に現れたヒト科の種の一つの祖先であっただろうが、その後のすべての種の母体であった可能性もある。ランパーかスプリッターのどちらと話をするかにもよるが、420万〜約250万年前にアフリカで暮らしていたヒト科は、少なくとも7種、たぶんそれ以上の種がいただろう。時には2種ないしは3種が、同時期に生息していた。このすべてが後に絶滅するが、後に別の種を生み出す子孫を残した。

これらの初期ヒト科の大半は、アウストラロピテクス属（この属の意味は「南の猿人」）に属する。大まかな年代順に挙げていくと、アウスト

ラロピテクス属の種として、アウストラロピテクス・アナメンシス、アウストラロピテクス・アファレンシス、アウストラロピテクス・ガルヒ、アウストラロピテクス・アフリカヌスが含まれる。ただしこれは、必ずしも祖先と子孫を示す系列ではない。アウストラロピテクス・アファレンシスのグループのもっとも有名な個体に、ルーシーがいる。しかしルーシーより完全さで劣るアウストラロピテクス個体なら、何千と見つかっている。くだけた会話や一般向けの記事では、古人類学者はこの属に含まれる種を「アウストラロピテシーネ」か、それよりもさらに適切さを欠く呼称である「アウストラロピス」と俗称することがある。

　これと同時期に、アウストラロピテクスにいくぶんか似ているが、彼らよりもはるかに大きく、平坦な頰歯（臼歯）と頭蓋上に強大な咀嚼筋の付着部となる大きな骨稜をもった初期ヒト科の種がいた。一部の古人類学者は、これらの化石もアウストラロピテクス属に含める。これも大まかな年代順に挙げていくと、以下のようになる。アウストラロピテクス・エチオピクス、アウストラロピテクス・ボイセイ、アウストラロピテクス・ロブストス、である。ただ別の古人類学者たちは、前記のアウストラロピテクス群と異なる体サイズや歯の大きさの違いに着目し、このグループを別の属であるパラントロプス属に分類する。私も、本書ではパラントロプスという属名を用いることにしたい。

　どちらの名前を用いるにしろ、パラントロプスとアウストラロピテクスとは、互いに密接な関係があり、身体の各部分で良く似ていた。現代人のような歩き方ではなかったけれども、全種とも直立二足歩行者だったし、現生の類人猿よりも（体サイズに比べて）大きいか、同程度の大きな脳をもっていた。彼らはほぼ確実に全身が体毛に覆われていたし、顔、両手、それに体形と身体のプロポーションは、人間とは違っていた。彼らは何も身にまとわず、火も使用せず、さらに住居も作らなかった。もちろん家畜などを飼うこともなかった。また現生の類人猿のように、

パラントロプスもアウストラロピテクスも、もっぱらベジタリアンだったと思われる（広い意味の草食動物である）。構成比率は様々だったろうが、果実、木の実、塊茎、そして木の葉や枝を食べて栄養の大半を得ていたのだろう。

特異な食性だったパラントロプス

　頑丈な身体のパラントロプスは、食性と関連しているが、非常に特殊化した解剖学的構造をしていた点でアウストラロピテクスと異なる。彼らの頰歯の大きさ（巨大）、歯のエナメル質の厚さ（厚い）、咀嚼筋が付着する骨稜（印象的）といったすべての特徴は、彼らがアウストラロピテクスよりも堅い食物を食べていたことを物語るものだ。だが彼らの歯を顕微鏡で観察した研究では、もっと話は複雑になることが明らかになっている。

　動物が食べる食物は、歯のエナメル質に細かい傷を残す。普通は顕微鏡下でしか観察できないが、その細かい傷跡のパターンは、動物の該当する食性（草食者、肉食者、堅果食者など）を歯だけから同定できるほどはっきりしている。（木の実のように）堅い食物や（厚い葉や植物の枝といった）歯ごたえのある食物を食べるのに適応した歯の形態にもかかわらず、その歯を調べられた個体は、上記の食物は果実のような柔らかい食べ物がない時だけ代わりに食べる代用食であったことを推定させる細かい傷跡を残していた。特に南アフリカのパラントロプスは、一年の一時期だけ代用食として堅い木の実を食べていたようだ。

　彼らは人間の祖先かいとこであったかもしれないが、アウストラロピテクス類もパラントロプス類も、人間ではなかった。それらの中には私たちの系統に連なるものもいるが、私たちそのものではなかったのだ。

　なぜか？　彼らは体サイズに対して見合うだけの大きな脳をもっていないから、私たち自身と呼べるだけの私たちに似た脳頭蓋の解剖学的特

徴を備えていないのだ。それに彼らは、人間にふさわしい行動も示していなかったらしい。もっとも人間かそうでないかの境界線をどこで引くかは、明確ではないが。

340万年前の「石器」の疑問

　石器製作は、人間の最も古い行動の特徴であり、また考古記録の中でかなり同定の容易な行動なので、どの初期ヒト科が石器を作り、使用したかを、私はぜひとも知りたい。

　これは表面的に見る限り単純な課題のようだが、実は解決はかなり難しい。ある種が石器と同じ場所で死んで見つかったからと言って、その種が石器製作者だったとは必ずしも言えない。あまり真面目な例ではないかもしれないが、タンザニアのオルドゥヴァイ峡谷の人類遺跡で初期の石器とともに一番多く見つかる動物は、アンテロープだとだけは言っておこう。石器と空間的な共伴だけで誰が石器製作者だったかを証明できるとするなら、たくさんのアンテロープが260万年前頃に石器を作り始めたことになる。そんなことはありえない！　さらに同じ時期に同一場所に2種以上のヒト科が暮らしていたことが分かっているので、どれだけの種が石器を作り、どの石器をどの種が作ったのかを突きとめるという別の問題も生じる。

　つい最近、カリフォルニア科学アカデミー人類学部門学芸員のゼレセネイ・アレムゼゲドが率いる調査チームが、340万年前の化石骨2点に傷跡を見つけ、それは石器によって付けられたカットマーク（切り傷）と判定した、と発表をした。今後の調査でこの発見が確認されるとしたら、驚くべき成果と言える。これまで世界中のどこからも、260万年前より古い石器は知られていないからだ。アレムゼゲドの調査隊が2点の骨を発見したエチオピアのディキカでも、未発見だ。石器なくして、どうして石器のカットマークを付くのか？

この疑問が、この傷跡の研究者の評価を二分している。アレムゼゲドらはその傷の同定を間違えており、傷はおそらくワニか肉食獣によって付けられたものだろうと考える人たちがいる。さらにまたその骨の年代推定には疑問がある、と考えている研究者もいる。2点の骨は表面採集で見つかったもので、発掘で掘り出されたものではないからだ。さらに調査隊の発見を擁護する研究者の中でも、次のように考える人たちがいる。この発見が示すのは、鋭利な縁辺をもつ石ころが初期人類にたまたま使われた、ごく緩やかに進んだ便宜的な道具使用の始まりにすぎず、初期人類はまだ石の加工をしていなかったのだ、と。こうした道具は「便宜的道具」と呼ばれていて、道具**使用**は示すものであっても道具**製作**とは言えない。そうだとすれば、道具使用は最初の80万年間にごくたまにしかなかったはずなので、道具使用の証拠は化石の記録と考古記録では僅かしか識別できず、260万年前までヒト科の生物学的構造に可視的な影響を及ぼさなかったのだ。アレムゼゲドの主張をめぐるこのような論争は、したがって今後の調査の進展によってしか解決されないだろう。

ガルヒの発見が奪ったハビリスの最古の石器製作者の栄誉

　150万年前頃に絶滅する以前に、アウストラロピテクスやパラントロプスが石器を作った可能性を証明も否定もする方法はないが、次章で興味深いいくつかの可能性を取り上げよう。事実、アウストラロピテクス・ガルヒとパラントロプス・エチオピクス——両者を古人類学者の一部は同一種だと考えている——が（260万年前に）東アフリカに初めて出現した時に、まさに疑問の余地のなくそれと分かる石器が現れた。アウストラロピテクス・ガルヒと最古の石器とは同じ年代であり、ガルヒ化石にはカットマークの付いた動物骨も伴う。この事実こそ、ガルヒを最古の石器製作者としての有力な候補者にしている。だから最近の証拠に基づけば、最古のホモ属——ホモ・ハビリス——は、最初の石器製作者の

候補者である見込みはなさそうだ。最古の石器が出現してから30万年後になって、やっとホモ・ハビリスが化石記録に登場するからである。

　上記のような時間的一致は、誰が石器を作ったかを証明していないのだろうか？　そのとおり、証明はしていない。おそらく幾種ものヒト科にとって、同じような場所はとても居心地がよかっただろう。だから石器が一時的居住地の近くに残されたとしても、その石器は、後の居住者と一緒に見つかることもあり得るのだ。水や食用の植物が入手しやすく、その地形が安全性に優れた場所となる所は、現代の不動産仲介業者も勧めるようにかなり望ましい立地と言える。現生の哺乳類も互いの獣道とねぐらを利用し合っているように、ヒト科も同じ場所に引き寄せられたのかもしれないのだ。インディアナ州ブルーミントンにある石器研究所の考古学者であるキャシー・シックは、この考えを「恵まれた場所」仮説と呼んでいる。

　奇異な感じを受けるが、大半の古人類学者は、最古の石器はホモ・ハビリスが初めて手にしたとみなす。私たちがまだ260万年前のホモ・ハビリス化石を見つけていないにもかかわらず、だ。そこには、人間だけが石器を作ったとする、古くさくて不備だらけの先入観がある。実際、1965年にホモ・ハビリスは、ルイス・リーキー、フィリップ・トバイアス、ジョン・ネイピアによって「器用な人」という意味で命名された。3人は、当時は新発見だったこのヒト科が石器製作者だと確信したからだ。3人は種の記載に当たって基準に石器製作さえ含めた。通常は種は厳密な解剖学的基準で命名され、定義されるので、当時、この行動は無謀で確実に無分別だとみなされた。しかし彼らは、正しかったのだろう。

行動面の進化、すなわち石器製作がヒト科を変えた

　それ以前に誰もいなかったのだとしたら、何がこの祖先を（広い意味で）「人間」にしたのだろうか？　一部の解剖学的特徴が鍵となる。その

顔面は、アウストラロピテクスやパラントロプスよりも垂直であり、また歯も小さかった。すなわち彼らは人間に似ていて、類人猿的でないのだ。ホモ・ハビリスの顔面は、類人猿や先行するヒト科のように脳頭蓋の前に突出しているわけではなく、大きな脳頭蓋の下に押し込まれていたので、横から見た顔は垂直になった。脳頭蓋の納めた脳も、類人猿や先行するヒト科よりも体サイズに比べて大きかった。歯はアウストラロピテクス類やパラントロプス類よりも小さく、形も人間により近かった。最後にホモ属のこの最古のメンバーは、他の初期のヒト科の骨盤よりも私たち自身のものにはるかに似た骨盤を備えており、直立二足歩行をしていた。解剖学的特徴を詳しく見ていけば、早期ホモ属は、アウストラロピテクスやパラントロプスとも区別されるのだ。

だが人類進化の全過程から見れば、私たちの祖先に関しての本当に重要なことは、行動面であり、単に解剖学的なものではない。つまりホモ属以外のヒト科が石器製作者であろうとなかろうと、ホモ属の最古のメンバーはほぼ確実に石器を作っていたのだ。そうでなかったのなら、アウストラロピテクスやパラントロプスが絶滅し、人間だけが生き残った時、石器もまた消失したであろう。だがその後も石器は、作られ続ける。人間と石器は、衰微せずに継続している。したがって石器製作は、石器製作者である人間という先入観やプライドによってだけでなく、編年の証拠によっても、人間と強く結びつけられるのである。

石器は、ヒト科を大きく変えた。もしくは少なくとも、石器は私たちが人間と呼ぶ存在、私たちの祖先となる存在を変えたのである。

厳密に言えば石器の発明は、「旧石器革命」と呼ばれて然るべき——だが一般的ではない——署名とみなされるべきだろう。人間が石器を作ることを知った後、私たちの系統に同じことは2度と起こらなかった。

第2章
進化なき進化

石器の作り方の発見という大躍進

　石器の作り方を知ったことは、ホモの系統にとって最初の大きな一歩であり、驚くべき知性の大躍進であった。それは、素材を成形する一連の手先のさばき方を学ぶ以上のことだった。この発明の前兆となったものは、まず対象物の目で見ただけの属性がすべてではないという認知であった。第2が、自分はそうした属性を変える力があることへの自覚であった。身体的進化がなくても、石器こそが私たちの系統の進化を、私たちの行動と生態的地位の変化を可能にしたのだ。

　これは何を意味しているのか。

　石を拾ってみよう、どんな石でもいい。小さなパンの大きさくらいのものを、だ。何に気がつくだろうか。拾い上げた石のタイプによっては、それは長いかもしれず短いかもしれない。また薄いかもしれず、厚いかもしれない。さらに丸いかもしれず、ゴツゴツ角張っているかもしれない。あなたが石器を作るのに適した原材、手頃な河原石のようなものを選んだとしよう。手にした石の目で見た特質は、石の色合い、大きさ、重さである。分析的な性質を感じたとすれば、それは密度が大きい、つまり大きさに比べて重い、と思うかもしれない。河原の石を拾ったとすれば、その石はおそらく尖っておらず、多少とも丸いだろう。

　しかしあなたが石器製作者なら、尖っておらず、重くて大きいこの石の中に、鋭い刃をもったもっと軽い、小さな物が隠されていることも知っている。石器製作者は、ある特別なやり方で、もう一つの、手に握れるほどの小さな石で加撃すれば、この石ころを根本的に異なった性質を備

えた石の刃物へと加工できることを認識できる。だから注意深い連続的な打撃を加えることで、石器製作者としてのあなたも、まずまずの短い期間で最初に一瞥した石ころの性質を変えられるのだ。

　こうした事実のどれ一つとってみても、目で見てはっきりしているわけではない。

　だから自分自身の行動を通して石ころの性質を変えられることに気がついたことは、天才も同然である。これは、あなたが見ている物は最終的に手にする物ではない——何か別の物を手に入れる、という意味だ。岩石は非常に硬く、変形もせず、また大きさも変えることはないので、変えられる物だと知ったことは、堅い殻の中のナッツを割って中から可食部を取り出すことよりもはるかに大きな、おおもとを揺るがすほどの驚きであったろう。ナッツは自然にも割れるし、リスや鳥のような動物は毎日のように殻を割っている。割れたナッツと言えども、依然としてナッツ——殻や外皮で保護された樹木の繁殖用の部分——だ。殻は割られても、殻の内部の部分は殻よりも通常は柔らかいうえにはるかに美味だけれども、ナッツは全く別の物に性質を変えることはない。自然の力が時には岩石を割ることもあるが、それが毎日起こっているのを誰も観察していない。

材質の選別への理解

　岩石の形を変えられると気付いたとしても、ヒト科は石器の作り方はまだ知らない。岩石の形を変える方法を知るのはそう簡単ではないし、樹上でなく地上で最初のヒト科がこの作業を試そうとするのはさらに難しかっただろう。すでにそれを知っている誰かが岩石の形の変え方を別の誰かに実演しても、岩石を石器へと性質転換させることが簡単とはとても言えない。かつて私は、それに挑んだことがある。岩石の形をある意図のもとに変えるプロセスは、容易には習熟できなかった。この作業

でもっとも原始的な石の割り方は、加撃、かけらの打ち欠き、すなわち剥離である。そしてそれは難しいのだ。指のあちこちの激痛、手首のすりむき傷、腕のずきずきした痛みも体験するし、試行錯誤の末に熟練の技を身につけられるまでに、数限りない失敗をするものだ。

それにはまず第1に、石（原材）の適切な選別についての理解を深めねばならない。素材が違えば、加撃に際しても全く異なった反応が起こる。石器を作る目的で岩石を選ぶ際にもっとも重要な基準は、石材の粒子の細かさと結晶化の度合いである。例えば細粒性の溶岩からは良い石器が作れるが、粗粒の溶岩になるとそうはいかない。

砕片を欠き取った石器を作るのに、加工がもっとも難しい原材の一つは石英である。石英は、天然で結晶化している。石英の平坦な面は、もともと脆い打面でもある。ハンマー石で石英を叩くと、隣の結晶から分離してしまう。残念ながらこうした脆い面のせいで、いくら頑張っても、その石を割りたい所で割れないだろう。

これと対極にあるのが、黒曜石のような石である。黒曜石は、非結晶質の内部構造をもち、結晶質ではない黒色の火山ガラスだ。黒曜石には天然の劈開面がないから、黒曜石からは素晴らしくシャープな石器を作れる。実際、黒曜石で作出した石刃は鋼鉄製の外科用メスよりも鋭利なので——薄い刃をもつ——、心臓外科手術に使用されているほどだ。フリントとチャート——剥片石器を作るのにもう一つの優れた選択肢だ——は、隠微晶質である。隠微晶質とは、その結晶が顕微鏡ですら見られないほど微小だという意味だ。だからフリントやチャートのような石をハンマー石で正確に叩くと、ハンマー石の衝撃は、結晶によって力が弱められず、打ち欠く石を伝わっていく円錐状の力を生み出し、曲線状の剥離面が作れる。そうした断面は、貝殻状剥離面と呼ばれる。割れた面が、どことなく曲がった貝殻のような形に似ているからだ。

石を初めて割ったヒト科がこの石は結晶質だが、あの石はそうではな

い、と識別していたとは思えない。またそのヒト科が打面、貝殻状に割れた面、粒子の大きさ、あるいはまた石で別の石を打ち付ける角度などをあれこれ考えていたのかも疑問だと思う。最初の石器製作者がフリントやら黒曜石、チャート、石英などの言葉や概念をもっていたと考えるのも、貝殻状剥離面を口にするのも、不可能なのははっきりしている。だがその個体が認識したことは、何がうまくいったか、だった。ともかくもどうかこうかして最初のヒトは、どんな種類の石がうまく割れ、どれがそうではなかったか、どんな打ち欠き方が石を別の形に変え、石核を望ましい特質の物に変えたのか、どんな打ち欠き方が役に立たないのか、を理解し――学び――始めたのである（図2）。

オルドワン・インダストリーの確立

　原材として狙いとする岩石や石核を選択するのは、石器をうまく作るのに大事なことだが、ハンマー石として使うための石材の選択、つまり石核に打ち付ける方の手に握った石の選択もまた大切だ。ハンマー石は、使いやすいように適切な大きさである必要がある。（手にうまく納めるために）鋭いエッジのある石ではなく、おおまかに卵形であるのが適している。また重さも、効果的な打撃を加えられるだけのものである方がいい。珪岩、硬質の砂岩、石灰岩が、ハンマー石の一般的な素材である。ハンマー石は硬いので、石器製作のこの技法は、ハンマーとして骨や角のような物が用いられる、より進歩した技法（軟質ハンマー打撃法）と区別するために、硬質ハンマー打撃法と呼ばれる。

　適当な場所で良質の石材を見つけ、集めたとしても、さらに石器の製作技術と手先の技巧に習熟しなければならない。基礎的な製作手順は、タンザニアのオルドゥヴァイ峡谷に因んで命名されたオルドワン・インダストリーと呼ばれる型式の最古の原始的石器を作り出すのに使われた。ちなみにオルドゥヴァイ峡谷で、メアリー・リーキーにより、その

型式の石器が初めて認識された。メアリーは、考古学の公式な訓練を一度も受けたことがないが、芸術家の目と科学者としての鋭く切れる頭脳をもったおかげで、彼女は考古学界のリーダーとして世界的に有名になった。彼女は、私が出会った中でも傑出した考古学者で、最も賢明な女性の1人であった。

石器の作られる過程は、かなり単純だったようだ。ハンマー石で石核の平坦面、そうでなければ大ざっぱに平らな面を狙って、石核を加撃するだけだ。そして、大当たり！ うまく剥がれれば、立派な鋭い剥片が取れる。それだけだ。

石核石器は剥片を剥がした後の廃品

ハンマー石で石核に打撃を加える所は、打面と呼ばれる。打面を正確、かつ十分に強く加撃すれば、剥片が剥ぎ取れる。そのコツは、石の残り部分に対して90度以下の角度になる打面を求めることだ。だから製作者の目は、ちょうど良い打面を見つけることを学ばねばならない。適切な打面が天然の状態で存在しないなら、石を適切に割って打面を準備しなければならない。良好な打面が得られると、ハンマー石で激しく、強

図2 初期石器の製作
右利きのヒトは、（左手に持った）石核を、（右手で握った）ハンマー石で黒矢印で示した方向に加撃して石器を作る。剥片を次々と剥離していくと、石核は時計回り方向に（白矢印の方向に）回されていき、新しい剥片が取られていく。それぞれの剥片は、打撃でできたバルブと呼ばれる湾曲した表面を持つだけでなく、（点描で示した）打面の名残も持っている。

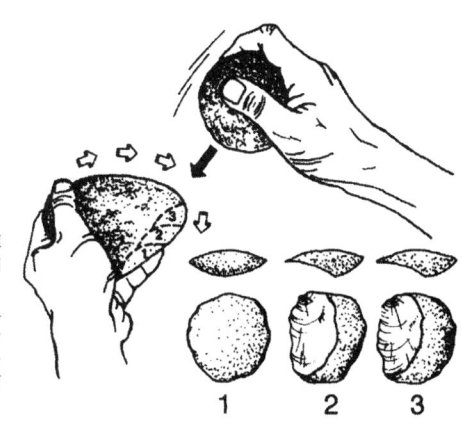

く、繰り返し打面を打っていけば——もちろん間違って指を打たないようにして——、打撃の度に石核は貝殻状に割れていく。打面を使い尽くすまで、さらに剥片が剥ぎ取れる。

　剥片は、いわば剃刀の刃に当たる。小さくて軽くて、しかも使いやすい。さらに素材を上手く選べば、刃は信じられないほど鋭利になり、切りたいと思っている物のようにうっかり指を切ってしまいそうなほどになる。出来た剥片は、製作者が最初に向き合った岩石と似ても似つかない物になっている。剥片は、それが作り出される過程をたどって認識できる。すなわち打面の残存部と、石核から剥がされた剥片の裏面に残る特徴的な膨らみ、である。この膨らみは、打瘤（バルブ）と呼ばれる。

　石核を繰り返し打ち欠いていって出来る別の産物は、石核石器だろう。剥片を取り除いていった後の元の石核の残りである。オルドワン・インダストリーでは、時にはこうした石核が、苛酷な使用にも耐えられる石器が必要な、力の要る作業に使われた。例えば大型動物の死体の関節を叩き割ったりするような時である。ただほとんどの場合、石核は剥片を剥がしていった後の廃品、つまりたくさんの剃刀の刃を収納していた容器、であったようである。

　最初から終わりまでの石器製作の過程は、縮小の過程である。大きな石核を縮小させていって、作業に適した剥片だけを取り置く。だがこの「単純な」過程のかげで起こった、概念上の飛躍と身体的な学習は、単純どころではなかった。

身体外の適応としての道具製作

　道具とは、「作業をするための装置や物」と定義される。「道具（tool）」という言葉そのものは、「用意すること」とか「作ること」を意味する古英語の「*tawian*」に由来する。古人類学者は、全く改変もされないか、やっても最小限の改変だけで一時的に使用される物——340万年前に

ディキカで使われたと推定される石の道具ような便宜的道具——と、意図的に成形されたか、そうでなければ意図した目的を上手くやり遂げるために改変された道具との間に重要な区別をつけている。後者は「人工品 (*artifacts*)」と呼ばれる。不適切な観察や効果、結果などを意味する「artifact」という言葉と混同されないようにするために複数形を用いる。

したがって風でなぎ倒された枝を手にとって、余分の分を削ったりして望みの長さに整え、先端を尖らせて木の杭に用いたとすれば、それは考古学的意味では道具、つまり木器である。後からやってきた人は、誰かが行った改変(一定の長さに削り、先を尖らせたこと)を見分けられるし、この成形された木の枝は道具だと識別できるだろう。そうした改変は、オルドワン石器に広範囲に見られる剥片製作がヒト科による先の見通しと計画性を証明するのと同様の意味で、人為と計画性の物的証拠なのだ。

一方で、転がっていた岩石を拾い上げて、この新しく作られた杭を土中に埋め込むのに使ったとしたら、この岩石は便宜的道具——人間に使用されたが、改変の手を加えられなかった遺物——であって、後世の考古学者が道具と認識するのは困難だろう。だがこの岩石が土中に木の杭を打ち込むために何度も繰り返して使用されたとすれば、たとえ予めほとんど成形されていなかったとしても、時がたてば使用した痕跡からその岩石は人の手で使用された道具と識別できるかもしれない。

道具は、目的をもって使われる道具使用者の外にある(使用者には外在的な)物である。言い換えれば、道具は身体外の適応、すなわち自らが進化することなくその種を取り巻く世界に適応する手段なのである。これは、人類進化を理解する上で重要な概念である。

石器を作って使えば鋭い歯の進化は不要

身体外の適応から得られる可能性は、巨大だ。変化は、自然淘汰と進

化という通常の過程を通じてよりも、身体外の適応を通じての方がはるかに速やかに進む潜在的な可能性がある。

　例えば、ある動物の暮らす地域に、脂肪分と炭水化物の多い硬い殻のナッツなどの栄養のある食資源が以前よりずっと豊かに実っている状況を想像してみよう。この新しい、重要な食資源を利用する一つの方法は、以前よりも強大な咀嚼筋を進化させることだ。そうなれば、このナッツの殻を割り、むさぼり食える。だがもう一つ、別の方法もある。それは、前腕と手の解剖学的構造を変化させることだ。そうすれば、素手でナッツを上手く割ることができるようになる。ただそうした変化を自然淘汰の圧力のもとで進化させるには、数限りない世代を重ねなければならない。それに対し、同じことをする道具製作者の採れる方法は、頑丈な木の枝か石を拾い上げ、それで強打してナッツを開けることだ。道具がなければできないことをするのに道具を使うという考えを理解することは、大きな知性の躍進である。道具を使用するという考えを身につければ、その利益は即座に得られる。

　身体外の適応は、道具の使用者を生物学上の進化を待つという制約から大きく解放する。広告代理店風の表現を使えば、その考えは以下のようなものになる。「気候が寒冷化しているんですって？　ふさふさした毛を進化させる必要はありませんよ。他の動物の毛皮をまとうことを考えなさい！」。これと同種の手っ取り早い適応は、数え切れないほどの必要性に対する解決策として容易に想像できる。火は、暖をとるための、そして食物をいっそう食べやすくなるように調理するための、別の種類の道具だと言える。

　肉と皮を切ったり、木を切ったり、形を整えたりするには、大きな切断用の先端を備えた鋭い歯を進化させるよりも、石器を作ることによっての方がずっと容易に達成できる。容器と籠、革袋は、（貝や漿果、木の実などの）数多くの小さな物を集めて運び、また（水やミルクなどの）

液体を運ぶ仕事をはるかに容易なものに変えるもう一つの大きな進歩である。読者の中には、頬袋に果実をいっぱい詰め込んだ一部のサルの滑稽な映像を見たことのある人もいるかもしれない。それは、小さな食物を運ぶための進化的回答である。だが簡単な袋や上手に葉を折り畳んだ物ですら、頬袋よりも多くの小果実をはるかに効率的に、上手く運べるし、進化のための多くの世代を要しない。

変化もなく100万年以上続いたオルドワン

　身体外の適応は、目覚ましい効果をもつことができる。石器の発明は、ヒト科の系統の最初の大きな変革であり、石器の発明はヒト科の系統を——そして私たち人間を——決定的に変えたのだ。そして身体外の適応を始めたことは、居住地、環境、ヒト科を取り巻く世界をも変革できる仕組みをもたらした。私たちの祖先は、自分自身の生態的地位の創出に乗り出した。「生態的地位創出」として知られるこの行動がどのようになされたか、それがなぜ効果をあげたかを知るには、石器がどのように作られ、何のために使用されたのかを見ていく必要がある。

　石器研究所の友人のシレシ・セマウは、エチオピアのゴナで、260万年前という年代のこれまで知られた中では最古の考古遺跡を発見したチームのリーダーである（図3）。エチオピアはシレシの母国で、初期の古人類学記録という点で世界でも最多の古人類化石が見つかっている国だ。

　シレシの率いる調査隊は、最古期の石器を出土する考古遺跡をゴナ地区で10個所以上も見つけている。これらのどの遺跡から発見された石器群——これを考古学者は石器アセンブリッジと呼んでいる——も、かなり似通った組成をもっている。常に石核（剥片を剥ぎ取る基本的な石片）が存在し、そのうちの一部はハンマー石に用いられたのかもしれない。大量の剥片（損傷のない物も壊れた物も両方ある）と、無数の尖った細片も見つかっている。どこか外部から遺跡にもち込まれた石材が見

図3 オルドワン型チョッパー
剥片を剥がして作られた石核石器である。この標本は、最古の石器製作址として知られるエチオピアのゴナ出土で、260万年前のものである。

つかることもある。それらは石核に使うつもりでもち込まれたのだろう。意図的に剥離された剥片のうち、初めに剥離した後は、少数の物しか細部加工はされていないし、調整もされていない。

　オルドワンの石器製作の目的は鋭い刃のある剥片を作ることであり、石核の大部分は片側だけしか打ち剥がされていない、とシレシは語る。さらにシレシの見るところ、約150万年前より古い石器アセンブリッジのすべてで、剥片を製作する力量と習熟が見られるという。いろいろな石器器種があるのは、手元にある石器原材の違いのためであり、剥離の仕方の性質が異なっているからだ、と考えている。

　彼の見解ではオルドワン・インダストリーは、ほとんど変化もなく100万年以上も続いた。これはただの石器製作技術の停滞だとシレシは言う。オルドワンの製作者は優秀であり、自分が何をしているのかを理解していた。ところが最初の飛躍の後、彼らは大きな革新を行ったよう

には見えないという。

なぜヒトは石器を必要としたのか

　石器製作についてのこうした情報は、どれもみんな興味深いものだ。けれどもそうした情報も、重要な課題には手が届いていない。なぜヒト科には、小さな刃の付いた剥片が必要だったのか。石器は何の**ため**だったのだろう？

　ゴナと、これまたやはりエチオピアのアワシュ川沿岸にあるブーリから見つかった石器群が、その答えをもたらしている。石器を出土したゴナの7個所の遺跡から、大型動物数種の骨も見つかっていることが分かったのだ。さらに骨の点数とすれば少ないが、ゴナ遺跡群の4個所で、カットマークのある骨が少なくとも1点、見つかっている。それだけでなくその傷を付けたと思われる石器も、一緒に見つかっているのだ。ゴナ遺跡群のそれ以外の地点では、石器だけしか見つかっていない。おそらく局地的な保存条件の違いで、どこでも骨が保存されるのに良好だったわけではなかったのだろう。私は冗談交じりによく口にしてきたのだが、石器は決して死なないけれども、骨は死ぬ。石器は永久に残るが、骨はしばしば死肉漁り動物に食われ、風雨にさらされて壊れ、草食獣の群れに蹴飛ばされ、あるいは自然の作用で消失していくのだ。

　ブーリは、約250万年前の遺跡で、やはり私の友人であるカリフォルニア大学バークリー校のティム・ホワイトの率いる調査隊に発見された。ティムの調査隊は、400点以上に達する獣骨化石を発見・回収した。その中には、割られて、カットマークの付いた獣骨化石もある。ただブーリでは、カットマークの付いた獣骨は、石器の濃密な密集個所に伴ってはいなかった。剥片と石核、あるいは類似石器はカットマークを付ける際に使われたのに違いないのだが、これらの石器は、遊離して、広く分散した標本として見つかったのだ。

石器によるカットマークの識別

 ゴナ隊とブーリ隊は、1980年代前半に私と同僚とで行った研究を知っていたので、自分たちが獣骨化石の上に見つけた傷が石器のカットマークであることを知った。私は、顕微鏡で観察した特徴を基に石器によるカットマークは、肉食獣の噛んだ歯の痕や、消化、風化、磨耗、動物の踏み散らしで作られた痕とも区別できることを証明した最初の古人類学者の1人だった。

 私たちの調査・研究プロジェクトは、1970年代後半に始まった。その頃、私と、現在はスミソニアン研究所に在籍するリック・ポッツとはナイロビにいた。そこで私たち2人は、同じテーブルに互いに向かい合って座り、オルドゥヴァイ峡谷の一括収集品の研究に取り組んでいた。

 2人のうちの1人が、頑丈なアンテロープの大腿骨化石に残ったちょっと奇妙な傷跡を気に留め、その骨を向かい側に座っている方に回してきた。

 「これをどう思う？」と、1人が尋ねた。

 「カットマーク！」という返事が返ってきた。

 私たちは2人とも、自分たちが何を見ているのかを直感的に理解した。ただ私たちは、それを懐疑論者にどう証明したらよいか分からなかった。そこで私たちは、カットマークが、化石の骨に表れるであろう他の似たような傷とどう違うのかを探し出す研究に取りかかった。

 鍵となるのは、たくさんの実験を行い、拡大画像下でその結果として出来た傷跡を観察することである（図4）。多くの出来事が骨の上に溝状の傷を残すかもしれないが、石器だけは一貫して、溝の両サイドと底部を走る細くて平行の線条痕をもつV字状の溝を作る。その線条痕は、石器の鋭利な刃の細い先端や不規則なデコボコで付けられた引っかき傷か刻み目である。それに対して肉食獣の歯の噛み痕は、歯の外側は滑らかなのが普通なので、一般にスムーズな底部をしている。例外はある。繰

図4 骨に残った傷
(上) 実験的なカットマーク
細くて平行の線形の筋目が付いたV字形の溝である。
(中央) 肉食獣が歯で囓った痕
しばしばU字状で、石器で付けられたような内部の線条痕がない。
(下) タンザニア、オルドゥヴァイ峡谷出土の化石骨上に見られた由来が未知の傷跡
石器で実験的に付けられたカットマークと同じ特徴を見せているので、カットマークと判定された。

り返し骨を噛んだり囓ったりした場合で、傷跡の上に重なる傷跡が出来る。だがそのケースは、普通は滅多にない。岩がちの地表面に転がった骨を草食獣が蹄で踏みつけた場合、線条痕が出来るが、これらの傷は骨の1個所にでなく、表面全体に見られる傾向がある。蹄の踏みつけは、石器による切断や肉の削ぎ取りなどと異なり、元の骨の表面に数個所しか傷を残すということはないのだ。

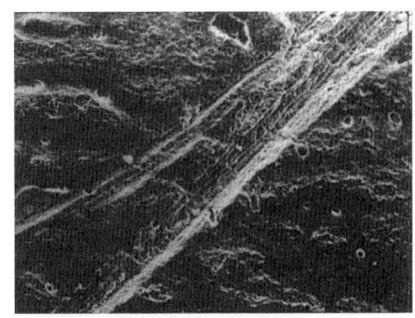

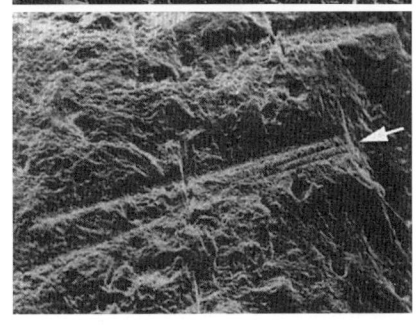

　私たち2人は、他の多くの可能性も検討したが、カットマークは結局は独特の傷を残すという最初の想定のままという結果となったし、オルドゥヴァイ峡谷出土のアンテロープの大腿骨に残された傷と一致するということも変わらなかった。数多くの実験をこなした後、私たちはオル

ドゥヴァイのヒト科が石器を使って動物の死体を処理したという積極的な証拠を手にできたと確信した。今日、私たちの手法は広い支持を得ているが、最初は多くの反論に直面した。懐疑的な研究者は、私たち2人がカットマークと疑わしい傷まで十分に観察したとは思っていなかったからだ。

精密化していく骨の傷跡の解釈

引き続く数年間、ラトガース大学のロブ・ブルメンシャインと当時の彼の学生たち数人――マリー・セルヴァギオ、サル・カパルドなど――が、私たち2人の先駆的研究の後に続いた。彼らは、ハンマー石で骨の上に付けられた打撃痕の判断基準を見つけたのだ。現在はウィスコンシン大学マジソン校に在職するトラヴィス・レイン・ピッカリングとノースカロライナ大学グリーンズボロ校のチャールズ・エジェランドは、さらに打撃痕の研究を進め、その同定法を改良した。

動物の脚の骨を石の上に載せてハンマー石で叩くと、骨の内側（骨髄腔）に特有の雌型の剥離痕と骨の下面にそれを載せた石の引っかき傷を

図5　打撃痕
ハンマー石を使って骨を叩き、割って中の骨髄を取り出すために加撃すると、2種類の傷が残る。（左）顕微鏡下の特徴的な打撃痕と、（下）斜めの刻み目だ。

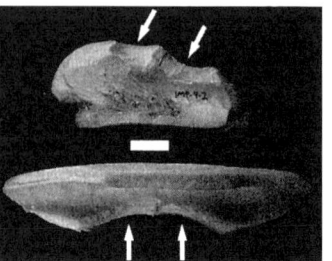

残して割れる。たとえ骨がたくさんの破片となって割れても、破片を集めて一緒に接合すると、雌型剥離痕が見られる（図5）。多くの骨を割ることの重要な目的は、ほとんどの動物の長骨内側に詰まった、栄養価が高く、脂肪分に富んだ骨髄を取り出すためである。骨に残された加工痕と損傷の意味を理解するために行われた実験と比較対照による研究は、今では化石骨や比較的新しい時代の骨を分析する際の基準となっている。

　この20〜30年間、他の研究者たちも類似した研究を続けたので、一部の傷跡はカットマークと似ることもあり得ることが実証されている。最も用心深い解釈を必要とする傷跡を残す作用の一つは、ワニだ。この研究は、現在、カリフォルニア大学バークリー校の博士研究員であるジャクソン・ヌジャウによってなされたものだ。ワニは獲物に噛みつくと、初めは獲物を絶命させるために、次いで食べやすいように解体するために、咥えた獲物を振り回し、捻り、ねじ伏せるので、獲物の骨に変異に富んだ傷跡を残す。またワニの攻撃はひどく暴力的なので、彼ら自身の歯が損傷していることが多い。その結果、獲物の骨にできた傷は、カットマークに酷似するものも含む広範囲の歯形となる。

　このように骨に残った傷跡の解釈は――かつてはかなり単純だったが――、骨に傷を残す非人工的な作用に関する知識が前よりずっと豊かになってきているので、今は私たち2人がやっていた時よりもはるかに複雑になっている。

始まりから動物死体処理に石器の使われた証拠

　ゴナとブーリから出土したカットマークの付いた太古の骨は、動物の死体の解体に石器の製作者が、新しい、刃の鋭い石器を用いたことを物語る。その目的は、肉を切り取り、皮を剥ぎ、脂肪を採取するためだったことは間違いない。オルドゥヴァイ出土の動物大腿骨に付いたカット

マークにリックと私が初めて注目して以来——公正に言えば、私たち2人の前にメアリー・リーキーがカットマークを認識していた。ただしメアリーは、私たち2人がしたような比較研究を行わなかったし、私のしたようなオルドゥヴァイの獣骨からカットマークを探す体系的調査もしなかった——、古人類学者たちは数多くの化石骨にカットマークを見つけてきた。

ゴナとブーリでのカットマークの付いた獣骨の発見は、これらが石器を伴った最古のヒト科遺跡なので、特に重要だと言える。その傷跡は、ヒト科が石器を使った証拠である。そしてこれらの石器のそばに残された動物の骨の上に、カットマークと打撃痕が残されている。まさに始まりから、剥片が動物の死体の処理、すなわち解体に用いられた強力な証拠が存在するのだ。ディキカの切り傷が正確に石器によるものと同定され、また正しく年代測定されるとすれば、刃の付けられた石器の使用がさらに古かったことを証明することになる。

カットマークの証拠は、250万年前頃に増え始め、比較的最近の時代まで続く。この時代になると、傷は金属製ナイフで付けられるようになり、その道具は石器から取って代わっていた。

例数のまだ少ない植物処理の証拠

それでは初期の石器は、植物性食物を獲得したり、木を切ったりするのにも使われたのだろうか？　そのとおり、そうに違いない。だが初期の石器が植物性の素材に用いられたという証拠は、石器が動物の死体処理に使われた証拠と比べると、極端に乏しい。たった2件の研究論文と個別に見つかった8点の石器だけが、植物に対する初期の石器使用の証拠として提示されているにすぎない。

それらの研究の基になっている原理は、顕微鏡で観察した特徴を通してカットマークを同定した原理と似ている。石器が使われると、石器の

素材上に残留物が残されるか、変形（損傷）が起こる。法人類学では、この考えは「ロカールの交換原理」として知られる。すなわち二つの物、あるいは2人の人物の接触のたびごとに痕跡の交換がなされる、ということだ。

どんな行動によってどのような痕跡や損傷が引き起こされたのかを正確に判断するのはかなり難しいし、たくさんの比較資料も必要だ。多数回の使用は、似たような損傷を引き起こす。残留物は様々な自然の作用で変成されたり消し去られたりすることがある。さらに（溶岩のような）一部の素材は、それと分かる微使用痕を絶対に残さない。ケニアのクービ・フォラで見つかっているオルドワン型の石器54点からは、たった9点しか、作業をしたはずの刃に微使用痕が残されなかった。4点は肉を切るのに、2点は葦か柔らかい植物性素材を切断するのに、3点は木を切るのに使用されたと判断された。

これと似た研究では、タンザニアのペニンジから見つかった5点のハンドアックス——オルドワン・インダストリーに後続するアシューリアン・インダストリーに定型的な石器——に対し顕微鏡で植物の痕跡を探したものがある。そのうち3点の使用された刃に、植物微化石（植物細胞内に由来する顕微鏡でやっと見えるシリカ粒子）が残っていて、アカシアの木を切るのに使われたのだろう、と推定された。

クービ・フォラの石器もペニンジの石器も、150万年前頃と年代推定されているので、石器製作のまさに始まりの頃から植物性の素材がいつでも石器で処理されていた証拠には必ずしもならない。ただこれらの石器も、もう少し年代が新しくなると石器が植物質の素材を処理するのにも使われたことがまさに例証されるようになるのである。

大きさの多様な動物に満遍なくカットマーク

初期の石器の機能と利用をはっきりさせるために、多数の古人類学者

がオルドゥヴァイの収集品に目を向け出している。獣骨化石と石器が大量に収集され、保存状態が良好だからだ。オルドゥヴァイの数千点もの標本のおかげで、科学者たちは統計的検定に利用するために大量の骨と石器を調査研究できる。それで、獣骨と石器との関係を探究できるのだ。

　オルドゥヴァイ峡谷第1層——最古の層位——の各地点で見つかった剥片石器の数は、その地点でのカットマーク付きの骨の頻度と統計的に相関することを、私は実証することができた。剥片が多くなればなるほど、カットマークが増えるのだ。これは当たり前のことのように思えるが、石器の本来の機能は動物死体の処理だったという想定を強化する情報のもう一つの傍証だと言える。

　私は、オルドゥヴァイのカットマークが限られた範囲の大きさの動物に集中しているわけではないことも見出した。カットマークと打撃痕は、ヤマアラシのような小さな動物の骨でも、ゾウのように大型の動物の骨でも、オルドゥヴァイ峡谷出土の獣骨で満遍なく見つかっていたのだ。カットマークと打撃痕の存在から判断して、オルドゥヴァイ峡谷での獲物の大きさは、かなり小型の哺乳類（ヤマアラシ）から中小型と大型のアンテロープ（カゼルからアフリカスイギュウ）など、さらには超大型の哺乳類（キリンやゾウ）まで、当時その地に暮らしていたあらゆる種類の動物をカバーしていたようだ。獲物の種ごとのカットマークの頻度も、化石総体の動物種の頻度とよく似ている。すなわちヒト科は、特定の種だけを、また特定の大きさの動物だけを標的にしていたわけではなかったのだ。

南ア、クルーガーの肉食獣の体重別標的の調査

　上記の事実は、驚くべきものだ。

　自分自身の体の大きさに基づいていると予測されるのだが、肉食獣は限られた範囲内の大きさの動物を狩猟対象にしているからだ。

ヴィッツワーテルスラント大学のノーマン・オーウェン＝スミスとプレトリア大学のM・G・L・ミルズは、1954年から1985年まで、南アフリカのクルーガー国立公園でほぼ4万8000頭にも達する捕食について大規模な分析を行った。クルーガー国立公園は、5種の主要肉食獣——ライオン、ブチハイエナ、ヒョウ、チーター、ケープハンティングドッグ（リカオン）——と、成体で22ポンド（約10キロ）以上の草食獣22種の生息地である。クルーガーの肉食獣は、主に自分自身の体重の半分から2倍までの大きさの草食獣を獲物にしている。社会的な集団狩猟をする肉食獣は、単独で狩りをする種で予測されるよりもやや大型の獲物の狩りをする傾向がある。

オーウェン＝スミスとミルズが研究したクルーガーの肉食獣5種は、中型の3種（ケープハンティングドッグ、チーター、ヒョウ）と大型の2種（ブチハイエナとライオン）に分類できる。

ケープハンティングドッグの体重は60ポンド（約27キロ）ほどしかない。チーターはその約2倍は大きい。ヒョウは、チーターよりもさらにやや大きい（約135ポンド、つまり約61キロ）。中型3種の肉食獣のうち最小のケープハンティングドッグは、小さいので最小の獲物（22ポンド以下かその程度）を狙うだろうと誰もが想像するだろう。しかしイヌの仲間は群れで狩りをするので、ケープハンティングドッグは予測されたよりも大きな獲物を捕っていた。彼らの獲物の90％は小型アンテロープ級の大きさである。チーターとヒョウも、やはり小型アンテロープ級の大きさの獲物を専ら狩猟している。この2種のネコ科動物はケープハンティングドッグより大型だが、彼らは専ら単独のハンターだからだ。2種のネコ科動物に捕獲される獲物の85％から90％は、体重が約45～90ポンド（20～40キロ）のインパラかその他のアンテロープである。これらの小型アンテロープには、たくさんの捕食者がいるのだ！

クルーガー国立公園の最大の肉食獣2種は、ライオン（275～600ポン

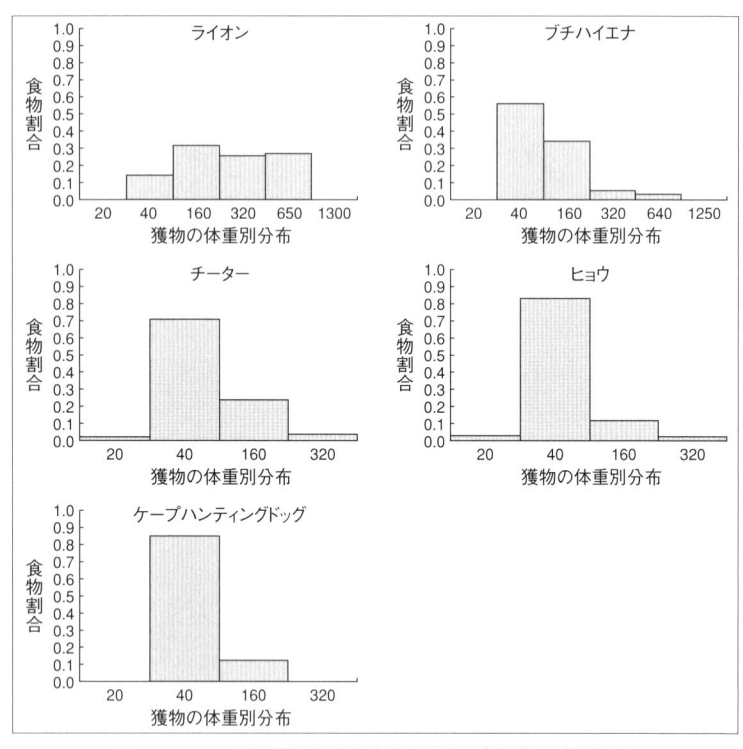

図6 クルーガー国立公園に棲む現生の肉食獣の獲物分布

体の大きさで分けて、大型(ライオン、ブチハイエナ)、中型(チーター、ヒョウ)、小型(ケープハンティングドッグ)がいる。棒グラフは、体重ごとの獲物となる種で構成される肉食獣の食物割合を示す(左から右へ、小型から大型)。大型の肉食獣は、絶対的にも相対的にも大きな獲物を重点的に狩っている。小型肉食獣となると、より狭い範囲の小型の獲物を獲っている。

ド、すなわち126~272キロ)とブチハイエナ(100~175ポンド、つまり45~80キロ)である。両種とも社会性のハンターで、だから自分自身よりも大きな獲物を捕ることがある。ブチハイエナに殺された動物の約80%は小型アンテロープの大きさだが、15%は中型アンテロープ大である。ライオンの獲物の50%は小型アンテロープの大きさ、27%は中型ア

ンテロープ大、そして 15％ は大型アンテロープの大きさ、さらに 10％ は超大型アンテロープ大の動物である。アフリカのクルーガー以外の場所のライオンは、好んで自分よりずっと大きいアフリカスイギュウやキリンの狩りをする。クルーガー国立公園ではライオンが、キリン、サイ、ゾウのような大型草食獣（1800〜6000 ポンド、825〜2800 キロ）を倒す唯一の肉食獣である（図6）。

初期ヒト科の獲物の予測

現実の観察から得られたこのようなデータは、肉食獣が自分の体重に基づいて獲るであろう獲物の大きさを予測する方程式を導くのに利用された。フランクフルト大学の学生のチディ・ヌウォケジェは、さらに観察を追加し、狩る方と狩られる方の体重と単独で狩りをするのか集団で狩りをするのかが獲物の体重を予測するファクターになり得る方程式を導き出した。これらの方程式を用いて、初期のヒト科が、現生肉食獣のように行動すれば、どんなサイズの獲物を獲ると予測されるだろうかを推定できる。

パラントロプス類、アウストラロピテクス類、そして初期のホモ属は、本物の肉食獣というわけではなかったが、この手法に従って、初期のヒト科はどれだけ本物の肉食獣に匹敵するかという巧妙なアイデアが生まれた。

パラントロプス類、アウストラロピテクス類、そして最古のホモの体重は、ケープハンティングドッグかチーターとほぼ同じで、ヒョウよりはちょっと軽かった。約 60〜108 ポンド（30〜49 キロ）ほどだったろう。当時、東アフリカに暮らしていたヒト科すべての体重にはあまり大きな差がなかったけれども、初期ホモ属により石器が使われた時を想像してみよう。もしホモが単独で狩猟していたとすれば、彼らが主に狙ったのはアンティドルカス・レッキィ（*Antidorcas recki*）——現生のスプリン

グボック属に近縁な150万年前のオルドゥヴァイで発見されている絶滅種——のような44〜88ポンド（20〜40キロ）級の獲物だったはずだ。ホモが例えば平均5人程度の集団で狩りをしていたとすれば、彼らが主に狙う獲物は、現生のニアラやオルドゥヴァイで見られるウォーターバックの絶滅種のような体重が100ポンド程度の中型アンテロープであったに違いない。

自分よりはるかに大型のライオンと似る初期人類の獲物

　カットマークの存在は、こうした予測と大きく異なることを証明した。化石骨とヒトの関与のもっとも説得力のある証拠をもたらした遺跡であるオルドゥヴァイ峡谷の1地点、FLK Zinjに焦点を当ててみよう。FLK Zinjには、石器と数千点もの獣骨化石、さらにホモ・ハビリスとパラントロプス・ボイセイの2種のヒト科の骨が見つかっている。獣骨には、たくさんのカットマークと打撃痕が付いている。獣骨の多くは割られて破片にされているが、元の骨に接合できるので、石器を使った初期人類によって動物の死体がこの遺跡にもち込まれ、ここで処理された蓋然性が極めて高い。

　動物の体重分布幅で最小の端にあるのが、小型哺乳類——多数の齧歯類などの個体——の骨約1万6000点である。ただそのどれにもカットマークは付いていない。カットマークは、小型哺乳類には非常に稀にしか付いていないのが一般的だ。どっちみち食べるためにネズミを解体する必要はないからだ。（ネコではあるまいし。）FLK Zinjの体重分布幅の最大の端に、キリン、サイ、ゾウの骨がある。そしてこれらの骨のどれにも、やはりカットマークはない。だが超小型種も超大型種も、獲物の可能性の範囲外ではなかったことが分かっている。オルドゥヴァイ峡谷の他の地点で発見されている骨の場合、この両極端の骨にカットマークがあるからだ。

図7 オルドゥヴァイ峡谷のFLK Zinj 遺跡で見つかった全アンテロープ
少なくとも29個体分、斜線付き棒グラフのうち、少なくとも11個体分にカットマークが認められる（白い棒グラフ）。それぞれの種のおよその体重は、シルエットの色で示してある。小型アンテロープ（88〜350ポンド）は白いシルエットで、中型アンテロープ（350〜700ポンド）は網点で、大型アンテロープ（700〜1430ポンド）は濃い灰色で、超大型アンテロープ（1430ポンド以上）は黒で表してある。MNIは、最少個体数の意味で、残存した骨から推定される。

　FLK Zinjの時代に生息していた肉食獣がどれも好んだ獲物は、一定種類のアンテロープであったのは確かだ。FLK Zinjでは少なくとも29個体分のアンテロープの骨が見つかっている。それらの大きさは、華奢なアンティドルカスから大型のシンセルス属（*Syncerus*、約1000ポンド、480キロのアフリカスイギュウ）までの幅がある（図7）。

　これらのアンテロープの骨は、私を含めた何人もの古人類学者によりカットマークと打撃痕が精査されてきた。FLK Zinj出土のカットマーク付きの骨のうち、小型アンテロープの骨は24％、中型アンテロープの骨は31％、そして驚くべき数字である41％の骨は、体重約700ポンドにも達する大型アンテロープのものであった。カットマークの付いた獣骨の

残りの3%は、超大型の絶滅アフリカスイギュウや同サイズのアンテロープだ（訳注　合計して100%にならないのは、小数点以下を四捨五入してるからだと思われる）。

　この獲物サイズの分布状況を、ヒト科の体重と比肩できる体重をもつチーターに捕獲された獲物サイズと比べてみよう。すると、初期人類はなんとも奇妙に行動したのかがよく分かる。ちなみにチーターは、獲物の約5%を超小型の動物で、85%を小型アンテロープで、7%を中型アンテロープで、おそらく残りの2%を大型アンテロープで得ている。チーターとよく似た幅の獲物を獲っているはずなのに、FLK Zinjの石器を使用するホモ属は、どの現生の肉食獣よりもライオンに似た狩りをしていたのだ。しかしライオンの体重は、初期人類よりも4倍から10倍も重いのである。

初期人類のハンターとしての適応はたった二つ

　どうやって人間は、本物の肉食獣から数学的に予測できる捕食者─獲物関係の行動原則を免れることができたのだろうか。

　なぜ人間は、自分自身の体重よりもはるかに大きいライオンのような狩りを行っていたのだろうか。

　そのことについてさらに言えば、ホモ属もしくは別のヒト科は、貧弱な解剖学的構造なのにいったいどうやって肉食獣として機能できたのだろうか。

　貧弱って？　そのとおり、私たちの祖先の肉体は、決して秀でたものではなかった。祖先は、速く走れたわけでもなく、力が強くもなく、鋭い爪も肉を切り裂く鋭い犬歯ももたず、敏感な聴力ももたず、鋭敏な嗅覚もなかった。それらはすべて、肉食獣の狩りを効率的にする機能だ。驚くべきことに初期人類は、狩りに必要な明確な身体的適応は、たった二つしかもたなかったのだ。まあまあの正確さで物を投げられる能力と

石器製作である。この二つの適応のおかげで、人間は自分たち程度かそれ以上の体重の肉食獣よりもずっと効率的に狩りを行えるようになったのである。

初期人類がもった狩人としての思いがけない技能が霊長類の脳に由来したのかどうか、不思議に思うかもしれない。霊長類は周知のように脳が大きく賢い動物である（そう考えたいと思っている）。チンパンジーと人間の最後の共通祖先についてほとんど分かってはいないが、考古記録の意味を解明する方法の一つとして、現生チンパンジーの狩猟行動を観察できる。チンパンジーは、人間にもっとも近い現生のいとこである。また体重は、初期人類よりほんの少ししか大きくはない。さらに初期人類と同様に、狩猟に都合の良い効果的な身体的適応をしているわけでもない。だが思い出してほしい。600万～700万年前に相互に分岐して以来、ヒト科の系統もチンパンジーの系統も、ともに進化をしてきたのだということを。ヒトが祖先から現在の私たちになったように、チンパンジーも、彼らの最古の祖先とはかなり異なっているはずだ。

無能なハンターとしてのチンパンジー

チンパンジーは、肉食獣としては全く見込みのない動物だ。これまでチンパンジーの狩りにかなりの関心が払われてきたが、実際に観察された狩りは非常にマイナーな行動にすぎない。

チンパンジーの食の大部分は、熟した果実とナッツで構成されている。彼らは、自分の時間の約60％を果実を食べることに費やしている。もう22％はナッツを食べて、約5％は種子や花を食べて過ごしている。季節が適していれば、雌と若いチンパンジーは、シロアリかアリを釣って食べることもある。だが雄は、それすらほとんどしない。他の昆虫を、偶然に食べることがあるくらいだ。マイナーな食物構成要素としてだが、チンパンジーは、小型のトカゲ、サルのアカンボウ、生まれたばかりの

ガゼル、卵を食べることがある。

　チンパンジーの年間を通じての食のうち、狩りで得る食物はたった5％ほどしかない。獲物の数が非常に少ないからなのだろう。チンパンジーの狩猟活動は、彼らの採食にかける時間全体の約1.5％しか占めていない。チンパンジーは集団で狩りを行うが、体重は60～150ポンド（26～70キロ）ほどなので、チンプが仮に肉食獣だとすれば、44～88ポンド（20～40キロ）の体重の草食獣を主に狙うはずだ。ところが実際はそうではなく、チンプの狙う普通の獲物は、サルの仲間である若いアカコロブスなのである。その体重は、取るに足らないほどの22ポンド（10キロ）以下だ。言い換えればチンプはそのように哀れなハンターなので、本来の肉食獣なら獲得できると予測されるたった半分以下の体重の獲物しか獲れないのだ。

　ハンターとしてのこの無能さは、チンプだけの問題ではない。これと似た限界は、ヒヒにも見られる。なおヒヒは、アフリカに広く見られる大型のサルである。アヌビスヒヒ（*Papio anubis*）は、体重が初期人類とほとんど変わりがなく、また集団で狩りを行うが、彼らが主に狙う獲物は、チンプよりもさらに小さく、約4～10ポンド（2～3.5キロ）くらいしかない動物である。

石器が肉食獣と獲物の普通の関係を一変させた

　ニューヨーク市立大学クイーンズ校の考古学者トム・プランマーと南カリフォルニア大学の霊長類学者クレイグ・スタンフォードは、チンプの狩猟は彼らが石器をもたないことで**直接**に制約を受けていると考えている。「チンパンジーは、テクノロジーの支援がありませんから、獲物を追跡し、捕まえ、殺し、解体し、消費できる種の大きさに制約があるのです」と、2人は語る。チンパンジーは、有能な肉食獣として身体的に適応していない。そのうえチンプは適切な狩猟具ももっていないので、情

けないハンターに留まっているわけだ。チンプは、自分たちの食に多彩なバラエティーを作れるだけの食物を狩りから得ることができないのだ。

　石器が、この状況を一変させた。

　石器を駆使したヒト科は、チンプやヒヒのようではなく、また普通の肉食獣ともさらに違う狩りをした。石器を使うヒト科は、スーパー肉食獣のように狩りをしたのである。

　石器によってヒト科は、肉食獣と獲物の関係の通常の原則から一歩抜け出すことができた。それによりヒト科は、自分たちよりはるかに大きく、はるかに有能な肉食獣のように行動できるようになったのだ。石器の発明でヒト科は、ライオンをライオンにした、またハイエナをハイエナにした長い進化の行程を早回りした。ヒト科は、時たま小動物を捕まえるだけの大型霊長類の存在から、大型草食獣にとって危険な捕食者の存在へという近道を歩めたのである。これこそ、身体外の適応が引き起こした巨大な効果である。

　だがそれでは、狩猟技術の出現は、実際には突如として起こったのだろうか、それとも石器の発明以前に、ヒト科はすでにハンターの機能を備えていたのだろうか。初期のヒト科と人間は、木や植物の素材から道具を作ることはできなかったのだろうか。

第3章
注意を払わないと

カットマークの語る「力尽くの死肉漁り」だった可能性

　私たちの祖先が熟達したハンターになるのにどれくらいの時間がかかったかは、分かっていない。分かっているのは、カットマークと打撃痕という具体的証拠が初期人類は石器の作り方を知るやいなや驚くべきほどに幅の広い獲物を獲るようになったことを証明しているということである。チンプとヒヒの狩猟能力を私たちの祖先のそれと比較した証拠から推定できるのは、石器の発明以前のヒト科は、必ずしも成功したハンターでも常習的な狩人であったわけでもないというものだ。

　では、私たちの祖先がどれくらいの獲物を獲得していたのかを知ることは可能なのだろうか。初期人類の生活様式は、死肉漁りと狩りの両方が推定されている。現生の哺乳類で専門的な死肉漁り屋は、1種もいない。したがって納得のゆく予測は、ヒト科は一部の食を狩りで、もう一部の食を死肉漁りで得ていただろうというものだ。

　ヒト科が肉をどれくらい得ていたかを算定する一つの方法は、獲物となった動物の骨に残されたカットマークの分布を観察することだ。

　オルドゥヴァイのFLK Zinj遺跡で回収されたアンテロープに付いたカットマークは、必ずしも不規則に分布しているわけではない（図8）。カットマークは、前肢、特に肘（上腕骨、橈骨、尺骨）の近くに比較的に集中している。肉が唯一の目的だとしたら、カットマークの大半は、動物のもっとも肉の多い部分、すなわち前肢の上腕骨部分、後肢の大腿骨部分に付けられるはずである。実際、カットマークのかなりの部分（小型アンテロープの62％、中型と大型のアンテロープの39％）は肉がたく

さん付いている骨に見られるのだ。ただ肉がほとんど取れない骨にも、カットマークは存在する。これは、肉だけでなく、皮や腱を取るのにも石器が使われたことを示している。

ヒト科は実際の肉食獣が死体を食べた後の残り物を手に入れただけなのだろうか。普通、肉食獣は殺した獲物のうち肉がもっとも付いた前肢と後肢の部分をまず食べる。だから死肉漁り屋には、その部位にあまり肉が付いていない骨しか残されていないだろう。腹を空かしたハイエナは、死体を食べ終わった後にはほとんど何も残さない。ハイエナの強力な顎は、肉を切り裂けるばかりか骨をも割って食べられるからだ。ハイエナと比べれば、ライオン、ヒョウ、チーター、ケープハンティングドッグは、後にけっこう肉を残す。（かなり小さい獲物を除いて）彼らの顎は骨を噛み割るほど強力ではないからだ。それでも彼らが獲物を食べ終わった後には、肉や皮の少量の切れ端しか残らない。

小型のアンテロープ（n = 840 点）　　　　　大型のアンテロープ（n = 1947 点）

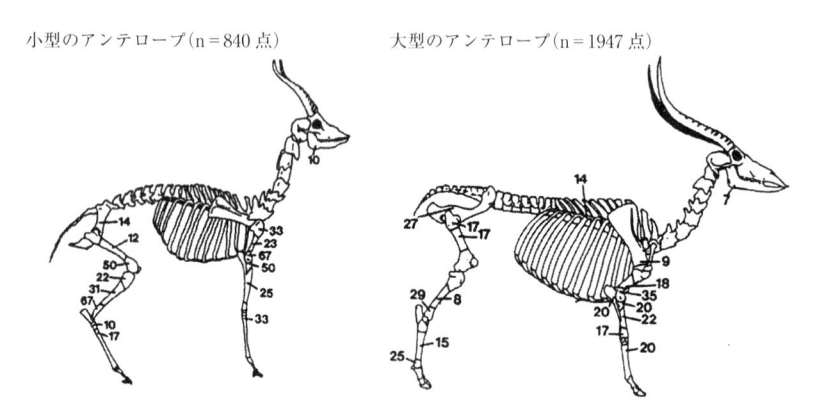

図8　アンテロープのどの部分にカットマークが多いか
初期人類は、他の部位よりも特定の関節上にカットマークを多く残していた。動物骨格の絵の隣の数字は、オルドゥヴァイ峡谷の FLK Zinj 遺跡から発見されたアンテロープ上のその部分で見つかったカットマークのパーセンテージを示す。肘と膝の関節に多くのカットマークが見られることに注意。左は小型のアンテロープ（骨の数は 840 点）、右は大型のアンテロープ（骨の数は 1947 点）。

前肢の肉の豊かな部分にたくさんのカットマークを検出できるので、肉食獣がすべてを食べ終わる前に残った死体を手に入れていたことが分かる。おそらくヒト科は草食獣を自分で殺していたかもしれない。それが、上記の事実を説明しているだろう。そうではなく、ヒト科が草食獣を殺すよりも死体漁りをしていたのだとすると、彼らは肉食獣が肉をすべて食べ切る前に、獲物を仕留めた肉食獣から肉のたっぷり付いた部分を掠め取れたことになる。この行動は、ウィスコンシン大学のヘンリ・バンに「力尽くの死肉漁り」と命名された。

石器のもたらした新しい食資源

　もう一つの要点が、死体をめぐる直接の競合で、これらの初期人類遺跡で普通に存在していたことを確証している。多くの骨に、肉食獣の歯の痕とカットマークの両方が見られるのだ。いくつかの標本では、カットマークと肉食獣の歯の痕が実際に重なり合っている。残念ながらこうした二つの傷跡の重複例はかなり少ないので、肉食獣が先だったのかヒト科が先だったのか、一貫したパターンを解明できない。だが、ヒト科と肉食獣の直接の競争が行われていたのは確かである。

　FLK Zinjでは、1頭の動物の四肢断片の一部だったアンテロープの骨の方が、遊離骨よりも統計的にカットマークが残されていることが多いようだ。このことから推定できるのは、ヒト科が死体から四肢の部分を切り取り、それをもち去っていたという可能性である。現場に留まって、他の肉食獣と死肉漁り屋を撃退していたのではなかったようだ。石器が発明されると他の動物に接近して観察することは有利となったので、ヒト科は死体処理行動を変更し、他の肉食獣との競争に身をさらすリスクを引き下げた。獣骨化石にヒト科の切り取り・逃避行動の証拠を現実に見ることができるのだ！

　四肢骨の打撃痕は、ヒト科が骨を割って内部を開け、中から骨髄を抽

出していたことを物語る。骨髄は脂肪分と栄養に富むので、現生のハイエナも骨を嚙み割って食べる。ハイエナは、中型から大型のアンテロープの骨を嚙み割れるアフリカで唯一の肉食獣である。しかし石器をもったヒト科なら、草食獣の死体から肉がすべてなくなっていたとしても、残りの骨をたやすく割れ、中の素晴らしい栄養に富んだ食物を取り出せる。ヒト科は確かに肉をめぐって肉食獣と競争していたかもしれないが、肉食獣が後に置き去りにした食べ残しの一部（骨髄、皮、腱）を利用できた証拠も残し続けたのである。

　まだ分からないことがたくさんあるが、石器を骨に関連づける石器とカットマーク・打撃痕についてのこうした証拠すべてから、とても重要な結論を導き出せる。石器こそが、私たちの祖先にたんぱく質と脂肪の豊富な新しい食資源の獲得の道をもたらしたということだ。それらは、従来からの多数の植物性食物には多くは見つけられない栄養分であった。さらに動物性食物はどちらかと言えば大きな食物のパックとして供給される——動物全体にしろ一部分にしろ——のに対し、一方の植物性食物から供給されるのは、ナッツや果実、葉のような小さな包みでしかない。植物食なら、葉や果実を一口ずつ食べて１日を過ごしかねないが、中型アンテロープの脚なら、数人のヒト科が何日も食べられただろう。

　古人類学者たちは、初期人類は積極的に草食獣を狩猟していたのか、それとも他の肉食獣が殺した獲物の残りをくすねていたのか真剣に議論している。上手くやりとげられる適切な装備をもっていれば、どちらにしても高品質の栄養という点で見返りは大きい。ただ次の一事だけは明らかである。石器の獲得が、250万年前頃のヒト科の暮らしを一変させたということだ。

肉食化の三つの効用

　突如としてたんぱく質と脂肪が豊富な食物が採れるようになって、ど

んな違いが現れたのだろうか。一例を挙げると、動物性食物を多く食べるようになったのは、初期ホモ属が先行するヒト科の1種から進化した時に起こった脳の拡大のための前提条件となっただろうということだ。初期ホモ属の脳の大きさは、同じくらいの体の大きさのチンパンジーから予測されるよりも80%ほど、やはり同じくらいの体重のアウストラロピテクス類とパラントロプス類の脳よりも20〜30%も大きいのだ。

ホモ属はアウストラロピテクス属、パラントロプス属のどれよりも体の大きさに比べて大きな脳をもっていた——そのことを、賢い動物である私たちは、大きな長所だと信じたがる。だが、問題は単純ではない。ニューヨーク、ウェンナー=グレン財団のレズリー・アイエロらは、脳の大型化を促し、それを維持するエネルギー収支を研究した。その結果、彼女たちは浪費器官仮説と呼ぶ考えを提出した。初期ホモ属は以前のヒト科よりも相対的に脳が大きいばかりでなく、体の大きさも絶対的に大きいことを指摘する。

まず第1に、大型化した脳は、他のヒト科の脳よりもたくさんのエネルギーを必要とする。それは、よりたくさんの食物か、より高品質の食物かが必要だということだ。第2に、脳はエネルギーに貪欲であり、大量のエネルギーを消費する。成長に際しても成長後に維持することにおいても、だ。例えば現生人類では脳は体重のたった2%しか占めていないのに、全エネルギーの約20%を消費している。

初期ホモ属はそんな大きな脳をどうやって養えたのだろうか？ 一つ考えられるメカニズムは、石器利用で動物性食物を得られた新しい機会で可能になった食性の移行だ。動物たんぱく質は植物たんぱく質よりも消化しやすいので、食物の中で肉の割合が増えた（増加した脂肪とも釣り合って）ことで、腸はもはや以前ほど長く、複雑である必要はなくなった。腸には血管が多く、また脊髄よりも多くの神経細胞があるので、腸が小さく、かつ短くなるように進化するのは、エネルギーの十分な節約

になる。食の中で肉が多くなればなるほど、胴のくびれが出来やすくなる。ゴリラに見られるような長い腸を収容する大きな太鼓腹は必要がなくなる。ゴリラは、長い腸内で食べた大量のセルロースと植物繊維を分解するために大量のバクテリアを必要としていて、あんな太鼓腹をしているのだ。

　たくさんの肉を食べるようになった長所は、以前よりも脳を大きくでき、それを維持するための余分のエネルギーを得ることだ。それを埋め合わせるのが、大きな腸を維持するのに必要なエネルギーを小さくすることなのである。これが、第2の効果である。

　このように相対的な脳サイズの増大は、初期ホモ属の出現する以前に私たちの祖先ですでに栄養が改善していたことを示す。

　第3に動物たんぱく質の増加は、より多くの脂肪を採るように均衡が図られる必要があったが、それについては初期人類が骨を叩き割って中の骨髄を得ていたことが分かっている。確かな証拠と理論的なエネルギーの要求は、よく一致している。

捕食者になったことで受けた強い淘汰圧

　ヒト科は岩石を石器に変え、石器はヒト科を基本的には草食性であった直立二足歩行する類人猿から捕食者へと変貌させた。だがいかなる改善も、コストなしというわけにはいかない。

　捕食者に向かったことで、ヒト科は以前よりも他の動物に注意を払うことが必要になった。私は、些細な意味で「注意を払う」と言ってはいない。言いたいことは、他の動物がどこにいるかを知り、彼らが何をしようとしているのか、そしてすぐ後に何をする可能性があるかを学ぶのにかなりの時間とエネルギーを充てる、ということである。ヒト科が石器製作を始め、それを使って肉、脂肪、皮、腱を獲得するようになった時から、観察能力と自分の観察したことの記憶力を向上させる方向に強

い淘汰圧を受けるようになった。彼らは、様々な時と場所から得た観察を組み立てる必要があった。それから、他の動物がいったい何をするのかを判断しなければならない。こうした精神的能力は、動物性食物を獲得するのに、石器の作り方を知るようになったのと同じくらい重要だっただろう。

　もちろん他の動物だって、お互いに注意を払っている。

　どんな社会性動物の行動もそれが属する種の他のメンバー「について」知るのが基本的だというのは、動物の研究で分かり切ったことである。チンプの行動は、他のチンプの行動を知るのが目的だし、ライオンの行動もまた同じだ。動物が払う注意のほとんどは、生態系の中での他の種にではなく、自分と同じ種の他のメンバーに向けられている。ライオンは狩りをしている最中は夢中になってアンテロープを見ているけれども、実際には獲物となる特定の動物を研究したりはしない。ライオンにとって重要なのは、向こうにいる草食獣が獲物にできるほどの大きさであること、獲物のような動作、獲物のような臭いをしていることであり、ライオンが何か言うことがあるとしたら、あれは獲物になるだろうか、ということである。それがイボイノシシであるかアンテロープであるか、それとも小柄な人間であるかは、ライオンにはどうでもいいことなのだ。

　長年月をかけて進化してきた本物の肉食獣よりも上手な捕食者になるために、人間は自分の能力範囲の内部にいくつかの余分な芸当を付け加えねばならなかった。他の動物に注意を払い、観察事実から推論をしていくこと——動物とのつながりの始まり——は、おそらく人間が利益を得る重要なトリックだっただろう。

栄養学のピラミッド、頂点にいるのは肉食獣

　捕食者としての暮らし方へ急速に転換したことは、ヒト科に重大な生態学的問題も突きつけた。

植物を食べる草食獣は高密度でも生きられるが、動物を食べる肉食獣はそうはいかない。それが、根本的な生態学的原則である。生態学者は、生物を栄養学の、すなわちエネルギー上の食物ピラミッドのどこに位置するかに従って分類することがある。草やその他の植物は、太陽光と雨、そして土壌からの養分で生きている。そうした植物は豊富にあり、その豊富さのゆえに栄養学のピラミッドの基礎を成している。その植物を食べる草食獣が、ピラミッドの次の段階を構成する。こうした動物には、シカ、シマウマ、ゾウ、ウサギなどがいる。彼ら草食獣は、彼らが食べる植物よりも数量的にはるかに少ないが、それでもなお大量にいる。栄養学のピラミッドの頂点にいるのが、草食獣を食う肉食獣である。彼らは、自分たちより1段下の草食動物を獲物にしているのだ。

　東アフリカ、セレンゲティ平原の、見た限りは無限に広がる草原の1年間を考えてみれば、栄養学のピラミッドが理解できるだろう。年間回遊期間に、シマウマ、ヌー、ガゼルなどの巨大な群れが、新しい牧草地を探して移動している。そこの個々の植物の数量はあまりに膨大なので、ほとんど推算不可能である。回遊するそれぞれの草食獣の個体数は、数百万頭はいないとしても、数十万頭には達するだろう。けれども特定の地域内で回遊する草食動物の後についていく肉食動物たちの個体数は、ずっと少ない。たぶん1頭か2頭の雌ライオンが、弱ったり病気になったりしたアンテロープを追跡し、襲いかかるのに協力している。

　狩りが成功すれば、ライオンのプライド（一つの群れ）全体が獲物にかぶりついたと思われる頃に、ひょっとするとハゲワシが獲物の一部を強要にやってくる。さらにその後には、腹を空かしたハイエナ、ケープハンティングドッグ、さらに数匹のジャッカルまでやってくる。どの死肉漁り屋も、死体の一部の分け前を求めているのだ。

　ライオンは、獲物を守ろうとする。普段は狩りに全く参加しない雄ライオンさえも、獲物防衛に加わる。ハイエナは、ライオンの群れの周り

をうろつき回り、時には噛みつこうとしたりして、ライオンを追い払おうとする。ハゲワシは、自分の姿を大きく見せようと羽ばたき、隙あらば獲物の一部を奪おうと、滑稽な姿で地上をピョンピョンはね回る。ジャッカルは彼らの小競り合いの端っこで、神経質そうにうろつき回る。これまた隙あらば、中に突っ込んで、自分たちがもち帰れそうな脚の1本か肉の切れ端を咥えようとしている。テレビなどで観ると、肉食獣の乱闘模様は、獲物をめぐって争っているように見える。だがもしその数を数えれば、1体の死体に群がる肉食獣はおそらく30頭未満だ。それに比べれば、肉食獣が狩ったアンテロープやシマウマの群れの個体数ははるかに多い。

頂点での暮らしは実は不安定

　草食獣がこれほど多く、肉食獣がこれほど少ないのは、何を物語っているのだろうか。草食動物を養う草は、途方もない豊かさで育つ。けれども草から草食動物へのエネルギーの移転には、元のエネルギーで正味約90％のロスが伴う。生態系全体のエネルギーの大半は、第1段階で失われるのだ。次に草食動物の肉から肉食動物への移転は――1頭のライオンが1頭のシマウマを食べるとして――、もう1度、草食動物に含まれるエネルギーの約90％の正味ロスが伴う。栄養学のピラミッドの頂点に君臨するには、空きっ腹になるリスク、獲物との格闘で負傷するリスクを伴う。頂点での暮らしは、実は不安定で心細い限りなのだ。

　石器の発明後に突然、捕食者になった草食動物のヒト科は、ぎごちない状況に陥った。思い起こしてみよう、この食性の変化が身体外の適応として始まり、進化による変化に比べれば極端に早く進んだことを。もしヒト科がかつて草食動物だった時と同じ個体密度で暮らし続けていたとすれば、比喩的に言えば大食いの果てに自分たちの財産を食いつぶすことになっただろう。彼らは、狩りのための今までよりはるかに広い分

布域——そして多くの獲物——を求めるか、多すぎるようになった種内の個体数を減らすかする必要があったはずだ。

ここで意識的な選択がなされなかったのは、明らかだ。もともと草食性であった肉食獣に転換したヒト科は、ではどのようにして生き残れたのだろうか。

ホモに突きつけられた三つの進化の選択肢

個体密度を減らすには、三つの進化的な選択肢しかない。

その土地の個体数を減らす一つの途は、たくさんの個体を飢えさせることだ。その結果の個体数の激減を化石記録に見出すことは難しいだろう。化石化したどの個体も、定義では死体なのだから。しかし古人類学者は、栄養状態の悪化や疾病(増えすぎた個体密度の証し)に罹った個体の数が250万年前頃に増えたかどうかを知ることができる。発育の間、疾病にかかったり饑餓に遭った個体の歯や骨には、成長の一時的中断を示すストレス線が発達するのだ。早期ヒト科に比べて新たに出現したホモ属の最初のメンバーにストレス線の頻度が明白に増えていれば、饑餓仮説も推定できるだろう。しかしそうした証拠は、現在まで見つかっていない。

この密度のディレンマを解決できそうな第2の策は、個体数を一定に保つ一方で、体格が小型化するように進化することだ。小型の肉食動物は、大型の捕食者よりも少ない食物しか必要としないから、大型種よりも狭い縄張りで間に合わせられる。しかしこれが人類の進化で起こらなかったことははっきりしている。登場したばかりのホモ属の体格は、アウストラロピテクス類やパラントロプス類と似たようなものだったが、その直後にホモ属は逆に大型化するのである。

密度のディレンマの最後の解決策は、新来の捕食者がその分布域を急速に拡大することである。人間がこれをはっきりと行った証拠は、化石

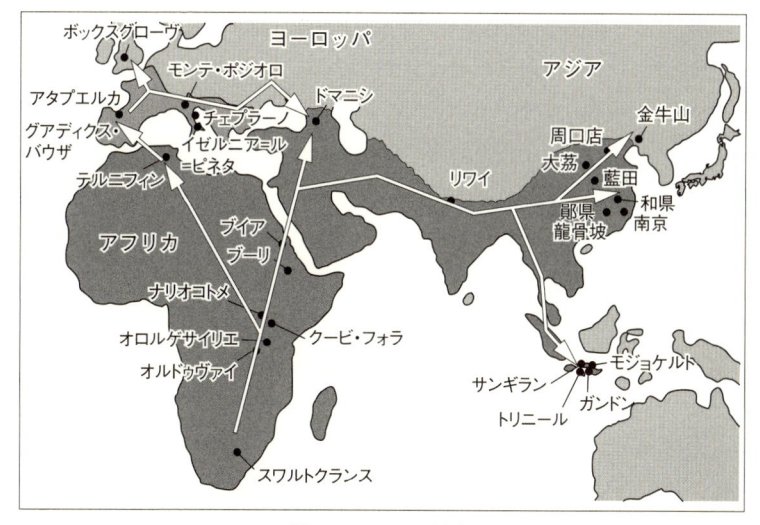

図9 ホモ属の拡大
ホモ属最古の化石は、新しくても230万年前のアフリカで見つかっている。その後、ホモ・エレクトスは、ユーラシアの大半をカバーする範囲まで急速に拡大している。

記録に紛れもなく表れている。ホモ・ハビリスは東アフリカと南アフリカに230万年前頃に現れ、ホモ・エレクトスは同じ地域に190万年前頃に出現した。ホモ・エレクトスが進化するや、ほとんど間を置くことなく、彼らはアフリカから出てユーラシアへと進出した。180万年前頃には、ホモ・エレクトスは南部アフリカから、北はグルジア共和国、そして東はインドネシアと中国にまで拡散していた（図9）。人間は分布域を拡大した時、剥片石器を作り、獲物を狩るか死肉漁りをするのに必要な知識と技術を携えていった。さらには、自分たちの周りの他の動物たちを観察する能力も。

この分布域の拡張が、一部のエレクトスが意識的に周囲を見回し、自分の仲間に「うーん、この場所はかなり混み合うようになっているね。どうだい、どこか新しい土地に行ってみようじゃないか」と話しかけた

時に起こったなどと思わないで欲しい。

それよりもずっと考えやすいシナリオは、人間が多くの獲物を探し回り続け、そうやって知らず知らずに新しい領域に入り込んだ、というものだ。彼らは、すでに他の動物を詳しく観察するようになっていた。他の動物についての知識は、人間に対して狩りと他の動物との競争の上で有利にしたからである。獲物の動物が東の方に、渓谷に、さらには川の近くに多いということを知るのは、重要な知識となったろう。彼らはただ、最も獲物の多い所に向かって行っただけなのだと思われる。

ライオンにとってのように初期人類にとっても、アフリカのアンテロープを狩るのもアジアのシカを捕まえるのも大きな違いはなかった。それでも大半の人類は、なおアフリカに留まった。アフリカにはヒト科がいつもいたのだし、アフリカで新しい技術と能力を使って生き続けた。それ以外の人間たちが、競争も少なく、獲物が多かった地域に流れていったのだ。彼らはゆっくりと北へ移動し、次いで東方と西方へ移っていった。熟慮して拡散する意思を全くもたないままに。ほとんど確実に初期ホモ属は、自分たちが出発したのと似た生態系の、しかし他の人類が全くいない土地へと広がっていった。人間たちは、自分たちがアラビア半島やそこを経てユーラシアへ向け、アフリカ大陸を離れつつあるという考えをもたなかったのだ。

肉食獣との干渉競争へ

石器の発明によって起こったこれらの結果は、みんな肯定的なように思えるが、厄介なこともいくつかあった。そのとおり、石器を製作するようになったことで人間は有能な捕食者になり、食内容も向上でき、その結果として脳を拡大することが可能になり、それが原因で地理的生息域を拡大しなければならなくなった。石器製作とこのような生態的地位の変更は、人間を命に関わる危険に晒すことにもなったのだ。

死肉漁り屋や捕食者のように、人間が本物の肉食獣の直接の競合者となったからだ。草食獣の死体はたくさんの良質な食物をもたらしたかもしれないが、それはそうした食物を手に入れるために情け容赦なく闘うことも厭わない獰猛な競争相手をも引き寄せる。力尽くでの死肉の横取りは、「干渉競争」として知られる肉食獣間の一連の攻撃行動の一側面でしかない。それは、非常に危険な行動だ。

　草食獣の死体をめぐる干渉競争のために、たくさんの肉食動物が死んでいるし、もっと多くの肉食獣が干渉競争が日常化し過ぎている土地を避けている。例えばイエローストーン国立公園にオオカミの群れが再導入された後、コヨーテと再導入されたオオカミとを研究した結果、オオカミは（長期間、そこに居付いていたコヨーテと対照的に）一時的な滞在者であるコヨーテの主な死因となっていることが分かった。オオカミ再導入の結果、コヨーテの個体密度はイエローストーン国立公園全体で39％も減った。大型イヌ科がある地域に進出すると、小型イヌ科にとっては以前よりはるかに厳しい生存状況になるのだ。

　干渉競争のリスクは、アフリカの初期ホモにとってどれほど大きかっただろうか？　非常に、である。

　今日のアフリカには、（体重約45ポンド、つまり20キロ以上の）中型と大型の肉食動物は6種いる。ライオン、ブチハイエナ、カッショクハイエナ、シマハイエナ、ヒョウ、チーター、ケープハンティングドッグである。ライオンとブチハイエナが最大種であり、対立するより小さな4種より一般的に優位な立場である。これらのアフリカの最大の肉食動物は、社会性でもある。そしてそのことが、彼らにさらに優位性をもたらす。今日、防御器官をもたない人間でも、ライオンやハイエナを自分たちの獲物から追い払えるが、それは危険性の高い戦略である。人間が草食獣の死体や自分の生命を失うことになる可能性は、ライオンやハイエナよりも高い。

ヒトが石器を作り始めた260万年前に11種もの大型肉食獣

 状況は、過去においてはもっと厳しかった。カリフォルニア大学ロサンゼルス校のブレア・ヴァン・フォルケンバーグは、自分の全研究歴を通して、肉食動物のギルド——同一生息地に暮らし、類似した生態的地位をもつ動物群——を研究している。彼女が語るには、260万年前頃にヒト科が石器を製作し始めた時点で、そこには6種どころか、11種もの大型肉食獣がいたという。ライオン、ヒョウ、チーター、シマハイエナ、カッショクハイエナ、ブチハイエナ祖先種、快足のナガアシハイエナ、オオカミのような肉食動物、剣歯ネコ2種、ニセ剣歯ネコである（図10）。ニセ剣歯ネコは、真性の剣歯ネコとは異なる進化系統の肉食動物だが、非常に長い、恐怖を起こさせる剣歯をもつ特徴は共有する。

 実際、ニセ剣歯ネコはアルディピテクス・ラミダスの時代にも生息していたので、アルディという愛称の雌の個体を食った捕食者の私が第1に挙げる候補者である。

 ヒト科が初めて石器を作った時の肉食動物の種数の多さが意味するのは、捕食動物間の干渉競争は特に激しかっただろうというものだ。11種の肉食動物のうち8種は、体重がヒトを上回っていた。剣歯ネコ——ホモテリウム——のような絶滅種の中には、体重が初期ホモ属の5倍もあったものもいた。人間が単独でこれら太古の肉食動物のどれかの種と正面切った競争をしようものなら、悲惨な結果となったことは間違いない。集団で行動し、石を投げ、石器を手にして、それでしか人間側に有利に働かなかったに違いない。それでも初期ホモ属は、警戒を怠れなかったはずだ。特に彼らが、相手方にも魅力的な草食獣の死体の近くにいたのならば。

 230万〜170万年前に、ホモ属は、骨から判断して体重を約70ポンド（35キロ）から約120ポンド（60キロ）へと増やした。体重の増加は、本物の肉食動物との厳しい競争に対する適応的な反応であったのかもしれ

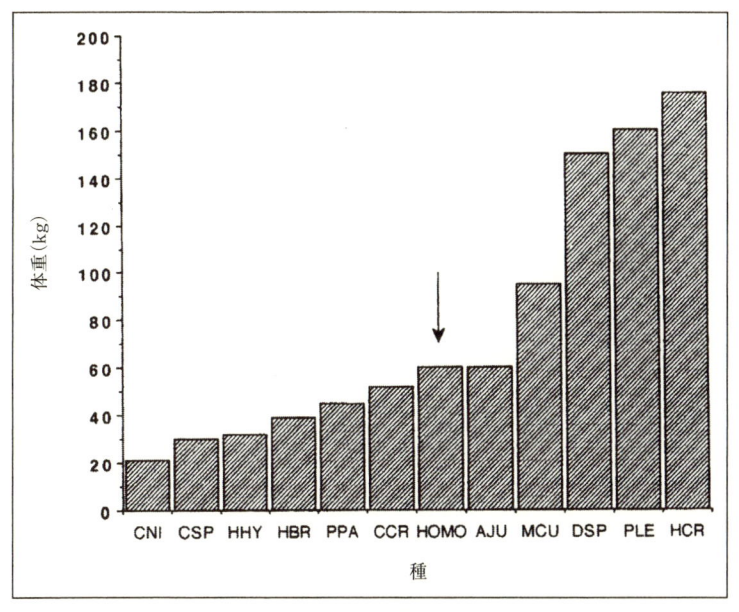

図10 初期ホモと肉食動物たち

250万年前頃、東アフリカには11種もの肉食動物がいて、ホモ属（↓印）と獲物をめぐって競争していた。ホモ属の体重は、中型肉食動物程度であり、より大型の肉食動物により、草食獣の死体から追い払われていただろう。それぞれの略語は以下のとおり。CNI＝チャスモポルテテス・ニティドラ、快足のハイエナ；CSP＝イヌ属のオオカミに似た未確定の種；HHY＝ハイエナ・ハイエナ、シマハイエナ；HBR＝ハイエナ・ブルンネア、ブラウンハイエナ；PPA＝パンテラ・パルドス、ヒョウ；CCR＝クロクタ・クロクタ、ブチハイエナ；HOMO＝初期ホモ属；AJU＝アシンコノニクス・ジュバトス、チーター；MCU＝メガンテロレオン・クルティデンス、剣歯ネコ；DSP＝デノフェリス属の種、ニセ剣歯ネコ；PLE＝パンテラ・レオ、ライオン；HCR＝ホモテリウム・クレネティデンス、剣歯ネコ

ない。170万年前頃には、アフリカの初期ホモ・エレクトスは、もはや生態系の中の「小っちゃな奴」ではなくなり、体重はアフリカの肉食動物の少なくとも4種を上回るようになっていた。他の2種の肉食動物は、たぶん厳しい干渉競争のために、すでにこの時までに絶滅してしまっていた。他よりも大きな体は、大きな優位性をもつことであった。

石器はヒト科の暮らす生態系全体も変えた

　大型化した身体をもつようになっても、捕食者のホモ属は、社会性集団、石器、鋭敏な感覚的スキルが必要だった。そして以前していたよりもさらにいっそう他の草食動物を注視するようになった。ホモ属は、自分たちの周囲の動物に念入りに注意を払う必要があったのだ。これらの特性は、獲物になる草食獣を見つけ、倒すのに、そしてまた獲物を仕留めるや現場にやってくる可能性のある他の肉食動物を用心して監視していくのにも、有益な性質だった。他の動物の行動と習性に関心を集中させるようになったこの強化された特徴は、自分たちの食物事情の向上と安全の保障という点で、ヒト科に明らかな好結果をもたらしただろう。確かに初期ホモ属の大型化した脳は、他の動物に密接な注意を払うのにも、将来、獲物にすることになる動物の情報を蓄積するのにも重要であった。

　化石と考古記録の証拠から見て、ヒト科が動物に深く関わるようになった始まりは260万年以上前からであり、石器の発明でそれが促進され、強制されさえしたのは明らかだ。動物とのつながりの始まった基礎にある行動は、他の動物に注意を払い、彼らについてその習性と必要を学ぶことだ。石器は、私たちの祖先だけでなく彼らの暮らす生態系全体を変えた。他の動物に関する情報を集めることを学習して賢いヒトになるのが、大きな進化的利点をもつことは明白である。

　本当に260万年前に石器の作り方を初めてヒト科が思いついた、魔法のような瞬間があったのだろうか？　たぶんそうかもしれないし、そうでなかったかもしれない。では、どのヒト科であれ、その時よりも早くに石器を作っていたのだとすれば、なぜ誰もまだそれを見つけていないのか。それを、説明してくれそうな三つの可能性がある。

　第1が、そうした石器はかなり稀にしか作られない物だったので、そのどれ一つとしてまだ発見されていないのだということ。第2は、そう

した石器は研究者が識別できないほど粗雑な物だったか、もしくはほんの少ししか加工されなかったのだということ。そして第3に、260万年前より前の道具は、(石ではなく)通常では残存しない、腐朽しやすい材料で作られていた可能性、である。

第4章
道具、道具、道具？

石以外の道具素材である骨

今までは話の筋書きは順調にいったように思われ、私の仮説も多くの証拠でうまく裏付けられている。しかし初期人類のテクノロジーの理解を混乱させるもう一つ別の複雑な要素がある。石は、道具を作るのに使えたただ一つの素材ではなかったということだ。

木の小枝、大枝、葉などの天然の材料から作られた道具は、あり得なかったのだろうか。そのとおり、あり得たはずだ。だが私たちは、約50万年前まではそうした証拠遺物は何一つもっていない。やっと50万年前頃、イギリスのクラクトン＝オン＝シーから1本の、またドイツ西部のショーニンゲンにある遺跡で3本の木製の槍が作られたことが分かっている。一部の古人類学者は、こう主張する。初期のヒト科も、植物、木の葉、枝などで道具を作っただろう。今日、一部の類人猿、サル、その他の哺乳類ばかりか、鳥ですら、そうした道具を作っているのだから、と。他の動物の道具製作の観察の連想から、その考えを確からしく思える。だが私の言う「確からしさ」は、読者には「信じられない」かもしれない。

約200万年前——すなわち最古の石器が作られた60万年後——に製作開始された、古人類学者が手にする遺物は、骨器である。こうした特殊な道具は、石器を使ったかどうかは別にして、パラントロプス類に作られ、使われたのではないかと、強く推定されている。200万～100万年前、骨、つまり骨の破片が使用のために選択されたが、それらには使用に適した物にするための加工はほとんど施されなかった。それでもヒト

科は、例えば骨格の特別な部位（四肢骨）やサイズ、硬い外皮骨密度、適度な風化といった特殊な属性を備えた骨を好んでいたことを示せる。最小限の加工とは、初期の骨器──骨製の便宜的道具──は同定がしにくいということでもある。

経験深いメアリー・リーキーの骨器の提起

　難しいのは、骨器の提案がなかったことなのではない。19世紀以来、たくさんの古人類学者と古生物学者が、人骨に伴う割られた獣骨は道具だと主張してきたのだ。

　例えば南アフリカの解剖学者で、この面では先駆的で想像力に富んだ説を唱えたレイモンド・ダートは、最初のアウストラロピテクス化石の一部と一緒に見つけた奇妙な形に割られた骨の標本に対し、「骨歯角文化」と名づけた。他の先行者のように、残念ながら彼の説は客観的な証拠で裏付けるには薄弱だった。ダートの執筆スタイルは、客観的な科学者の言というよりも福音派の牧師の言葉のように思え、それも彼の説に反発する方向に作用した。割れた化石骨を見て、その骨が何かの役に立った物なのかもしれないと思いつくのは、いとも容易である。しかし骨が使用されたことを証明するのは、別の問題である。初期の骨器への懐疑論は、1950年頃から以降、恐ろしいほどに広まった。

　しかしその古人類学者たちも、メアリー・リーキーのような頑固な科学者が、1971年に発表したタンザニアのオルドゥヴァイに関する信頼に値する本で、オルドゥヴァイ峡谷で出土した125点の特殊な骨を骨器だと認定したことには驚いた。メアリーが自説の基礎にしたのは、200万～100万年前に製作された、オルドゥヴァイ峡谷出土の数万点もの化石と石器に取り組んだ深い経験である。彼女が備えていたのは変則的な物に対する──何か変わった物に対する──鋭敏な眼力だったが、骨の破砕と変形を起こす自然要因と人為的要因を研究して多くの時間を費やすこ

とには興味がなかった。ざっくばらんに言えば多くの懐疑論者の一部は、オリジナルの標本を1度も実見しなかったのに、彼女の説に納得しなかった。また別の懐疑論者は、それ以上の詮索をしようとせず、放置しただけだった。

オルドゥヴァイ骨器の再同定へ

リチャード・ポッツと私がオルドゥヴァイの骨の一つにカットマークを見つけた時、私たち2人は、ヒトによる骨の加工を同定、記録する手段として顕微鏡を使っていた。私たちが選んだ機器は、走査型電子顕微鏡(SEM)だった。それを使ったのは、高倍率に拡大して観察できるからだが、それよりもっと重要なのは、骨の表面を三次元で見られるばかりでなく、それも記録できるからでもあった。(光学顕微鏡は、顕微鏡下に置かれた観察物を視覚的に平面化して見るので、三次元の凹凸模様を評価するのが難しくなる。)

1980年代、私たち2人の行った骨の表面上のカットマーク研究と、メアリーが認定した骨器に適用したのと似た手法でカットマーク以外の骨表面の変形を、追跡調査することに決めた。その時点までに私は、自然による多くの作用とプロセス——様々な動物による作用、風化、磨耗、植物による作用——で変形された骨の比較用コレクションを所有していた。それらは、どんな非人為的な、自然によるプロセスが骨に対して加わったのかを示していた。私や同僚が製作した実験的に作った新しい骨器もそれに加え、さらに北米歴史時代の平原インディアンなど産業化以前の民族によって作られ、使用された多数の骨器も検討した。

メアリーが推定した骨器と比較用の資料を詳しく検討した後、私は、メアリーが同定していた骨器の多くに顕微鏡で観察できる程度の痕跡があり、それらは比較資料と実験製作した資料の使用痕のように見えるものだという結論を下した。重要なポイントは、磨耗痕と光沢が、骨器が

使われた短い間隔の刃部の範囲内に限定されるということだった。標本全体に磨耗も光沢も見られたわけではなかったのだ。例えば骨が川に流されて磨耗したり、風化でダメージを受けたり、草食獣に蹴散らされたりして変形されると、全体にそうした痕が出来る。

　私が骨器と再同定したオルドゥヴァイ標本のすべては非常に新しいように——風化されていないように——見えた。しかも大部分は、カバ、ゾウ、キリンなどのかなり大型の動物の骨だった。オルドゥヴァイ標本の一部は、標本全体に磨耗痕があったので、これらは不明と分類せざるをえなかった。地下に埋まっていたかもしれない物だが、何であってもその磨耗痕が不明瞭にしてしまったからだ。同定したオルドゥヴァイ骨器の大部分に、骨の剥片を意図的に取り去った形跡があった。最古の石器を作るのに使われた方法と酷似した、ハンマー石で加撃した剥離法が使われていたのだ。顕微鏡観察で使用痕から骨器と同定された標本を統計的に分析したところ、オルドゥヴァイの同じ地点から回収された、骨器として用いられていない動物骨と比較すると、骨器からは、オルドゥヴァイ出土骨でも同一骨格部分と同一種に対してよりも有意に多くの剥片が取り除かれていたことが分かった。

ゾウの骨から作られたハンドアックス

　260万年前以来、ヒト科は石から剥片を打ち剥がしていた。だから同じ手法が脚の骨のように厚い皮質骨をもつ超大型の動物の骨に適用できるのだと理解したことは、必ずしも大きな想像力の飛躍ではなかっただろう。骨の剥片に残る様々な使用痕は、使用の直接の確証となる。ただ骨から剥片が取れるのを知ったとしても、剥片が使用されたことを必ずしも意味しない。剥離された元の骨の大半は、石器のそれのように切断用の道具として使われた、と私は考えている。いつもそうだと証明できるわけではないけれども。

第 4 章　道具、道具、道具？　73

　肉を切る目的で骨の剥片を使おうとしたのだとしても、私はそれらを切断用の道具だと思う気になれない。それらは最初は無理なく切れるが、そう長い間は鋭利な刃を保ち続けられないからだ。刃部はすぐに結合組織片や肉片で目詰まりし、切断がだんだん困難になる。ざっくばらんに言えば、剥片石器が利用できるならなぜ骨の剥片を使おうとしたのかが私には分からないのだ。それに、骨の剥片が出土するすべての地点で、剥片石器も見つかっている。たぶん十分な剥片石器がなかったのだろう。おそらくヒト科は、肉を切り取るのに急いでいて、一刻も早く死体から逃げ去ろうとしていたのだろう。だからヒト科は手に入れられる物なら何でも使ったのだ。実態は分からないが、誰かが何らかの理由で骨の剥片を実際に使ったことは分かる。そしてもっと多くの情報を得られる別の手段を思いつくことができるまで、その結論あたりで満足しておかねばならないだろう。

　オルドゥヴァイ産のもっとも優れた骨器は、ゾウの骨の一片である。それは両側から骨片が剥離されて涙滴形に仕上げられており、オルドゥヴァイ峡谷からも出土し、アシューリアン・インダストリーの署名のような石器であるハンドアックスと呼ばれる典型的石器に良く似ている（図11）。私は、何人かの筋金入りの骨器懐疑論者にこの標本を見せるのが非常に面白かった。彼らはこの標本を部屋の反対側から見ると、尋ねればすぐにそれはハンドアックスだと宣言する。ところがある考古学者は、手にとってその素材が骨だと分かると、明らかに自分の同定を撤回したがる素振りを見せた。それでも彼は、この標本の疑いようのない形態を否定できなかった。「けれども、それ一つしかないだよね。この製作者が自分が何をしているのか分かっていたと、どうやって我々には分かるんだい？」と言い、彼は前言を撤回した。

　確かに、オルドゥヴァイの骨製ハンドアックスは1点しかないし、私たちにはその製作者が何を考えていたかの心当たりもない。しかしその

骨器の疑いようのない形態と剥片剥離のパターンは、私の考えでは偶然に出来たものではない。(この他の遺跡から出土した、美しく仕上げられた骨製ハンドアックスは、何点もある。イタリアのカステル・ディ・グイドのようなオルドゥヴァイよりはるかに後の遺跡産で、それはオルドゥヴァイとは別の人類種に作られた遺物に違いない。それらは互いに驚くほど似ているのだ。) もう1度言うが、骨製ハンドアックスが道具として長く使えるほど効率的だったろうとは私には想像できない。しかしその標本は、その尖った先端に使用痕をもった、間違いのないハンドアックス――石器のハンドアックスを作るのと同じ製作過程で作られた両面加工の道具――なのだ。

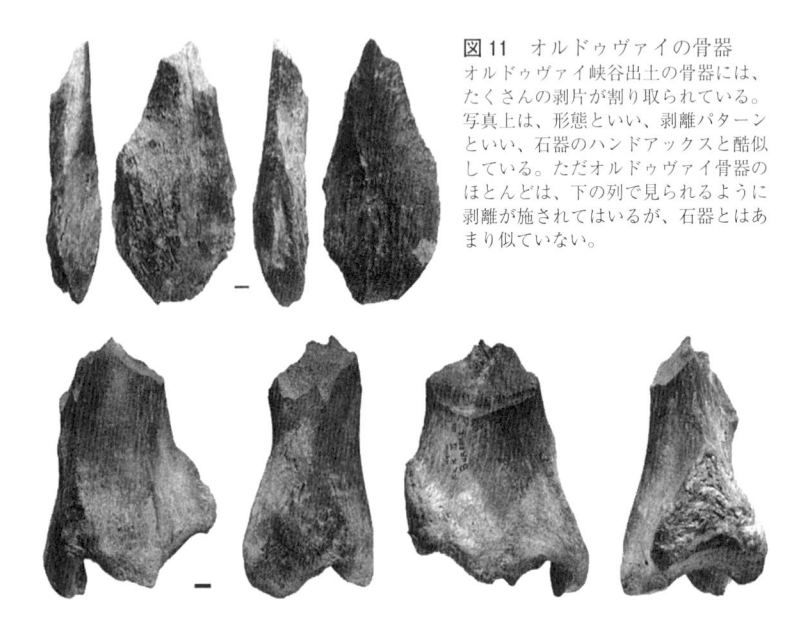

図11 オルドゥヴァイの骨器
オルドゥヴァイ峡谷出土の骨器には、たくさんの剥片が割り取られている。写真上は、形態といい、剥離パターンといい、石器のハンドアックスと酷似している。ただオルドゥヴァイ骨器のほとんどは、下の列で見られるように剥離が施されてはいるが、石器とはあまり似ていない。

第4章 道具、道具、道具？ 75

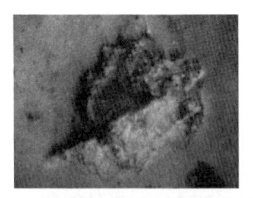

図 12　骨器の使用痕
（上）ゾウの膝蓋骨上の二つに分かれた穴は、ヒト科がこの骨を金床かハンマーとして使って付けられたものだろう。拡大写真を観ると、これらの凹みは、ワニによって付けられた二つに分かれた穴とも似ている（左）。さらに研究が必要だ。

「骨製金床」の凹みはワニの歯で付けられた可能性も

　オルドゥヴァイ出土の興味をそそられる4点の標本がある。それは、天然のままの平たい表面上に、おそらく石器だろうが同一の穿孔器かハンマーで付けられた一連の刻み目の見えるものだ（図12）。

　初め私は、これらは金床だったのでは、と考えた。しかし後に友人で同僚でもあるヴィッツワーテルスラント大学のルシンダ・バックウェルとボルドー大学のフランチェスコ・デリコが同じ標本を研究し、これらの骨はハンマーとして使われた可能性が高そうだと提案した。ルシンダとフランチェスコは、そうした骨をハンマーとして使った実験で、非常に良く似た凹みを再現できた。ところがジャクソン・ヌジャウとロブ・ブルメンシャインにより後に発表されたワニによる損傷の写真を見て、私は再考し、これらの凹みはワニの歯によって付けられたのかもしれない、と推定している。したがってこれら「ハンマー」や「金床」は、さらに別の想定をするのが当然なのだろう。

　この時点で私の研究は、古い考古記録には単純な骨器も存在し、そうした骨器が使用された刃部を詳しく検討すればそれが使用されたことを

確証できると信じている古人類学者たちに大きな役割を果たしていた。そのデータは、東アフリカのヒト科は皮質骨と呼ばれる、外表面に厚くて緻密な組織をもつ骨から好んで剥片を割り取っていたことを示した。彼らはその大部分を、カバ、キリン、ゾウの脚の骨から選んだ。ヒト科は手慣れた剥片剥離技術を石器加工から骨器加工に転用し、また適切な形の無傷の骨をハンマーとしても使っていたようだ。その両タイプの骨器は、普通の石器やヒトに使われなかった骨よりもごくごく少なかった。

南アのボブ・ブレインとの出遭い

オルドゥヴァイの骨器の自分の研究成果をある会議で発表した後で、私はC・K・ブレインという名の南アフリカの優れた研究者から連絡を受けた。誰からもボブという名で呼ばれている彼は、共同研究のできることをずっと楽しみにしていた最も聡明で親切な研究者の1人である。彼は、証拠を求める科学者の嗅覚と現実世界の自然史学者としての理解を兼ね備えている。

彼は、私の研究室——当時はボルティモアのジョンズ・ホプキンス大学医学部に在籍していた——に、南アフリカでヒト科化石の見つかっている著名な洞窟の2枚の堆積層から出土した骨器らしいセットをもち込んできた。骨器らしい多数の骨を産出するその洞窟——ハウテン州のスワルトクランス洞窟——から、ある特別の層位からだけ数点のホモ属化石が出るが、その層からは主としてパラントロプスの化石が見つかっている。やはりハウテン州にあるもう一つの洞窟のステルクフォンテインからは数点の骨器らしい物が出土したが、こちらから伴出するのは大部分がアウストラロピテクス・アフリカヌス化石だった。石器とヒト科化石と一緒に、この二つの洞窟から数千点もの獣骨も出ていた。ボブのもち込んできた骨は、180万〜110万年前のものであり、私が研究したばかりのオルドゥヴァイの骨器とほぼ同時代であった。

図13　スワルトクランスの骨器
南アフリカ、スワルトクランス出土の骨器は、オルドゥヴァイ産のものとほぼ同時代だが、剥片を取られておらず、全く違って見える。

　驚いたことに、ボブの標本は、オルドゥヴァイ出土の骨器と全く似ていなかった（図13）。彼の標本は剥片が剥離されておらず、金床やハンマーとして使ったと疑われる凹みも全く認められなかった。彼がもってきた物は動物の長骨の裂片だった。新鮮な割れた骨のように先端が鋭くなっている代わりに、それらのどの先端も、丸くなっていて、すり減った痕のように見えた。膨大なオルドゥヴァイ出土品の中で、こんな遺物は見たこともなかった。

長骨の裂片は掘り棒の結論、だが……
　ホブと私は一緒に、忠実度の高い標本使用末端のレプリカを作り、かつてオルドゥヴァイの骨で試みたように、走査型電子顕微鏡でそれらを

観察した。私たち2人は、これらの標本の多数に明らかな使用痕の証拠を見出した。さらに言うと使用痕は、先端に存在し、骨幹に向かってほんの数ミリしか続いていなかった。見た限りでは光沢は、標本全体には見られなかった。光沢の上には、細いひっかき傷と粗い傷の混じり合いのあるのを観察できた。レプリカを観察し、写真に撮った後で、私たちはブレインと彼の息子のナッドが南アフリカの硬い土壌から塊茎を掘るのに実験的に使用した何本かの骨器について同様の研究も行った。私のもつ比較標本からも資料を追加し、化石骨とそれらとも比較した。

　私たちはスワルトクランス標本に特異な使用痕を認めたので、それらはかつて道具として使用されたと判断できた。私たちが用いた参考資料に最も良く一致したのは、洞窟の周囲の岩のように硬い土の中から塊茎と根を掘るのに使われた骨器だった。私たち2人は、これらの割れた骨片は乾燥地に住む現代の人々も塊茎類などを掘るのにも普通に使っている掘り棒に相当する物という結論を出した。この発見は、南アフリカの乾燥したサバンナでは掘るのに役立つ木や枝が不足していることと辻褄が合った。

　ボブと私が共同研究を終えた約10年後、私たちの良き友人であるヴィッツワーテルスラント大学のルシンダ・バックウェルがスワルトクランスとステルクフォンテインの骨器をもう1度観察した。スワルトクランス化石の2万3000点全部の大規模な研究を行い、そこからルシンダはさらに16点を骨器の可能性が高いと認定した。彼女はまた、この他に1万3000点もの骨の大規模な参考用コレクションもデータベースに蓄積した。ボブと私が南アフリカの標本の使用痕を判断するのに用いた資料よりはるかに膨大な量だった。ルシンダが実験に使った骨器の中には、以前に彼女が塊茎を掘るのに使った物もあったが、他に中のシロアリを捕まえるためにアリ塚に穴を開け、こじ開けるのに用いた物もあったし、動物の皮に穴を開けたり鞣したりするのに使った骨器もあった。

化石骨の顕微鏡による分析で高い評価を得ていたフランチェスコ・デリコとの共同研究で、ルシンダは、スワルトクランスとステルクフォンテインの資料と彼女が新たに積み上げた膨大な参考用コレクションとを比較した。2人は走査型電子顕微鏡を使って、使用痕を記録して、研究した。2人には、ボブと私が研究していた時にはまだ存在していなかった画像分析プログラムを利用できる有利さがあった。

新たな研究でシロアリを掘り出す道具と判明

2人の研究の成果は、エキサイティングなものとなった。私たち2人のように、ルシンダとフランチェスコは、ひっかき傷に被ったかなり局在する光沢のパターンを見出したのだ。この2人組みが私たち2人の研究を凌駕したのは、骨器の使用された末端と参考用コレクションの骨に残された大量のひっかき傷のサイズと方向を計測できた、したがって単なる目視調査ではなくて統計的な比較ができたことだ。(目視調査は、標本を「肉眼観察」するという意味の専門用語である。)

2人が計量的、統計的処理をした結果、太古の骨器はシロアリ獲りの道具にもっとも良く似ていることが明らかになった。ボブと私がかつて考えた塊茎類を掘るのに使われたのではなかったらしい (図14)。

2人は、ヒト科は道具として使うために何か手近な骨を選んだだけなのか、それとも頭の中に特別な基準をもっていたのかという疑問にも取り組んだ。骨器を計測し、それらをスワルトクランスの道具に使われなかった骨の破片と比較すると、再び重要な違いが明らかになった。非使用の骨の破片よりも、道具として選ばれた骨の方が長く、幅広く、厚い骨幹をもっていたのだ。それにもかかわらずこれらの骨器は、オルドゥヴァイの骨器と違い、大型や超大型の動物の骨から採られたものではなかった。スワルトクランスとステルクフォンテインの骨器は、中型アンテロープの骨から採られる傾向が見られたのだ。

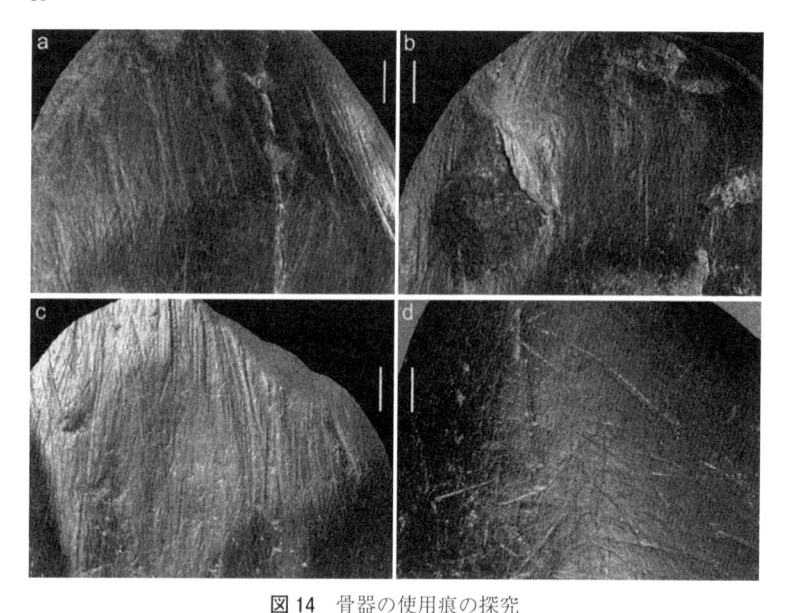

図14 骨器の使用痕の探究
南アフリカのスワルトクランス (a) とドリモーレン (b) から出土した骨器上の微使用痕は、塊茎類を掘り出すのに用いた実験用骨器 (d) よりも、シロアリの塚を壊して開け、中のシロアリを取り出すのに用いた実験用骨器 (c) の使用痕に良く似ている。

2001年に発表されたこの驚嘆すべき研究の前は、誰一人として初期人類がかなりの量のシロアリを食べていたと想像した者はなかった。それなのに、ヒトに近い親類であるチンパンジーがシロアリとアリを食べることを知っているし、シロアリやアリがスワルトクランスにいたことも分かっているのだ。洞窟から、ツチブタ、ツチオオカミ、センザンコウなどといったアリやシロアリ食いを専門とする動物の骨も見つかっていたからだ。それなのにボブと私は、骨器がシロアリを掘り出すために使われたかもしれないと考えたことさえなかった。だから私たち2人には、シロアリ獲りに使っていた骨の資料も全くもっていなかった。私たちは2人とも、ルシンダとフランチェスコの研究の結果に身震いするほど感

動した。

パラントロプスの骨に残ったシロアリ食の痕跡

　今度は2人の結果が、私たちと同じような古い疑問を呼び起こした。では、誰が骨をシロアリ獲りの道具に使ったのか？

　200万〜100万年前の南アフリカには、初期ホモ属もパラントロプス・ボイセイも暮らしていた。しかしパラントロプスの骨だけが、明確な化学的特徴を有していた（高い割合を示す炭素の特定の同位体比）。それは、生きていた時、パラントロプスは驚くべき量のたんぱく質を採っていたことを示している。大量の肉を食べていたのなら、もちろん骨にこのことを示す同位体の特徴が表れるだろう。だが大量のシロアリを食べても、そうなる。

　シロアリは、実際に驚くほど高栄養である。大ざっぱに見ても、アリの2倍も栄養価が高いのだ。さらに驚いたことに、ルシンダは私にこう言ったのだ。「100グラムのランプステーキ（腰から尻にかけての肉）は322キロカロリーありますが、100グラムのシロアリは何と560キロカロリーもあるんですよ」。（100グラム、すなわち2.2オンスのシロアリは、約250匹に相当する。パラントロプス類と体重がほぼ同じツチブタは、一晩に4万匹ものシロアリを食べるかもしれない。）スワルトクランス出土のツチブタの骨に含まれる炭素の同位対比は、パラントロプスのそれと酷似しているが、それも当然である。

　パラントロプスは草食性の歯をもっていたけれども、この分析結果は、パラントロプスが大量のたんぱく質を食べていた動物の化学的特徴をもつ骨を有していたことを明らかにした。似た例として、チンプは植物性食物（大部分は果実）を食べるのに適した歯をしているが、かなりのシロアリも食べる。たぶん植物性食物の乏しくなる乾期にパラントロプス類が集中的に食べたシロアリは、重要な代替食だったのだろう。パラン

トロプス類がアリやシロアリを熱心に食べるスペシャリストだったという解剖学的証拠はない。それでも彼らは、ツチブタ、ツチオオカミ、センザンコウのようなアリ食い動物だった。しかしアリ食い専門ではないたくさんの動物も、たとえ食に占める割合は少なくても、シロアリは食べるのだ。

南アのパラントロプスが骨器を使った？

　ルシンダとフランチェスコは、自らの調査研究計画をオルドゥヴァイ骨器の再検討に広げた。2人は、オルドゥヴァイ標本に南アフリカのシロアリ掘り骨器と似ている物は何も見つけられなかった。2人は、メアリー・リーキーがすでに主張していたようにオルドゥヴァイ峡谷でも骨器が使われていたこと、これらの骨器は南アフリカ産の物と比べるとかなり骨片が剝離されていて、一般的に分厚い皮質骨をもつ超大型動物から転用されていることを確認した。

　その後の2008年、ルシンダとフランチェスコは、ハウテン州にある200万～150万年前頃の南アフリカの第3のヒト科遺跡であるドリモーレンから見つかった、骨器の可能性のある22点の骨を調査した。それらの標本のうち8点は、骨器としての顕微鏡下の特徴が認められず、単なる先端が丸まった骨の裂片だった。だが他の14点は実験的にシロアリ塚を掘るのに使った骨器とスワルトクランス出土のシロアリ掘りに使われた化石骨と一致する使用痕を備えていた。ドリモーレンで使用のために選ばれた骨の種類と裂片の長さもまた、スワルトクランスの物と一致した。

　見たところでは200万～100万年前、長骨骨幹の裂片をシロアリ掘りに使う習慣は南アフリカでは広く普及し、長続きしたパターンだったように思われるが、東アフリカではそうではなかったようだ。だが正確なところ、それは誰が行っていたのだろうか。またしてもだがドリモーレ

ンでも、ホモ属もパラントロプス・ロブストスも存在していた。ただホモの化石は、たった2点しか見つかっていない。その一方、パラントロプスは77点と圧倒的に多いのである。スワルトクランスでは、パラントロプス化石の包含されていた地層で骨器は普通に見られるのに、ホモは存在しなかったから、これから明示されるのは、パラントロプスこそ骨器の製作者にして使用者であった可能性が高いということである。

南アフリカと東アフリカのテクノロジーの差の謎

　パラントロプスは性的二型が顕著だったので、体は雄の方が雌よりもはるかに大きかった。そのため彼らはゴリラのようだったとよく考えられる。現生のゴリラはシロアリ釣りに出かけるのに道具はもっていかないが、チンプは道具を使う。したがってゴリラに似たヒト科がシロアリを集めるのに粗雑な道具を使ったかもしれないと考えても、それは必ずしも突飛とは思えない。ルシンダとフランチェスコは、パラントロプスがシロアリ掘りのために骨器を使っていたのだとしたら、チンパンジーでなされているようにシロアリ掘りはパラントロプスの雌とワカモノ個体にだけ行われていたかもしれない、と推測している。

　このように南アフリカと東アフリカとでは骨器製作伝統が非常に異なるのに対し、石器製作伝統はかなり類似していることに私は魅惑されている。東アフリカの骨器には数点のハンマーが含まれているが、大半は剥離を施された骨だ。この地域の剥離を施された石器と似ている。あたかも東アフリカのヒト科はあるテクニックを学ぶと、どのようになるのかを見るために、様々な素材でそのことを試したかのようだ。南アフリカの骨器は、剥離を施された物ではないし、超大型動物の骨でもない。はるかに小さな動物から採った裂片である。それは、シロアリの居所を探り、掘り出す棒として使われ、その使い方は、剥片石器とは全く違っている。

なぜ南アフリカのヒト科は、骨に剥離を施さなかったのか？

　なぜ東アフリカのヒト科は、骨の裂片をシロアリ掘りに使わなかったのだろうか？　それともシロアリ掘りに骨の破片を使う代わりに、彼らは小枝やつる植物を使っていたのだろうか？　それとも東アフリカの初期ヒト科は、シロアリ掘りを全くしていなかったのだろうか？

　さらに両地域で骨器を作っていたのは、ヒト科の同じ種だったのだろうか？　南アフリカの骨器がパラントロプス類に作られていたという証拠は魅力的だが、決定的ではない。オルドゥヴァイ峡谷で骨から骨片を剥離されていた時、パラントロプス類はオルドゥヴァイにもいたが、伝統的にほとんどの古人類学者はホモこそ骨器を作る主体だったと想定していた。しかし骨器の方は、初期ホモの真似をして道具を作るパラントロプス流のやり方なのかもしれない。あるいはパラントロプス類は骨器は作ったが、一部の石器も作っていた可能性もある。

　東アフリカと南アフリカのテクノロジーに見られるこの違いは、東アフリカのヒト科と南アフリカのヒト科がお互いにほとんど交流をしていなかった――互いに孤立した状態で道具製作技術を独立に発明していた印なのだろうか？

　骨器の違いは、ホモ属は生き残ったが、パラントロプス類とアウストラロピテクス類は絶滅したという事実と全く無関係なのだろうか？

　以上の疑問は、今も私につきまとい続けている。私にはまだ答えはない。疑問だけ残され続けているのだ。

第5章
ヒトに特有なのか？

間違っていた「道具製作者としての人」

ここからは石器と骨器の発明とその技術的インパクトの詳細を見ていくことから一歩引き、道具製作について幅広く概観していくことにする。

道具製作も道具使用も人間という動物に特有な行動だというのが、これまでの伝統的見方だった。道具と身体外の適応は人類進化に重要な役割を果たしてきたのは事実だが、それでもこの見方は不正確である。チャールズ・ダーウィンは、先人の考えに従い、人間だけが道具を作り、使用すると主張した。しかしこの場合、彼は間違っていた。人類学の古典的著書に、大英自然史博物館のケネス・オークリーにより1949年に書かれた『道具製作者としての人（*Man the Tool-Maker*）』（邦訳、『石器時代の技術』国分直一・木村伸義訳、ニュー・サイエンス社、1971年）がある。この本でオークリーの指摘したのは、道具を作る能力こそがヒトを人間にしたのだということだ。

その時代のややもすると堅苦しい文体で、オークリーは次のように述べた。「ヒトは文化、すなわち道具を作り、考えを伝え合う能力で区別される社会的動物である。腕を取り外しできるように拡張するという機能を考えると、道具の使用はヒトの主要な生物学的特徴のように見える。……周囲の状況が命じれば、それに合わせてすぐに廃棄でき、変更できる、自分自身が作った身体外の装備に頼っているので、ヒトはあらゆる生物の中で最も順応性のある存在になった」。

だが、オークリーも間違っていた。道具製作は、人間の専売特許の特徴ではないからだ。遅くとも19世紀から野生の多くの動物で、いろいろ

な種類の道具製作が観察されている。アナバチは、顎に小石を抱え、それを使って、巣を作る泥を突き固める。ラッコは、小石を抱えて、それを使って貝の殻を割る。エジプトハゲワシは、岩を卵めがけて落としそれで卵を割るし、一方でフィンチやカラスは、小枝やサボテンの刺を使って甲虫の幼虫を木などの割れ目から引き出す。ゾウは木の枝をハエ払いに使い、樹皮を噛んでスポンジの代わりにする。オマキザルは岩石を使って、ナッツを割って中を開ける。

チンパンジーの道具使用では 56 種もの行動の観察

道具製作と道具使用に関する問題は、1964 年に大きくクローズアップされた。この年、ジェーン・グドールがチンパンジーの道具製作の観察を報告した画期的な論文を『ネイチャー』誌に発表したのだ。グドールの観察に先行して動物の道具使用を報告した論文は幾つかあったが、彼女の観察結果は人間と他の動物とを隔てている従来観に対する大きな挑戦だと考えられた。グドールの指導的助言者であるルイス・リーキーは、グドールの発見の知らせを受けた時、声を挙げて笑ったと言われている。「さあこれで、我々は道具を定義し直さなければならないね。人間についても、だ。チンパンジーを人間の仲間と認めねばならないかもしれんな」。チンパンジーは人間だという見方は、まだほとんど支持を集めてはいなかった。

さてそれでは、道具製作が一部のヒト科を変貌させたように、どうして道具製作はチンパンジーを変えなかったのだろうか？

チンパンジーは、野生に生きる動物の中でもっとも巧みな道具製作者である。彼らは葉を噛んでスポンジ代わりにするし、小枝を加工してシロアリ釣りをしたり、ハチミツを掬い取ったりする。さらには枝と石でナッツを叩いて中身を割る、木の穴に潜むガラゴを狩るために歯で枝を尖らせて槍のように使う、塊茎類と根を掘るのに掘り棒を使う、指を使っ

て取り出すには内径が狭すぎるからか、初期人類のように割った長骨から骨髄を抽出するのに棒を使いもするのだ。頻度や種類は様々だが、これまでに広い意味で道具使用とみなしてもよいような56種もの行動が、アフリカで広く野外観察されているチンパンジー7集団で記録されている。ただしこれらの行動の多くは、(例えばアリ釣り対シロアリ釣りといったように) 機能的には他の行動とも良く似通っている。

コートジボワール、ヌルのチンパンジー「遺跡」

チンプの道具使用は、オルドワンのヒト科の石器使用と本当に匹敵するのだろうか?

最近、カルガリー大学のジュリオ・メルカーダーを長とする研究チームが、彼らが世界で初めて認識したチンパンジーの考古遺跡と称する地点を発掘した。それは、三つの小さな石の集まり (206個の石器ないしは割れた石片) で構成されている。そのほとんどは、単一の地点、ヌル (Noulu) で出土した。その出土地点はコートジボワールのタイ国立公園にあり、年代は4300年前となる。これまでの詳細で長期にわたるチンパンジー行動がタイ国立公園の森で調査されているから、その地域のチンプがハンマー石と石の金床を使い、特にパンダナッツを割って開けていることは分かっていた。メルカーダーに指導されたこの調査プロジェクトには幾つかの疑問が提出されているが、主なものは次のような疑問だ。すなわち彼らがタイ国立公園の森で発見した考古遺跡は、チンプによって形成されたのか、それともヒトによってなのか?

まず第1に、メルカーダーらは人工の石器と石器に似た形に自然が作り出した紛い物とを考古学者が識別できるのかを確かめたいと望んだ。チームは3人の考古学者に、90点の石を差し出してブラインドテスト (盲検法) を提案した。石の3分の1は、カナダで地質作用で自然に割れたものだった。次の3分の1は、意図的な剥離の兆候を示していてもっ

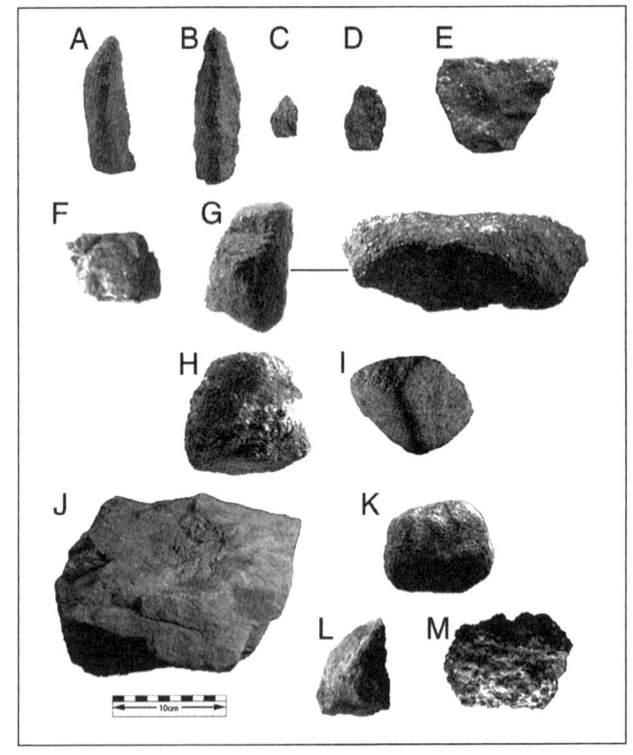

図15 ヌル出土の「石器」
ヌルで見つかったこれらの石片は、チンパンジーのナッツ割り行動で割られたと解釈されている。

とも石器らしい、タイの森の発掘地から出土したものだった。さらに残りの3分の1は、カナダの先史人が残した考古遺跡から見つかった遺物だった。考古学者はその違いを識別できたのだろうか。

彼らは、本物の石器から自然に割れた石片を区別するのは難しくはなかったし、3人の選択はピタリと一致した。3人は、意図的に剥離された28点の標本を明確に石器と述べたが、別の35点は打撃活動の間に意

反して割れたと判定した（図15）。カナダの考古遺跡から発掘された剥片石器とヌル標本の2、3点だけが、貝殻状の割れ面を示していた。ヌル出土のほぼ全部の標本には貝殻状の割れ面がないので、「突き下ろし加撃」（ナッツ割り）の意図せざる副産物だと同定された。顕微鏡で見て、ナッツ由来の澱粉粒が、これらの標本の一部表面に実際に検出された。

オルドワン石器よりヌル標本は重い

それなら誰が道具を作ったのか？ チンプかそれとも人間の森の住民のどちらが、続けざまに打ち付けられることで割れたヌル標本を作ったのか？

貝殻状割れ面をもつ剥片石器の製作者が人間であることについては、ほとんど疑問はない。これまで、チンパンジーが意図して石を剥離するのを目撃されたことはないのだ。切なそうに聞こえるが、メルカーダーらは次のように述べている。「人間が我々の石器収集品を作った唯一の容疑者かもしれないという可能性は、慎重に検証されねばならない」。

これ以外の製作者の身元に関しての手掛かりは、偶然に割れた石なら、割れる前の石の大きさの推定値から得られる。チンパンジーは人間よりずっと力は強いので、それだけ大きな石をもてる。だからチンパンジーは、道具として人間より大きな石を選好する。

例えば初期ヒト科によって作られたオルドワン石器群に見られるハンマー石の重さは、例外的に3ポンド（約1.2キロ）もあるが、通常は1ポンド（400グラム）以下である。今日のタイ国立公園のチンパンジーが使うハンマー石は、もっとずっと大きい。現生チンパンジーのナッツ割り地点から回収されたハンマー石収集品133個で見ると、そのうち65％は重さが3～20ポンド（約1～9キロ）であり、最も重い物では、もち上げるとふらつきそうになるほどに重い53ポンド（約24キロ）もあった。これらの数字を参考にして、メルカーダーのチームは平均で重さが1.5

ポンド（710グラム）のヌル標本は、人間よりもチンパンジーによって作られた可能性が高いと推定した。

したがってメルカーダーのチームは、標本の一部に人間によって割られた物が混じっているとしても、自分たちは世界で初めてチンパンジーの考古遺跡を発見した、という結論を下した。これは、チンパンジーとヒト科は一定の文化的属性を共有していることを意味する。彼らは将来の使用に備えて、石をある場所から別の場所へともち運ぶ。彼らはある使用目的に即して石の大きさ、重さ、素材の特徴が適しているかどうかを判断する。彼らは特定の場所（お好みの地点）に戻り、再利用する。それらのことが、石や石屑を1個所に集中して蓄積させる。そうやって彼らは、特定の作業を遂行する活動エリアを作り出す。

以上の両者が共有したとする行動は、もの凄く興味深い。だがそのことも、チンパンジーは初期ヒト科がやっていたように石器を作っていたことを示しているわけではない。

オルドワン専門家たちはヌルの「石器」に否定的

ボルドー郊外のタランスにある国立科学研究センターのエレーヌ・ロシュは、オルドワン石器研究の傑出した専門家の1人に数えられる。彼女たちは、ケニア北部のロカラレイにある230万年前の遺跡で、オルドワン・インダストリーを見つけ、そこを発掘調査し、石器を分析・研究してきた。エレーヌと国立科学研究センターの同僚のアンヌ・ドゥラニュは、ヌルのチンパンジーの道具にさほどの感銘を受けていない。2人は、初期オルドワン石器群を作ったヒト科は「チンパンジーのナッツ割り場所で起こる、ハンマー石の偶然の破砕から由来する類の石屑の意図せざる産生——それを意図的な剥離行動と勘違いすべきではない——の段階」を、すでにはるかに凌駕していた、とヌルに批判的な意見を述べている。

石器時代研究所のニック・トスとキャシー・シックのようなオルドワン・テクノロジーの別の専門家は、もっとぶっきらぼうな口調で自らの意見をこう述べる。ヌルの石屑は、「オルドワン石器群の模倣では**断じてない**」（イタリックは原文）。2人の目には、剥片の石器はヒトに加工されたものだが、壊れた石はそうではなかった、そしてその違いは明瞭だったのである。

　堅い殻のナッツを頑丈な石の金床に置き、ハンマー石で強打するチンプは、身体的には初期人類が石核から剥片を剥ぎ取ったことと似た行動をこなしている。ハンマー石や金床は砕けて、切るのに役立ちそうな鋭い刃の破片の出来ることがあるかもしれない。しかし石核を明確な意図で加撃したヒト科は、ナッツの殻から実を取り出す目的ではないが、貝殻状の割れ面をもった剥片を作ることを意図する活動をしている。剥片剥離は、ナッツ打撃よりはるかに手先の器用さが必要となる。そして剥片剥離を正確に実行するには、石の割れ方への基礎的で複雑な知識が不可欠だ。剥片剥離は、一つの目的（ナッツを割る）のために体外の物（ハンマー石）を用いる域をはるかに超えることなのだ。

チンプの道具作りとオルドワン製作者との根本的違い

　また剥片剥離は、道具を使って道具を作ることを意味する。偶然に出来た形の物を使うだけのレベルより進歩したテクノロジーの第2段階に達していたことを証明する行動である。

　この行動は、時には「メタ道具（高次道具）製作」とか「二次的道具製作」とか呼ばれる。ジャン・ムーラン＝リヨン第3大学の考古学者ソフィ・ドゥ・ボーヌらからすれば、ある物を道具として使うことと道具を作るためにある道具を使用することとは、以下のように大きな違いがあるのだ。

　　ヒト科かその直前の祖先の一種が、打撃を用いて物を切る石器を

作った瞬間が、我々の先行者と明確な人間との分かれ目となる。人間化を最もはっきりと同定できる貢献は、どちらにあるのか？　すなわち道具は自然には存在しないという概念（それはチンパンジーも思いつく範囲内にある）か、それとも切れる刃を作ることによって切るという問題を解決できることを悟る段階なのか？

「人間化」という言葉で、ドゥ・ボーヌはヒト科の独自の特徴を進化させる、すなわちより人間らしくなっていく過程を表現している。彼女が、新しい道具——ブランク、すなわち元の素材の物理的特徴を変えた道具——の生産を、原材料をわずかに変えて道具として使用することとは本質的に異なることとしてみなしているのは明白である。

これが、ヒト科の道具製作とチンパンジーの道具製作との間にある根本的違いの一つである。ヒト科の道具製作は、物体の目に見える属性を変えられると最初から理解したことであるのは明らかだ。それに対して野生のチンパンジーは、その属性は長くて細い物か（そう、シロアリ釣りのために、あるいはガラゴを突っつくために）、それとも重くて頑丈そうな物なのか（ナッツ割りのために使うハンマー石のように）、あるいは柔軟で吸収性が良い物なのか（液体を吸い取るのに使う葉のように）、適切な属性をすでに備えている物を道具として選んでいるにすぎない。チンプは、原材の属性を変えて道具を作ってはいない。その属性をさらに際だたせることによって、例えばシロアリ釣り用の小枝から葉っぱをむしり取るとか、ガラゴ獲りの槍の先を鋭くするとかして、道具を作るだけだ。

ヒト科のようにチンパンジーとガラゴも、食物を獲得するためによく道具を使う。一番頻繁に見られるのが、堅いナッツの殻を割るために金床やハンマーを使うことだ。しかしヒト以外の霊長類は、三つの特別なケース——シロアリ釣り、ガラゴを突っつくこと、骨髄の抽出——を例外として、動物性食物を獲得するために道具は使わない。

尖らせた棒で獲物を突くが、それは伸ばした手の延長

　動物性食物を得る技術的手段だが、シロアリ釣りは、ヒト科がシロアリ釣り用の骨器で捕っていたと思われることとは根本的に違いはない。

　コロニーを作るシロアリやアリは、大きな巣——多かれ少なかれ泥の多層複合住居——で暮らしている。チンプは泥の巣に穴を開け、蔦や細い小枝から葉をむしり取って、開口部からそれを差し入れる。昆虫たちはそれに群らがり、しがみつくので、チンプはそっと引き出せる。それからチンプは、棒から昆虫をきめ細かく舐めとっていく。全体がケバブ料理であるかのように。昆虫を獲得するのは、哺乳類を狩る作業とは全く違う。シロアリやアリのそれぞれの個体の大きさは、漿果やナッツのようにごく小さいし、昆虫に反撃されたり捕獲から逃げられたりするリスクは最小だ。シロアリ釣りは、通常の意味での狩りとは違う。だからシロアリ釣り用の棒は、本当は狩猟具ではない。

　だが槍は、確かに狩猟具である。

　アイオワ州立大学のジル・プルエッツと彼女の研究チームは、セネガルのフォンゴリでチンパンジーが長い棒を尖らせ、それを木の洞に差し入れ、時には眠っているガラゴに突き刺し、怪我をさせたり殺したりしていることを観察した。チンプは棒を引き抜くと、棒がガラゴを貫いたかどうかを調べるために、棒の先を舐めて臭いを嗅ぐ。首尾良く刺し貫いていれば、中に手を突っ込み、ガラゴを取り出して食べる。けれどもヒトとは、はっきりした違いもある。

　フォンゴリのチンプは、狩りに槍を使うが、ガラゴや他の獲物を道具で切らない。チンプは、自分の手と歯を使って、獲物をそのまま食べるだけだ。チンプは素手でもガラゴを捕まえられるし、実際にそうして捕まえている。だから槍は、新しい食物を手に入れるために準備されるのではない。槍の役割は、えたいの知れない物によって居住されている木の洞に手を入れないで済むようにチンプを助けているだけなのだ。槍突

き行動は、明らかに「アバウトな」狩りではあるが、見方を変えれば狩りよりも、小枝をシロアリの巣に差し込んでシロアリを引き出すことやミツバチの巣に差し込んでハチミツを掬い取ることの方にずっと似ている。チンパンジーの槍は、隠れていてエネルギー価の高い食資源を取り出す手助けしているだけなのだ。

　チンプはまた、例えばコロブスとか生まれたばかりのガゼルといった小さな獲物の動物の細い骨から骨髄をほじくり出すのにも小枝を使う。長骨は手で割るか、囓るかするが、骨髄の納まった内部の穴はチンプが指を入れるにはあまりにも狭いので、中に入れられない。小枝や細い棒は、こうした場合に骨髄抽出に使われる。この使用も、基本的にはシロアリ釣りや獲物引き出し作業の相似形である。小枝は、決して獲物を仕留めたり解体したりする道具ではないのだ。

数十年の観察で明確化したチンプとヒトの道具の違い

　長期間に及ぶ7個所の観察地でのチンパンジー行動の観察の数十年がたってみると、チンプの道具がヒト科のそれと異なるいくつか重要な点を指摘できるようになった。

・チンパンジーの道具は多くの物が食物獲得に用いられるが、狩りに使用される例はごくごく少ない。
・チンプの道具が動物解体に使用されたことはない。
・チンプの道具に剥片石器が含まれる例はない。ただし一部のチンプは壊れた石を道具に使うことがあるかもしれない。
・チンプは、別の道具を作るために道具を使ったりはしない。

　チンプは道具製作のために必要な条件である認知能力と身体能力は備えているようだが、彼らの石器とメタ道具の製作者としての実績は初期ヒト科にはほど遠い。

　実績におけるこの違いが、道具製作の開始がヒト科をこれほど大きく

変えたが、チンプの外観がほとんど変わらなかった理由だったのだろうか？　それとも決定的な違いは、道具が作られた目的にあるのだろうか？

第 6 章
ボノボの解決策

最初は懐疑的だったカンジの石器製作実験

ヒト以外の動物の石器製作者はと問われて、世界最高の専門家であるボノボのカンジの他にふさわしい者が誰かいるだろうか？

アイオワ州の州都デモインにある「大型類人猿トラスト」（Great Ape Trust）のカンジは、石器時代研究所のニック・トスとキャシー・シックとともに、20年間も、剥片を剥がして石器を作るという研究に関わっている。

石器製作者としてのカンジに関して特に興味深いのは、様々な種類の道具を作り、また使うチンプと比べて、野生のボノボは滅多に道具を作ったり使ったりしないということだ。だがボノボは、極めて社会性の高い動物であり――チンプよりはるかに社会的だ――、この気質の違いが、飼育下であらゆる種類の作業を学習するのに、ボノボはチンパンジーよりもはるかに上手にやり遂げられるという事実を説明しているだろう。

それでもカンジが生まれてこの方、ずっとカンジを研究してきた大型類人猿トラストで特別な地位をもつスー・サヴェッジ゠ランボーは、このプロジェクトの成功の見込みについて、初めのうちは懐疑的だった。ニックとトスとの共同研究の当初、スーはカンジを対象にした研究の途中であり、その時点でもう10年間もカンジと一緒に活動してきたのだ。彼女はそうは言わなかったが、ボノボが石器作りに関心を示すとは信じてもいなかった。思っていたのは、特に彼女と他の世話役が石器製作は学ぶのが難しい熟練作業だと認識して以来、石器製作はボノボにとってあまりにも発展的にすぎる作業だということだ。ニックとキャシーがカ

ンジに石器作りを教えるという提案をした時、直観からそのアイデアをはねつけなかったのは、科学者としての彼女の大きな功績である。彼女のその第六感は、一部が確かに実証されたのだ。

カンジに関心をもたせる訓練からスタート

ニックもキャシーも、石器作りの専門家だが、素直に言ってカンジはその任務には適任者ではなかった。彼は、石器作りに全く関心すら示さなかった。スーが予想したように、最初の問題は、カンジにいかに石を割らせようとするか、その動機付けをする、すなわち彼に石を割る過程に関心をもたせることだった。関心をもたせるというのは、多くの人が考えているよりずっと重要なことだ。

カンジの動機付けを促すべく、ニックとキャシーは、紐を切ることによってしか開けることのできない箱を作った。それから2人は、カンジが見ている前で箱の中にブドウを入れた。食物は、ボノボの動機付けにとって最高の誘引物だ。その後でニックはカンジの囲いの外に座って——はっきり見えるように——、石の剥片を作り、それで紐を切り、箱を開け、気前よく中のブドウをカンジに手渡した。

カンジにこの手順を数回見せた後で、ブドウの入った箱を石と一緒に彼の囲いの中に置いた。スーがこの話を教えてくれたように、最初、石を拾い上げ、それから剥片を割り取ろうという意向をカンジは何も見せなかった。そこでスーは、彼の両手に石を載せ、割ってみようとするようにカンジをけしかけた。しぶしぶという感じで、カンジは弱々しい力で二つの石を胸の前に水平にもち上げた。もちろんカンジは、剥片を打ち剥がさなかった。正確に石を打ち当てなかったし、打面を何も観察せず、打ち欠きがうまく機能するための打面が準備されていなければならないことさえ見ていなかったからだ。

カンジの石は、ニックのやったような魔法のやり方と違って壊れな

かった。そしてカンジはすぐに自分は剥片を作れないと決め込んでしまった。ニックとキャシーは、石器作りの実演を続け、箱の中に余分な特別のごちそうを入れてカンジの協力を引き出そうとした。ところが最初に失敗した後、カンジは真似しようとするのさえ拒んだ。スーが思ったのは、カンジは失敗に敏感になっていて、自分ができないことをするように望まれているのに快く思っていないのだろうということだ。それでも最終的に、カンジは力一杯、石を叩き合って細かい石のかけらを作った。このささやかな成功が、カンジにさらに石器作りを続けさせることになった。

最初の解決策は石を床に投げて剥片を作ること

カンジは自分が依頼されていることを理解はしていたが、その作業の実行は、ボノボの解剖学的な構造のために特に難しかった。ニックがやって見せるように石核とハンマー石を握り、剥片を効果的に作り出すには、カンジの手は大きすぎ、親指は短すぎ、親指以外の4本の指は長すぎるのだ。カンジは、自らの身体的限界をすぐに見抜いたのである。

だがそのうちにカンジは、その問題の解決策を自分自身で見つけた。約2週間後、彼は右手で石を拾い上げ、2本足スタイルで立ち上がり、その石をタイル張りの床に力任せに投げつけたのだ。その石は砕けて、鋭い刃をもった、紐を切るのに役立つ多数の破片になった。その時点までにカンジが試行錯誤で作り出せた物よりははるかに立派な石片だった。彼はすぐに破片を拾い上げると、舌で切れ味を試して、紐を切った。それはカンジにとって偉大な勝利の瞬間だった。彼は、どうやったら鋭い刃をもった破片を作れるか見つけ出したのだ。

カンジの解決策は独創的であり、またボノボに利用しやすい策だった。それは、ニックが主張したような石器作りは類人猿の能力の範囲内にあるという証明とは言えなかったが、石を割る方法は一つではないという

図16 ボノボの石器作り
ボノボのカンジは、考古学者ニック・トスのやり方を観察して、石を打ち欠いて石器の作り方を学んだ。

実演証拠であった。カンジの作った砕けた石片は、紐を切って箱の中のごちそうを賞味するのに有効だったが、それらは貝殻状の割れ面をもった剥片ではなかった。だから仮にそれらの石が考古記録で発見されても、石器だとは解釈されないだろう。

次にカンジはカーペット敷きの床にもう1度、石を叩きつけてみたが、

それは成功しなかった。彼はカーペットを引き上げただけで、前と同じように石を投げつけたからだ。(ボノボは恐ろしく力が強いのだ。) それから、研究チームは実験をカンジの暮らす囲いの外側に移動した。そこの地面には、樹皮の根覆い(マルチ)が敷かれていた。カンジの解決策は、マルチの上に注意深く大きな石を置き、そこに向けて別の石を投げつけることだった。すると、まあまあの砕けた石の散らばりが出来た。カンジは、鋭い刃のある破片の出来る石の割り方を学び、厄介な状況のもとでも石を割れるやり方を見つけることができたのだ。

そして最終的に研究チームは、カンジに石を直接打ち欠かせる手掛かりを見つけた。彼らは、カンジの使っている子ども用プールの中に石を入れたのだ。水中に石を投げても、石は割れない。こうした設定のために、カンジは、刃のある破片を作るのに石を投げるのではなく、石の剝離のし方を学ぶことに関心を向けざるをえなくなった。

そうやって彼は石を上手に割れるようになり、今ではかなりの熟練者になっている(図16)。

カンジに続き、妹のパンバニシャも石器作りに習熟

そうしている間にカンジの異父妹のパンバニシャは、一連の実験を興味をもって観察していた。カンジがしたように、パンバニシャも打ち欠き動作を試した。それで、石は割れなかったし、剝片も出来なかったので、カンジと同じように彼女も打ち欠きの試行を諦めてしまった。およそ1年間、実験をする研究者は、剝片石器を作って、箱を閉まった状態にしている紐を切れるように作った石器を彼女に渡して、パンバニシャに石器作りを働きかけた。それでも彼女は、剝片石器作りを学ぼうとはしなかった。

ある日のこと、ニックに代わってキャシーが石を剝離しているのを、パンバニシャは観察していた。スーが「重要な部外の女性訪問者で……

石器作りの専門家」が作業していると呼ぶ一連の作業を見て、それがパンバニシャの注意を引いた。パンバニシャは、再び石割りを実践し始めた。今度は、キャシーが行っていた正確な動作に前よりも注意を払い、カンジよりもずっと早く打ち欠きに成功した。すぐにパンバニシャは、カンジよりも優秀な石割り屋になった。それを見ていたカンジは、パンバニシャの熟達に妬んでいるような素振りを見せ、しばしば石割りをするパンバニシャの気を散らそうと試みた。パンバニシャは、上手くいきそうな状況では石を投げつける方法を試み、別の場合は打ち欠き方法をとるという使い分けできるほど賢かった。

スー、ニック、キャシー、さらにこのプロジェクトに加わった他の研究者たちによってなされた観察結果は、ボノボの豊かな内面生活と動機付けについて多くのことを明らかにした。研究者と被験者の間の社会的関係がこのプロジェクトの成功にとって極めて重要だったのは、興味のそそられる事実だ。石の打ち欠きを学ぶのは、基本的に社会的交わりというプロセスなのだろうか？　それともボノボは動物としては基本的に社会性なので——そして実際に彼らは**かなり**社会的な動物である——、彼らが社会的な交わりをしたことを学んだということだけなのだろうか？　私は、それが知りたかった。

あれから20年後も、ボノボの石器作り研究プロジェクトは、なお続いている。カンジとパンバニシャは、今や2頭とも名人級の石器作り屋になっているし、パンバニシャの2頭の息子のニョタとナザンも、石を打ち欠き始めている。その2頭は、最初からカンジとパンバニシャの観察から学んだ。キャシーやニックの観察からではなかった。

野生のボノボは道具を使わないし作らない

この注目すべき実験は、貴重な理解をもたらした。

第1は、ボノボはやり方を教えられれば完全に石器作りをできるとい

うことである。しかし他の動物のように、ボノボは何かするように慣れさせられることには優れているけれども、することに慣れさせられていないことは得意ではない。

私の乗馬トレーナーがよく言うように、「ウマは、ウマがやることは得意なんです。でもウマが得意ではないのは、人間のやることなんですよ」。これは、些細な見方のように思えるが、別の種の動物について、そして動物の順応性と性癖の限界について実際に意味の深い真実である。

カンジ、パンバニシャ、ニョタ、ナザンは、最終的には効率的に石を割ることを学んだが、石の打ち欠き行動は、明らかにボノボが自発的にする方向に心を動かすことのまずない行動である。問題は、ボノボは石の打ち欠きができないのではなく、やりたいと望まないことなのだ。石の打ち欠きは、ごくごく特殊な状況を除けば、ボノボの「やること」ではないのである。

第2は、もしヒト以外の霊長類が石器製作の方法を思いついたとしても、ボノボの実験から証明されるのは、その霊長類がホモ属に用いられた石器製作技術を選んだだろうと想像する理由は全くないということだ。カンジが石を割ろうと望んだ時、彼が考えついたのはボノボの技術だった。別種の動物は、霊長類の仲間でさえも、ヒトとは別の解剖学的構造と別の動機付けをもっているのだ。（ホモ属に加え、）ホモ属とはかなり異なった解剖学的構造を備えたヒト科の第2、第3の種が石器製作を始めたとしたら、彼らも刃の付いた別の石片を得るための別の方法を選んだだろう。

見まごうことないほどに明白になったのは、ボノボは、石器製作には生来、全く関心をもっていないということだ。野生のボノボで、道具使用が報告されている例は極めて少ない。それに対してチンプは、ボノボよりもはるかに恒常的かつ多様な手段で道具を作り、使っている。

アトランタにあるヤーキス国立霊長類研究センターのボノボの研究者

であるフランス・ドゥ・ヴァールが述べるように、「野生のボノボの道具使用は、未発達のようだ」。けれども飼育下では、ボノボは優れた道具製作者になったが、チンプはならない。たぶんチンプはボノボよりも人間との社会的交わりにあまり関心をもたないからなのだろう。1度でもカンジは石を割ることを覚えると、止めさせられるまで、彼は自分のやり方で紐を切るための鋭い刃のある石片を作るのを好んだ。実験に参加したカンジと他のボノボが道具を作りたいという欲求をほとんど持っていなかったのは、明らかだ。たぶん初期人類で実証されている石器製作に集中して取り組むような、観察から得られた技量と注意を欠いていたのだ。

紐を切る以外の目的の転用には無関心

大型類人猿トラストにあるカンジと他のボノボの共同体では、石の打ち欠き実験や実演を行う場合以外に、石は与えられない（おそらく安全上の理由で）。そのため、彼らが人間がいなくても、あるいは箱の中にごちそうが入れられていなかったとしても、道具を作ったのかどうかは分からない。

見たところボノボたちは、ごちそうの入った箱の紐を切って開けること以外、作った道具が何かのために利用できることを理解していないし、関心もないようだ。人間の幼児なら、隠しておいた鋏やナイフを見つければ、それで目に入った物は何でも切ろうとするだろう。だがカンジやパンバニシャは、こうしたことをしない。2頭とも、物を切ることや貝殻状割れ面をもった剥片を使ってできることを見つけ出そうということに、特段の関心をもっていないようだ。物を切ることは、彼らの心の中では限定された利用でしかないようだ。(「心」という言葉をここで用いるのは適切ではないかもしれないけれども、他に適用できる言葉が私には思いつかない。)

私が大型類人猿トラストを訪問した折、私と他の何人かの研究者が、囲いの外に座って、カンジとパンバニシャが石器を作り、紐を切り、箱からごちそうを取り出す一連の行動を観察した。2頭とも、自分たちが何をやっていて、なぜそれをしているのかを正確に理解しているのは明らかだった。

　しかしある時の挑戦で、箱の蓋がピッタリくっついてしまい、紐を切っても箱を開けられないことがあった。この予想外の事件は、一種の混乱を引き起こした。擬人化してもよいのなら、ボノボはこの結果を不公正で不当とみなしたに違いない。ボノボは、めいめいが強力な指で箱をこじ開けようとした。スーが、手助けしようとした。カンジは問題が何であるかを正確に理解し、箱を開けるのに役立つ物を探し回った。囲いの中を探し回り、中にある非人工的な物を漁った末、背が高く育った、木質の雑草をなぎ倒し、幹の部分の長さに折って、それで箱をこじ開けようと試みた。彼の選んだ道具は頑丈ではなかったので、すぐに折れてしまった。とうとうスーは、強力なねじ回しを手にして、ボノボたちの囲いの中に入っていき、彼らと一緒に外に出てきて、それを梃子にして箱を開けた。

ある活動の因果関係を理解

　この出来事は、非常に啓示的だった。カンジとパンバニシャは、一連の活動を完全に理解していた。石を割って剥片を作り、紐を切り、箱を開け、ごちそうを手に入れるという一連の活動だ。

　2頭は一つの活動（石を割ること）と、それで期待できる結果（ごちそうを手に入れること）との関係を見た、あるいはすでに学んでいたのだ。2頭はまた、いつもしているように決められた作業をできないと、驚き、恨む、そんな感情をもっているようにも思えた。そして2頭は、道具がなければできないが、道具さえあれば自分たちは何かをできる（物理的

問題を解決してくれる）と確実に理解していた。さらに2頭は、原材料を選ぶのにかなりの制約があったが、この問題を解決できるであろう道具の種類さえ、きちんと判断できた。しかしボノボは、簡単な梃子にするのに、石の破片ではなく、指先の力に頼った。梃子にするために、大きくてもっと頑丈な木片を切ろうとしなかった。ただし、公正に言えば、囲いの中にもっと梃子に適した木片があったかどうか私は判断できないのだが。

　石の割り方を知ったことは、バールとか梃子といった別の種類の道具を作ろうとするようにボノボを促したのかもしれない。やがてカンジは、それの第2の利用法を見つけた。すなわち石器作りは、大型類人猿トラストを訪れる人たちから喝采と関心を集めるために行う一種の隠し芸となったのだ。ボノボにとっては典型的なのだが、カンジの新しい「利用法」は、社会的交わりを深めるのに役立った。

力はあるが、石を打ち付ける速度はオルドワンに及ばない

　では、ボノボはどの程度に道具製作が得意だったのだろうか。この課題に答えを得たいと思い、ニックとキャシーは、エチオピアのゴナ調査プロジェクトの指導者であるシレシ・セマウと協力して、ボノボに対して新しい試みを行った。彼らは、初期人類の作った石器とボノボの作った石器、そして現代人が実験製作した石器とを比べてみたいと思ったのだ。

　ゴナ地域の2個所、EG10とEG12の2遺跡から見つかった石器群が利用されることになり、一つの考古学的比較資料にされた。2番目の資料は、ゴナ産の石を選んで、それを使ってカンジとパンバニシャに製作させた石器だ。第3の「現代人」の石器群は、ニックとキャシーがやはり同地産の石で実験製作したものだ。ニックとキャシーの目標は、約50％まで石核を縮小させるだけで、その過程で実用的な剥片を作ることだっ

た。集めた石器群のそれぞれの石器で42個所の面を研究し、計測した後、3人はボノボがやっていたことと世界最古の石器製作址であるゴナで行われていたことについての新しい評価を求めた。

技法が、決定的に重要だと分かった。類人猿の生理学と解剖学的構造のユニークなことの一つは、人間よりも同一体重に対して約5倍も力があるということだ。ただ力が強大だとは言っても、それは速い動きと同じではない。だからボノボは、人間と同じ衝撃速度でハンマー石を加速していなかった。石器作りの専門家であるニックとキャシーは、秒速7.12メートルの衝撃速度で石器を作った。ところがカンジとパンバニシャのそれは、やっと秒速3.67メートルであった。ゴナの初期人類の推定衝撃速度は、その中間の秒速約5メートルだった。

ボノボの石器作りは非効率

ボノボは、人間と同じ衝撃速度を生み出すのに十分すぎるほどの、人間より強い力をもっている。それではなぜボノボは、速い衝撃速度を出していないのか。ニックの考えは、石器作りをするボノボは意図的に全力も出さず、全衝撃速度を出さずに、自制しているのかもしれないというものだ。狙い所が悪く、激しく加撃して、うっかり自分の指を打てば、ためらいがちな加撃よりもはるかに痛いからだ。さらにニックは、ボノボは全生活を檻の中で送っているので、個々のボノボは、いつもどんな種類の暴力的な活動も思いとどまらされているからだ、とも推測する。実際に石を他の石に激しく打ち付ける行動は、檻の中のボノボにとっては暴力とひどく似ているように思えるのかもしれない。

ボノボが弱々しい力しか振るわないので、1本の剥片を取り去るにも石核の端を繰り返し何度も打ち付けねばならなかった。そのことは、人間にもゴナのヒト科にも全く当てはまらない。その結果、ボノボの使った石核は、剥片同様、端が何度も乱打されていた。ボノボは、石器作り

を停止するまで、約30％しか石核を減らさなかった。ボノボに対して、ゴナのヒト科は、石核を63.5％も縮小させた。(現代の人間は、50％まで石核を縮小させる計画だった。)

ところがボノボの作った剥片は、ゴナのヒト科や現代人(つまりニックとキャシー)よりも薄く、しかも失敗して壊れた剥片はずっと少なかった。薄い剥片と少ない失敗剥片からうかがえるのは、ボノボは現代人やゴナのヒト科よりも腕前のレベルは高いということだ。けれどもボノボは、石核1個当たりではいずれよりも少ない剥片しか作っていない(1個あたり5.36点)。対してゴナのヒト科は石核1個あたり9.39点の剥片を作っており、現代人は同11.87点である。別の言い方をすれば、ボノボは現代人やゴナのヒト科よりも原材利用という点で非効率なのだ。

本質的に道具製作者ではないボノボ

一般的に言ってボノボのこの成績の悪さは、技量の欠如や意欲の無さのためなのだろうか？

ボノボの意欲の底の浅さは、深刻な課題である。ボノボはごちそうが好きだ。人間との交流も好む。剥片を作って褒められることもお気に入りだ。けれどもボノボがこれまでに自力で石器作りを始めたことなど、ありそうもない。野生のボノボは、ほとんど道具作りをしない。そしてこの飼育下の状況なら、彼らの食物や他の品々(玩具、寒い時の服、寝床)の要求は、いつも満たされる。剥離された石器作りは、飼育下のボノボでは差し迫った必要性が全くないし、生存にも関連しないのだ。もしこうした状況のボノボが1点たりとも剥片を作らなかったとしても、彼らはいつもと同じように十分に世話をされただろう。(ボノボが石器作りをしなかったなら罰で苦しめられるなんてことは、とんでもないことなのは明白だ。)

飼育下のボノボの以上の観察結果を野生チンプと野生ボノボの数千時

間にも達する観察記録と結びつけて考えると、以下の2点が明らかになる。まず第1に、野生チンプは他のどの動物よりもたくさんの道具を作り、使うが、道具の素材に石を使うことは滅多にない。チンプがいかに上手に石を割れるかは、分からない。いまだかつてチンプに石器作りを教える組織的試みがなされていないからだ。第2に、ボノボは本質的には道具製作者ではない。それは、彼らが種として生きていくための一連の基本的な適応の一部でもない。事実、チンプもボノボも、石を割ることによって道具を作るのに解剖学的に適してはいないし、鋭い刃の道具をもつ必要性に気付いてもいないように見える。

石器がヒト科と類人猿の進化に及ぼした五つの違い

カンジとパンバニシャから私は、石器作りと類人猿についてたくさんのことを学んだ。

そのとおり、彼らは自分たちが望む物を手に入れるのに、物を加工して使うことが役立つのを理解しているのだ。だが彼らの道具の使用と作る道具は、かなり未発達な状態である。ボノボは、石を割って、鋭い刃をもった破片を作る。彼らは作った道具の器種を、そう、例えば物を切る道具、強い力で叩き割る道具、穴を開けたりする道具、物をしごく道具、物を潰したり磨ったりする道具などへと多様化させたりはしない。彼らはまた、道具を作る手段として剥片作りの可能性を探究したりしたこともない。

そしてまた、そのとおり、ボノボとおそらくはチンプも、剥片作りは完全にできるが、野生ではしていないのだ。

初期人類（と現代人）——彼らは剥片石器を作るだけでなく、それを何度も繰り返して行う——との何という違いだろうか！　ニューイングランド大学の人類学者イアン・デイヴィッドソンとケンブリッジ大学のビル・マクグルーが考古記録について語るように、「鋭い刃のある剥片を入

手するのに必要であった以上に、たくさんの剝離が行われていたようだ。それをする望ましい理由も何もないように思える。けれどもこの過剰さは、(現代人による実験製作や趣味として行う石器製作までの)石器作りの歴史を通じて全く共通しているのだ」。

　石器製作者になること、そして石器使用者になることは、初期人類にとって単なる身体的能力の問題ではなかった。解剖学的に類人猿は、習熟するのが難しい腕前を必要とする物であっても、ともかく完全に石器は作れる。ヒト科と類人猿との違いは、類人猿が鋭利な刃のある切断用石器の製作を特に重要だとは感じていないように思えることだ。石器製作が類人猿に与えた影響とヒト科の系統に与えたそれとの違いは、以下の5点に集約される。

①ヒト科は素材を加工して石器を作るが、類人猿ではそうではない。ヒト科はこれにより、自らが棲む世界を意識的にか無意識的にかともかくも変えた。ある意味で、石器製作をしたヒト科は、自力で新しい生態的地位を築いていたのだ。

②ヒト科は死んだ動物を効率的かつ速やかに処理するために石器を使ったが、類人猿はこうした目的で石器を使わない。そのため石器製作能力はあっても、類人猿は主要な捕食者という生態的地位に移行することはなかったし、他の動物に関心を集めて観察する能力を向上させる淘汰圧も全く働かなかった。

③類人猿は獲物を獲得したり解体したりするために道具を使用しないので、道具は製作しても、それ自体でチンプやボノボの生態的地位を変えることはなかった。

④類人猿は(堅い殻をもったナッツのような)道具がなければ食べられない食物を得るために道具を使うが、その新しい食物は脳の拡大や大腸の縮小化、生息地域の圧倒的な拡大にも結びつかない。

⑤ヒト科が実践したように石器を製作し、使用したことにより、彼ら

は自然淘汰による大きな利益を享受する状況を創り出した。それは、獲物になりそうな動物、競合しそうな捕食動物の両者に密接な注意・関心を払うことによって得られた。観察能力——他の動物の行動を観察し、その意味を理解できること——を強化することを求める淘汰圧は、非常に大きかったのかもしれない。しかしチンプとボノボの道具は、いずれもこの効果をもたない。おそらく類人猿の道具は、狩りの成功度を根本的に大きくすることはないし、干渉競争も増大させないからだろう。

第7章
レヴァント地方で一休み

ゲシャー・ベノット・ヤアコフ遺跡の画期的発見

動物との結びつきは、私たちの祖先が行ったように石器が製作され始め、使用されるや直ちに、初期人類の適応に不可欠なものになったに違いない。一度ホモ・エレクトスがアフリカの外へ拡散すると、早期ホモ属はその能力を拡大し続けた。

だがそれでは、そうした能力とは、正確なところ何だったのだろうか。こうした難しい、特殊な問題に答えるには、その一部を適切な遺跡——驚異的な保存と豊富な遺物を備えた遺跡——の適切な研究者による発掘結果に頼るしかない。

イスラエルのアシューリアン遺跡、ゲシャー・ベノット・ヤアコフの調査は、79万年前までにいかに人間が進歩していたかの興味深い知見をもたらした。同遺跡は、ヘブライ大学のナアム・ゴーレン=インバーを長とする調査隊の手で、数年間にわたって発掘調査された。彼女たちのチームは、ホモ・エレクトスによってなされた二つの重要な技術革新についての説得力のある証拠を発見した。同遺跡は太古の湖畔に立地していたために、保存性はずば抜けていた。遺跡内の遺物が、水に浸かった状態で保存されていたのだ。

第1の技術革新は、管理された火の使用の最古の確実な証拠である。火を管理する意義は、加熱によって、多種類の食物も含め、多くの物の特性を変えられるようになったことにある。調理された食物は生のままよりも（現代の人間にとっても）消化しやすくなる。加熱により澱粉質が壊れ、たんぱく質はゼラチン状になり、一般に食品も生よりも柔らか

くなるからである。調理により、食物に付いた病原菌も殺菌できる。

火を使用して石器加工

　食物だけが加熱処理で改善される重要な資源というわけではない。石器素材のフリントも、加工しやすく、自然の石目に逆らって割れにくくなるように華氏約 350 度（摂氏約 180 度）以上で加熱されていた。加熱処理されたフリントは、光沢や色合いの変化で識別できる。さらに信頼できるのが、加熱の結果、細かい円形の石の破片が表面から砕け落ち、後に皿状のへこみが残る「ポットリッド（鍋蓋）破砕」（*potlid fracturing*）と呼ばれる特徴のあるタイプのダメージだ。

　だがフリントが意図的に加熱処理されたのか偶然に焼けたのか、どうやって知ることができるのだろうか。石器を加工する目的で、あるいは偶然に、フリント片が火中に落ちれば、華氏 350 度から 500 度の温度——焚き火を管理することで簡単に起こせる温度である——で、フリントは目に見える変化を呈し始める。偶然に加熱されたのなら、焼けた砕片や石片の数は少数しか存在しないだろう。しかしゲシャー・ベネット・ヤアコフでのように、火を受けていないと思われる石器は 4 点なのに、実に 600 点を超す加熱された小石器があるのなら、そうは言えない。

　熱ルミネッセンス年代測定法が、この結論をさらに検証する目的で用いられた。熱ルミネッセンスは、過去に物質に吸収された放射線量をもたらしてくれる。華氏約 400 度（摂氏約 200 度）に加熱すると、物体が過去に吸収した放射線の熱ルミネッセンスのシグナルが初期化される。したがってフリント片が加熱されると、そのシグナルが現れるのだ（そのフリントが出来た時ではない）。ゲシャー・ベノット・ヤアコフ出土の 9 点のフリント資料をこれで試してみると、想像したようにポットリッド破砕の証拠を備えた 8 点は加熱されていたこと、そして破砕痕のなかった 1 点は加熱されていなかったことが明らかになった。焼けたフリント、

木材、植物遺物は発掘区全域に散らばっていたが、2個所だけ特に焼けた遺物が集中した所が認められ、炉址と判定された。

人が管理した焚き火は、400度以上の熱を作るが、野火ではそうはいかない。また調査隊が注目したように、（その外観と熱ルミネッセンスの痕跡から判断して）加熱された標本はかなりの数にのぼるが、火を受けた出土品は回収されたフリントと植物片全体の2%程度しかない。さらにこうした焼けた遺物は、（炉と解釈された）2個所に集中している。野火も木炭片やフリントの加熱破砕を作り出すこともあるだろうが、焼けた標本が2個所だけに集中することなどあり得ない。

火を特定の場所、炉で使い、魚介類も食用

加熱の証拠に加えて、火を受けた資料の空間的分布からも、ゴーレン＝インバーはこの2個所はヒトの焚き火跡か炉址だったと結論を下すことができた。落雷がゲシャー・ベノット・ヤアコフで見られるような火の有り様の原因となるのは、およそ考えにくい。落雷は、野火を引き起こし、それで焼けた木片などの広範囲の広がりを作り出すことはあるが、狭い集中部分だけに焼けた木片などを残すことはないからだ。たった2%ほどのフリントと木の遺物が焼けていたが――広範囲に広がる野火で予測されるのに比べればはるかに少ない――、遺跡の堆積層には火を受けていない大量の流木もある。広範囲に燃える野火だったとすれば、流木も焼けていたはずである。

最後に付け加えれば、貝殻、カニの殻、魚骨、哺乳動物骨が見つかっているが、ここから推定されるのは、遺跡は自然発火の起こりにくい雨期に形成されたということだ。このようにゲシャー・ベノット・ヤアコフでヒトが火を管理していた証拠は強固であり、これより古い遺跡でこれほど説得力のある証拠をもたらしている所はない。

第2層の発掘で得られた証拠は、特に印象深い。石器素材ごとに空間

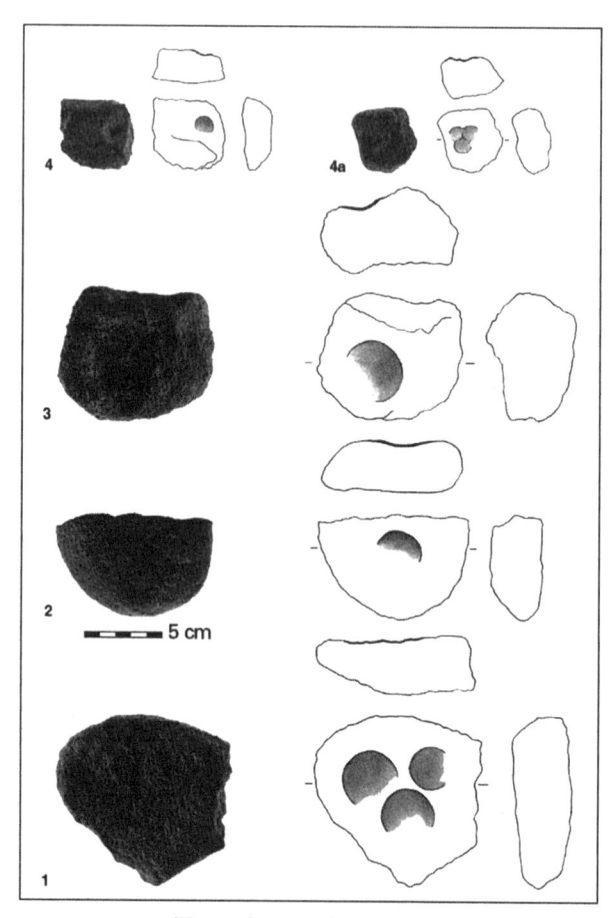

図17 出土した玄武岩製金床

ゲシャー・ベノット・ヤアコフ出土の1から4の番号を付けられた標本は、玄武岩のナッツ割り金床のすり減りの進み具合を見せている。1は初期的な窪みを示す。2は浅い窪みを見せている。3は大きくて深い穴を示している。4は、繰り返し使用されたことから、よく発達したいくつもの穴が開いている。

的位置が異なって見つかったのだ。フリントはもっぱら遺跡北西部で見つかるのに、玄武岩と石灰岩は（それに数点の加熱されたフリントも）、南東部の炉の周りに集中していた。

言い換えればヒト科は、好き勝手な所で石器を作っていたわけではなく、ある特定の場所でだけ製作していたわけだ。両面を打ち剥がす石器——両面加工石器——は、様々な役割を果たすために、例えば炉の近くで加工された。金床とハンマー石を含めて遺跡から発掘された54点の石器の表面に、ナッツや種子を割るのに使用されたことを示す穴のような窪みがあった（図17）。そしてこれらも、一定の場所に集中していた。特殊な食物遺存体——ナッツの殻、魚骨、カニの殻——は、同じ区域で処理されていたから、ちゃんとした意図の基に料理されたか火で炙られたかしたのだろう。

火で炙って植物食の毒消し

火の証拠に加えて、ゲシャー・ベノット・ヤアコフ遺跡の傑出した植物遺存体の保存の良さは、この遺跡に住んだホモ属に食用にされた植物についての正確な情報をもたらした。

金床に窪みにぴったり合うナッツの殻が、同一層位で見つかった。ゴーレン゠インバーたちは、合計すると7種の植物遺存体、すなわち野生のアーモンド、オニバス、ピスタチオ2種、オニビシ、オーク、常緑低木を発掘したが、それらは食用になる果実とナッツを実らせるものだった。これらの植物の果実は、どれも素手では殻を開けられない。そのため窪みの付いた石と植物遺存体が一緒に存在したことから、この食資源を集中的に利用したことが推定されるのだ。さらにこれらのナッツの中には、食べられるようにするために、火で炒って、毒を減らすか中和処理をする必要のあるものもある。こうした植物遺存体が教えてくれるのは、当時の人間が植物や可食資源についてのかなりの知識を備えていたという

ことであり、それが強い印象を与えるのだ。

　ゲシャー・ベノット・ヤアコフの発掘と遺物の保存の良さから、ホモ・エレクトスについて多くのことが明らかになった。彼らが活動エリアごとに自分たちの居住空間を分けていたのは明らかだ。この行動は、いくつかの点で現代的で、洗練されていると考えられることが多い。活動ごとに別々の場所を分けていることは、調査者らによって「生活空間という正式な概念化」だとみなされている。それは、通常は現代人的な感覚能力を反映するものだと考えられている。現代の人々の空間利用は、個人の親族関係、個人の年齢や性別、社会的地位、知識や技能といった事情を映し出す可能性がある。

75万年前の驚くべき革新

　私たちの祖先は、75万年前ですら、それまで一般に想像されていたよりもずっと進歩していたのだ。なぜこれまで古人類学者たちは、この点で私たちの過去を誤解していたのだろうか。

　まず第1に、75万年前——あるいは100万〜200万年前——という年代は、お話しにならないほど遠い過去だと思われている。人によっては、それほど遠い昔に暮らしていた人たちが現代的であるかもしれないなどと想像するのも難しいのだ。第2に、細心の注意を払って慎重に発掘調査される最高の保存性を備えた遺跡からしか、たぶんこのような明快な理解が得られない。年代測定と発掘、出土品の分析技術の最近の進歩は、古代世界についての私たちの見方に深刻な食い違いを作り出している。

　ホモ属の分布が、アフリカを出て、レヴァント地方へ足を踏み入れ、そこからさらに旧世界へと拡大していくにつれ、彼らの能力も拡大した。石器はより複雑化し、ハンマー石の代わりに骨や角などの軟質ハンマーで石器を剥離する技術を含むいくつかの新しい技法を利用し、広い範囲の素材から道具が作られるようになった。多くの種類の動物が狩猟対象

になり、食用にされた。魚や貝、有毒ナッツなど、かつては食指の伸ばされることのなかった食資源が集められ、手間暇かかるやり方で処理されて食用にされた。

　そしてある適応——動物に関する情報に必要なことを伝える驚くべき一つの能力——が、ついにホモ属の系統に出現したのである。

第8章
何を言ってるの？

第2の身体外の適応としての言語

　石器製作の開始は、生態系の中で私たちの祖先と動物との適応としてのつながりを築きあげた。だが私たちの祖先が食べていく方法の変化とそれをうまく獲得するための知識の必要は、人類進化の中での最初の大きな一歩に過ぎなかった。知識は重要であり、多くの仲間と知識を共有することは、適応的長所になった。このように見ると人類進化の第2の大きな歩みは、言語の開始だったと言えよう。

　アリストテレスの時代からこの方、言語の使用は道具製作とほぼ同じほど頻繁に、人間性の主要な特徴だと考えられてきた。道具使用のように、言語を備えたことが、私たち人類の誇りと自慢の源となった。私たちは、言語を人間に特有なもので、地球上で私たちが成功を収めるのに不可欠なものだったとみなすことが多い。しかし言語学者たちは、言語がその成功にどのように寄与したのかについて様々な考えを述べ、自説をめぐって互いに激しく論争している。

　明らかなのは、完全な言語は、身体外の適応を遂げる能力をすでに備えた種にとって大きな優位性を付与しただろうということだ。石器——最初の大きな身体外の適応——によって人間は、自らがわざわざ進化しなくてもある程度の肉体的適応を遂げたかのように機能できた。

　では言語は、どんな特別な優位性をもたらしたのだろうか。言語は、人間が個別に知識を得る必要をなくし、一定の種類の知識をあたかも集団全体が共有したかのようにしたのだ。

　他の動物に細心の注意を払い、その動物たちについて知識を集積して

いく有利さは、時とともに大きくなっていっただろう。詳しい情報を積み上げていくことが生存と進化で成功するのにどんどん重要で不可欠になっていったのは、間違いないと思う。

　もし私がある程度の知識をもっていても、相手がもっと知識を備えていたとすれば、もっと多くの食物を容易に獲れ、もっと多くのネコ科動物から逃げ延びられ、ただ長生きするだけでたくさんの子どもをもてるだろう。仮に私が、どこへ行けばたんぱく質と脂肪に富んだナッツを集められ、どのようにしてそれから毒抜きをしたらよいかを知れば、私はこの知識をもたない者なら誰も利用できない、万一の時のための食料庫をもつことになる。人間では、他の動物についての情報を集め、彼らに深い注意を払うことは、獲物となるだけの種という存在から、獲物にもなるし捕食者にもなるという立場への冒険的な変身の間を生き延びる助けとなった。そう、それと同様に、より速く、より良質の、より信頼性の高い情報を集めるのに役立つという限りでは、言語は大きな長所となったのである。

　その本質において言語は、知識を蓄え、それを整理し、他者に情報として伝える、外へと働きかける主要な手段である。石器製作のように言語はもう一つの一種の身体外の適応となり、これによって人間はノロノロやあくせくとしてではなく、信じられないくらい速く、情報を得られるようになったのだ。

情報の統合・組織化と情報の伝達

　言語は、どんな違いを作り出したのだろうか。それは、大きな違いだ。ライオンの狩猟行動の経験を、そしてほとんど獲物がいない時と、それと対照的にたくさんの獲物がいる時とでライオンが行動をどのように変えるかを集団の中の１人の人間が学ぶことを、想像してみよう。

　ライオンが何をしているか、それぞれ異なる断片的知識を話すだけで

なく、その行動と生態パターンの変異を理解し、あるシーズンから次のシーズンへの観察を比較するには、脳内で洗練された情報処理と統合化が必要になる。さらに言語を通じて、ある人間が別の人間と、要約、統合された情報を共有する仕組みを発展させることを想像してみていただきたい。その時、突如として情報は、単独の個人の人生経験に基づいたものではなく、累積的なものとなる。ひょっとすると第2の人間は、攻撃的なライオンが仕留めた獲物を狩り場の大量の植生の下に隠れている競争相手からどのように守っているのかの違いを目撃するだろう。この違いも、その情報が共有されれば、突然に集団に考慮されるようになりうる。

　情報を統合・組織化し、情報を伝達し合うことは、今日では明らかに言語の主要な役割である。これが常に言語の機能であったとしたら、言語が始まった時に考古記録に何かしら有意な変化が見出せるはずである。他者と効率的に意思を伝え合え、また価値のある情報を交換できることは、個体群とその生存に関して、私たちの祖先に大きな飛躍のチャンスをもたらしたはずである。

　それなら言語の起源とその始まりの年代の推測をめぐって、なぜそれほどの深刻な論争があるのだろうか。意見の不一致は、特に過熱化している。たぶんそれは、直接の証拠がほとんどなく、あまりにも理論ばかりが多いからなのだろう。

　言語は化石化しないし、言葉は古人骨が何を言ったかという証拠を化石に残さない。言語は、手で触れる器官や骨で使えるのではない。だから解剖学的研究も、期待したほどは役に立たないのだ。これは、この分野のほとんどの専門家が自らの仮説の裏付けとなる証拠として現代の言語の難解な分析に依存しなければならないことを意味している。そして——言い古された創造論者の挑戦、「目の半分なんて何の役に立つんだ？」のように——、現在の適応と、現在の身体的形態にいたらせた進

化が歩んできた道の直観的な利益を用いるとすれば、あさっての方向に迷い込む可能性もある。

言語を使える能力と会話できることとは異なる

　言語の起源の証拠を求めて化石と考古記録を探す前に、「言語」という言葉の意味する中身を正確に知っておかねばならない。これはつまらない練習問題などではない。

　言語とは何か？

　何よりもまず言語とは、現代人の生得の複雑な能力である。マサチューセッツ工科大教授のノーム・チョムスキーは現代言語学の創始者であり、この分野の傑出した研究者だが、彼の提唱するところによれば、人間の脳には──そして人間の脳だけに──「言語組織」、「言語器官」と彼が名づける特殊化が見られるのだという。

　チョムスキーの言っているのは、解剖して見つけ出すことのできる形態的実態ではなく、人間の脳がもつ認知能力、知的な能力のことだ。言語は、話される言葉に限定されず、書き文字と統御された身振りの体系も含む。したがって、口腔の形や舌や喉の喉頭の配置状況のために言葉を話せなくても、それは言語ができないこととイコールではない。聾唖者は言語ができないのではない。彼らは、**会話**ができないだけだ。医学的理由で喉頭を除去された人でも、言語能力を失ってはいない。そして類人猿は人間の話すような口に出してしゃべる言葉は作れないけれども、その事実も類人猿が言語をもてた可能性を排除してはいない。

　合衆国で用いられている広く普及した聾者の言語であるアメスラン、つまりアメリカ手話言語の使用者は、逐語的に単語を使うのではなく、代わりに特定の単語に対して特定の手振りで代用している。アメスランには文法も構文もあるが、それは英語の文法や構文と同じではない。

　特定の言語を学べる能力や遺伝的素質の証拠はないけれども、すべて

の健常者は最低一つ、もしくは複数の言語を学ぶ能力をもっている。

動物の言語能力は

人間以外の他の動物も言語能力をもっているかどうかについては、意見の分かれたままである。チョムスキーはかつて、こう言ったことがある。「動物は言語のような生物学的に洗練化された能力を持ってはいるが、どうしてなのか今日までそれを使わないのだとすれば、それは進化上の不思議と言うべきだろう」。彼の仮定——それは大きな仮定である——は、もし動物の言語が存在するのなら、人間はそれに気がつき、理解を深め、認識しているはずだろう、というものだ。

多くの現代人は動物とほとんど接触せず、また動物について理解してもいない。都市のアパートの部屋でトラを飼うことができると考える人がいれば、バカげた人だということになる。とはいえ牧畜用や競走用に繁殖されたイヌを買い、そしてイヌの唯一の運動が都市の1ブロックを喜んで歩くだけという場合、なぜイヌは不幸なのだろうと呆れる、動物の要求に対して賢明な人たちも多数いる。同様にウマに親しんだ経験のない人たちは、乗馬とは「ウマに乗る準備を整え」、ウマを操るだけが必要だと考える。

動物と一緒に暮らし、動物に注意を払っている者として、衰退しつつある集団の一部ではないかと私は感じる時もある。だから野生動物の言語が一般には注目されないとしても、私は全く驚かない。私たち現代人の大半は、滅多に動物に接触しないし、ましてや動物に密接な注意を払うことなどほとんどない。そうした注意は、動物が言語を使っているなら、言語を探り出すのに必要とされるものだろう。

象徴化行動としての言語

言語は、本質的に象徴化行動でもある。単語（やアイコン、記号）は、

通常は具象表現ではない。単語などは、象徴的なものであり、それと具体的な結びつきはない。だから単語は、それらの内実を必ずしも直接に反映しないやり方で、(一角獣のような)存在しない想像上の物、(靴やキリンのように)感知できる物、(感情や色のように)触知できない物、そして(跳躍のような)動作も表現できるし、実際に表現している。コミュニケーションで機能する象徴となるために、象徴もまた繰り返して使用されねばならないし、それによってその象徴と概念は、集団内でお互いに特定され、相互に利用できるようになる。さらにもちろんのことだが、象徴の意味あいは、2人以上の人によって共有され、認識されねばならない。

　ハーヴァード大学のスティーヴン・ピンカーと彼の共同研究者であるタフツ大学のレイ・ジャッケンドフらの言語学者によれば、言語とは基本的に通信手段である。彼らが指摘するのは、「言語能力は複雑な問題で意思を通じ合うためにホモ属の系統で進化した」ということだ。同様に、オーストラリア、ニューイングランド大の人類学者であるウィリアム・ノーブルとイアン・デイヴィッドソンは、言語を「コミュニケーションのための記号の象徴の使用、何かを言う行為に関与する通信の必要な状況での記号の利用」と定義する。人間以外のどの動物も、このようにして記号や象徴を用いない。類人猿の言語実験から、彼らは記号と象徴を用いることはできることははっきりしているが、その彼らも私たちの知る限り野生ではそれらを使っていない。

言語は思考の整理の手段

　言語が思考を整理するためにも用いられるのは、確かである。そしてそれを、チョムスキーはコミュニケーション以上に重視する。

　言語を全面的に使いこなしてきたのに、その後に脳に障害——病気や小さな打撃でも——を受けた人に関する事例研究は、ことに意義深い。

そうした患者は、負傷の結果、しばしば言語を部分的に喪失したり、失語症になったりする。言語喪失の範囲は、負傷の程度に直接的に関連する。損傷を受けた脳組織が少なければ少ないほど、失語症の程度は緩やかになる。非常に狭い、別々に受けた傷の場合、言語喪失は、概念や単語がどれほど精密に脳に蓄えられているかをはっきりさせる。例えば、ある狭い領域の傷害は、それに対応した名詞を喪失させる。別のケースでは、動詞を失わせることもある。とりわけ特殊な喪失としては、色彩の単語、体の部分、日用品、さらには果実や野菜などの単語喪失が報告されている。

私の教えていたある学生が、自分の祖父の例をかつて教えてくれたことがあるが、その祖父は専門的な陸上競技のコーチだったという。祖父は、頭に軽い打撃を受けた。その後、ランニングに関連した名詞、例えば靴、ハードル、短距離走などを全く作り出せなくなったという。彼の祖父は、自分の人生にとって非常に重要だった話題を流暢にしゃべれなくなって深い失望感を抱いた。彼はコーチとして身につけた知識や経験を失わなかったが、その知識を蓄えた過程で使った名詞を失ったのである。彼の脳内では、こうした名詞は損傷を受けたすぐ隣の領域にまとまって蓄えられていたようだ。

言語は、自分自身が後で何かを思い出すための情報を蓄える一手段だが、それは主としてコミュニケーションに関してなのだろうか。私は、そう考える。私の学生の祖父の場合、ランニングで知ったことは忘れなかったが、ランニングに関して他者と語り合うための単語を永久に呼び起こすことはできなくなったにすぎない。

ジェニーの悲劇が示す言語の社会的側面

言語は、本質的に社会的でもある。言語の習得には、社会は存在しなくとも、最低限2人の人間が必要だ。現実では、社会から切り離された

個人は言語を発達させられない。自分自身には語りかける必要すらないからだ。

　教科書にも載っている例に、ジェニー（仮名）という名の少女がいる。彼女は、ひどい幼児虐待を受け、現代社会で調査された社会的孤立の最悪の例だろう。幼児用便器に縛り付けられ、室内に閉じ込められ、生後約16カ月からずっと他人との重要な接触を断ち切られていた。1970年、13歳の年にロサンゼルスで発見されて救出された。彼女は監禁されていた間に、明らかに言語音の発声のための訓練が行われていなかった。それ以外にも、彼女は最低限の社会的接触しかもたなかった。ジェニーが幼児虐待を受ける前に知恵遅れだったかどうかは明確ではないが、救出された時も、言葉をしゃべらず、言われたことも理解できなかった。当然、これ以外にもたくさんの身体的、精神的、社会的に困難な問題を抱えていた。彼女を社会に戻すための何年にもわたる徹底的な教育訓練がなされたが、ジェニーは完全な言語能力をついに得ることはなかった。

　ジェニーがやっと話し始めた時も、話しぶりは「マイク、絵の具」、「父さん、端、木、とる。叩く。泣く」といったようにごくごく単純だった。4年間の個人指導を受けた後でも、ジェニーはせいぜい文法的には文章とはみなせない6語か7語を連ねた言葉しか発話できなかった。例えば「Teacher said Genie have temper tantrum outside.（先生はジェニーが外でかんしゃく起こすと言った。）」などだ。

　ジェニーの今後のケアと調査をめぐって行われた一連の論議と裁判の後、ジェニーは数年間暮らしていた研究者チームの1人の実家から引き取られ、ジェニー虐待の件で訴追されながら無罪を言い渡された母親のもとに戻された。ジェニーの母親は自分がジェニーに必要な休みなしのケアを与えられないことに気づき、そのためジェニーは里親の所に送られた。ところが彼女は、そこで再び虐待されたのである。現在は成人となっているジェニーは、言葉をしゃべれない状態に戻ってしまっており、

知恵遅れの人たちのためのホームで暮らしている。

好奇心は旺盛で、学ぶべき重要な時期を失っただけ

　ジェニーに関する研究は、言語を学ぶにはそれに必要な重要なチャンスがあるという考えを裏付ける基本的な例の一つだ。ジェニーの例は、その期間を失った悲劇的なケースと言える。ジェニーの人生では、適切な時期に、周囲に話しかける人が誰もいなかったし誰からも話しかけられなかったので、ジェニーは言語を学べなかったのだ。その重要な時期が子ども時代の正確にいつ頃なのか、明らかではない。言語学者の一部は、その重要な時期は誕生時から6歳までだと言っている。また子どもが思春期までに正常な言語に接せられれば、正常な言語の習得を期待できる合理的理由があると唱える言語学者もいる。

　それでもジェニーが完全な言語を習得する基準を満たせなかったことは、確かである。彼女の発話は、はっきりした意味をもっている。だが——ジェニーを取り上げたテレビのドキュメンタリー番組で研究者のスーザン・カーティスが語ったように——、彼女の発話は英語としての文章ではない。ジェニーのビデオを見てかなりはっきりするのは、彼女は物の名前を熱心に学ぼうとし、新しい経験を得るのにも熱心だったということだ。カーティスは、ジェニーがウォルマートの陳列棚にある糸のすべての色の名前を知りたがった出来事を詳細に物語っている。ジェニーの強い好奇心と深い知性、それに学ぶことへの熱烈な願望は疑いのないものだ。さらに言語と新しい単語を学ぼうとするジェニーの意欲は、やがて11章で述べることになる類人猿の言語実験で明らかになった言語とコミュニケーションへの類人猿の関心を1桁は上回る。

知恵遅れの母と身振りで会話していたイザベルは言語を習得

　もう一つ、この問題を考える上で意味のある例がある。私生児として

生まれたイザベルという名の女の子だ。聾唖者で知恵遅れの女性を母親に生まれたが、6歳になるまで母親だけと暮らし、外にも出なかった。イザベルはジェニーほどには極端に社会的に隔絶されていなかったし、ジェニーよりもずっと早くに発見された。イザベルは6歳になるまで言葉を話せなかったが、彼女と母親は身振りで大ざっぱな意思疎通を行っていた。このことは、誰かとコミュニケーションをとっているという思いがイザベルの心の中に育まれていたことを示している。

徹底した心理療法と外に出ることを許されなかったために患ったくる病の医学治療を2年間受けて、イザベルは1500～2000語の単語を習得し、正常な構文を身につけ、同じ年齢の他の子どもたちと普通の学校に通えるようになった。(訓練後の)イザベルの記録された発話の一例は、「瓶を逆さにしたら、どうしてペーストが外に出てくるの?」というものだ。これは、ジェニーや訓練された類人猿がかつて話した言葉よりもはるかにこなれて、複雑な発話である。たぶんイサベルが社会から隔離されていたのは、ジェニーの場合ほどにはひどくもなく、長く続いたものでもなく、はるかに軽度だったので、発見後であっても容易に言語を習得できたのだろう。

アバディーン大学のティム・インゴールドは、言語は単なる社会性をこなす能力ではなく、そもそも社会的な、あるいは個人間の情報を交換するために生まれたのだと主張する。彼によると、言語のもともとの機能は、人を特定すること、つまり「彼ら」に対して「自分」や「我々」を識別することだという。

同様にオックスフォード大学の霊長類学者ロビン・ダンパーは、ゴシップ話こそが言語の進化を促進させた基本的原動力だったという仮説を提起している。彼の仮説では、ゴシップを通じて社会的な関係性についての情報を交換することは、一種の言語を通じた毛繕いなのだという。霊長類の毛繕いは、群れで個体間の社会的絆が維持されていることを確認

する手段である。

　理由は次章で説明するが、私はインゴールドとダンパーの言語の基本機能についての説に同意しない。現代社会で言語を用いることは、基本的には社会的交流と結びつきを促すのかもしれないが、言語には最初からもっと別の基本的な機能があった証拠がある。

　普通の人同士で使われる言語の普遍性は、そして言語の象徴的、社会的、組織的、意思伝達の側面は、明らかであり、言語の起源を研究する多数の研究者の意見も一致している。

言語は構文を必須とするチョムスキー説

　しかし現代の言語には、出現した時から言語にもともと備わっていたものかどうか分からないが、さらに別の側面が付加されている。現代の完全な言語では、意味を伝えるためにそれぞれの象徴語の配列のための規則が含まれている。構文や文法と呼ばれている規則だ。限られた単語数しかなく、似たような文法構造なのに、「女性がシカを殺す」という文章は、「シカが女性を殺す」と同じ意味ではないのだ。

　チョムスキーは、言語は基本的には構文を備え、したがって構文のないコミュニケーション形態は言語ではない、という提案の主要な提唱者である。彼の意見は、子どもたちがどのようにして言語を学ぶかの観察に由来する。

　　人間の言語は、驚くべき複雑性を備えた体系である。人間の駆使する言語を知るようになることは、この任務を成し遂げるように特別にデザインされていない生き物にとっては途方もない知的成果だろう。正常な子どもなら、言語への比較的に軽度な接触で、しかも特別の訓練なしにこの知識を身につける。その後も子どもは、自分の頭の中に新しい着想や曖昧な思いつきや判断などを呼び起こして、特殊な規則から成る難解な構造と自分の考えや感情を他の人間

に伝えるための基本原理を全く努力一つせずに活用できるようになる。

言い換えればチョムスキーは、子どもは誰1人として構文や文法構造を現実には学んでいないと信じているのだ。そうしたものの本質的要素は、人間の脳内に生まれつき備わっていると考えている。子どもは、生まれた土地の（地域的な）語彙と乳幼児の脳に符号化されている生まれつき備わった構文を書き込むための細則を学ぶだけ、というわけだ。

チョムスキーは長年、構文こそ言語の必須要素と定義しており、今や明確に**再帰性**と呼ばれる構文の特別な要素が鍵だと規定している。埋め込まれた、すなわち再帰性の要素とは、文や文内の節のことである。「私は玄武岩でハンドアックスを作った」という文章は、再帰性の要素が全くない直接的な文だ。「あなたは私が玄武岩でハンドアックスを作ったことを知っている」という文には再帰性要素（「私が玄武岩でハンドアックスを作った」）が含まれている。そしてこれは、人の最初の発話の文全体と同じものである。

再帰性要素は、無限に続けられるように思われる。単に、上述の各文の頭に「キャシーは以下のことを知っている」のような単語群を付け加えるだけなのだ。読者も私の言わんとすることはお分かりいただけるだろう。節を埋め込める能力、すなわち他の文の中に別の文を付け加えていける能力——そして意味を伝えられる能力——は、意味をもつ文を無限に構成されることを可能にするものだ。

複雑な内容を表現する役割をもつ「曖昧性解消項目」

構文が言語にとって必須のものだとすれば、子どもたちが言葉を話し始める（あるいは手話を使い始める）時は、真の言語とは関係のない非言語を話しているのだと認めねばならない。そんな子どもたちも、何か独立した仕組みを通じて、真の言語をやっと6歳頃に習得することにな

る。小さな子どもたちは、非言語をしゃべっているのか？ 個人的には私は、そうは思わない。私の孫たちがまだ幼かった時の孫たちとの会話では、私と孫たちは別々の惑星に暮らしているかのように感じさせられる時もあったけれども、孫たちも私がまだよちよち歩きの幼児だった時と同じ言語を（文法に則していないし、構文にもなっていない話し方で）話し、それを間違って使っているのだと私は疑ったことはない。

現代の完全な言語は、コミュニケーションと意味の伝達を強化する特別な文法項目も伴っている。これらは「***曖昧性解消項目***」と呼ばれることがある。それは、話す人が複雑な関連性のある考えや参考用の考えを表現したり、過去、現在、未来の出来事や仮定上の事柄を話すことを可能にする項目だ。

ここで曖昧性解消項目がどんな役割を果たしているのかを見るために、ジェニーの発話のもう一例——「ティッシュペーパー、青、こする、顔。パウンド」——に戻ろう。（当時、ジェニーに言葉を教えていた）スーザン・カーティスによれば、曖昧性を解消すると、この発話は次の意味になるのだという。「父さんが青い色のティッシュペーパーであたしの顔を強くこすったものよ」。ここでは「パウンド」が何を意味するのか、明らかではない。ただカーティスの解釈の代わりに、ジェニーの発話は、「青い色のティッシュペーパーで自分の顔をこすったら、あたしは強くぶたれるのよ」というの意味、あるいは「青い色のティッシュペーパーで自分の顔をこすると、あたしはそれをたたくのよ」というつもりで構成されていた可能性もある。互いにいくつもの意味に解釈可能になるこうした混乱を解消するために必要となる追加的な単語が、曖昧性解消項目である。

単語の連なりだけのピジン語

ピジン語の話し手は曖昧性解消項目もほとんど使わず、非常に単純化

された語彙としまりのない構文を用いるので、ハワイ大学のデレック・ビッカートンは、ピジン言語は原言語、すなわち完全な言語に先立って存在したはずのコミュニケーションの一種を推定する重要なモデルになると提唱している。しかしおそらくピジン語は、原言語の完全なモデルではないだろう。なぜならピジン言語はすでに言語を備えていた現代人に創られ、使われているからだ。だがピジン語は、現代人が何か考えるには言語が不可欠だということを明らかにしている。単語から成る文、つまり単語のつながりが短い点が、典型的だ。そして動詞、形容詞、名詞の順序と、会話の一部は気まぐれである。動詞は必ずしも主語と一致しないし、いくつかの例では、動詞が完全に省略される。

ビッカートンは、1880年から1930年にハワイに移住したプランテーション労働者によって話された発言録の例を引用している。

一つはこうだ。「アエナ・ツー・マチャ・チュレン、サマウル・チュレン、ハウス・マニ・ペイ（Aena to macha churen, samawl churen, haus mani pei.)」。英語で書くと、これは次のようになる。「そして子どもたちが多すぎ、小さな子どもたち、家のお金払う（And too much children, small children, hause money pay.)」。ビッカートンの提案した翻訳例は、以下のとおりだ。「そして私にはたくさんの子どもたち、小さな子どもたちがいる。それに私は、家賃を払わなきゃならない」。

実際、ビッカートンのピジン語の研究は、言語機能——複雑な情報から成るコミュニケーション——の達成に、現存している現代言語の構成要素のすべてに頼る必要はないことを明らかにしている。現代言語が備える全部の側面——構文、文法、時制、再帰性、曖昧性解消項目——が、言語の資格を与えているコミュニケーションにとって必要なら、もっとも考えやすいのは、言語は統合された遺伝的一括物、すなわち単塩基置換やそれに関連する突然変異小群として起こったという可能性だ。言語出現の前にある時間があった。そしてその後に、ダダーン！　1世代で

言語ができた。

　言語の奇跡という思いつきは、その単純さのためにウケるので、この突然変異遺伝子の最初の保有者と彼もしくは彼女が話した人のことをどうしても心配してしまう。もし近くにいた他の誰もが同じ突然変異を有していなかったとすれば、それならどうなったのか？

初めから揃っていたわけではない言語の諸要素

　言語のいろいろな要素は、まとめられ、統合された不可分な一括物として現れるのだろうか？　答はノーだ。私より言語学に通じた多くの学者が、構文は言語の必須にして不可欠な要素だと提起しているチョムスキーに反対している。

　ジェニーが次のように、つまり「Teacher said Genie have temper tantrum outside.（先生はジェニーが外でかんしゃく起こすと言った。）」（それを私は「先生は外でジェニーがかんしゃくを起こすことになると言った」と翻訳する）と話した時、ジェニーは私が理解するような完全な言語を用いていなかったが、それでもジェニーは再帰性を用いていた。同様に、11章で論じる予定の言語を訓練された類人猿も、時には再帰性を用いるが、やはりチョムスキーの用語にある言語の完全な運用能力をもたない。そうした証拠から、現代言語の諸要素はもとから関連づけられたものではなかったし、初めから全部が揃っていたのでもない、と私は結論を出す。おそらく構文も含まれるだろうが、現代言語のいくつかの要素は、それが最初に登場した後、十分な時間がたって進化できたのだと思う。

　現代言語の諸要素がどのような順序で進化したのか、その順序の推定は魅惑的だが、同時に難しい作業だ。単語の理解、単語の発話、そして単語を文法にそって並べることは、少なくとも現代人においては欠くべからざる順序となっているという最高の証拠がある。この研究から、ど

のように言語が現れたのかについての興味をそそられるヒントが得られている。

1990年代末にカリフォルニア大学サンディエゴ校のエリザベス・ベイツとミズーリ大学コロンビア校のジュディス・C・グッドマンによってなされた言語習得に関する研究は、他の研究者たちによる研究と総合した時、重要な見通しをもたらす。

単語理解、単語発音、文法の順で発達か

普通の子どもたちの言語発達の順序は、ほとんどの両親と研究者たちは次のように理解している。まず生後3、4カ月でバブバブと言い始め、6〜12カ月で母音と子音を組み合わせて使うようになる。意味のある会話は、おそらく会話を理解する能力が現れた後の、平均して10〜12カ月頃に始まる。語彙はかなりゆっくりと増えていくが、通常は16〜20カ月で語彙の発達ははっきりと加速する。18〜20カ月で単語の組み合わせを用い始める。それから言語能力のもう一段の飛躍が、しばしば24〜30カ月で起こる。36〜42カ月までには、正常な子どものほとんどすべてが言語の基礎を習得する。

だが互いに関連し合う会話のそれぞれの面はどうだろうか。ベイツとグッドマンの研究では、単語理解、単語発音、文法は、生後8カ月の乳児段階でこの順で始まり、生後30カ月になるまで続く。単語理解、単語発話、文法は、年齢とともに似たような発達をするけれども、同時に発達していくのではないのだ。

研究対象のうち最も幼弱な乳児（生後8カ月）での単語理解度は低く、テスト用単語の約5％しかなかった。子どもたちの単語発話は、それより遅い、生後14カ月になるまで、5％レベルに達しなかった。文法にかなった発話が同じレベルになるのはそれからさらに遅れ、生後約21カ月だった。言い換えれば単語理解は単語発話より先行し、単語発話は

複雑な単語構造理解（文法）よりも先行したのだ。これは、大人が外国語を学ぶ道のり、あるいは大人がピジン言語——これは、決して複雑な構造をもった言語レベルまでには進歩しないのだが——を創造していく手順と酷似する、納得の行くほど常識的な結果である。

文法のある言語の400語の閾

第2の研究で、ベイツとグッドマンのチームは、いっそう興味深い現象に取り組んだ。研究チームは、語彙の獲得は、文法習得の発達とどれだけ密接な関連があるのだろうかと考えた。文法構造ができるまで満たさなければならない語彙の数量の決定的な閾はあるのだろうか？　答えは、イエスだった。

生後28カ月の幼児の文法能力の最良の予測判断材料は、生後20カ月の幼児の語彙総数である。この発見は、統計的に有意と判断された。子どもは200語ほど覚えると、言語での表現が始まる。これが言語習得の第1の閾だ。

第2の閾が、自己表現のさらなる段階である複数の単語を文法的に並べることだ。文法と語彙は、生後16カ月から30カ月にかけてしっかりと結びつくが、まだ文法的に管理できる年齢（十分な成長）ではない。そうではなく子どもの語彙の本当の大きさが、子どもの文法の複雑性を予測できる最良の判断材料なのだ。幼児が約400語を発話できるようになると——第2の閾——、文法の複雑さが一気に高まる。

語彙の大きさと複雑な文法を使えることの関係はかなり強固なので、その関係は言語習得幅の両端に位置する子どもでも当てはまる。言葉を早くしゃべった子も遅かった子も、単語理解、語彙サイズ、文法との間に同じ関係を見せる。ダウン症の子どもは言語習得が遅れるが、やはり語彙サイズと文法との間の関連性ははっきりしている。ウィリアムズ症候群の子どもも、またそうである。この疾患の子どもの知能指数は低い

が、言葉はかなり流暢に話す。一方でこの言語能力の幅全体を外れて400語以下の単語しか習得していない人は、明らかにどんな形の複雑な文法をもった発話もできないし、そうした人たちの発話もかなり短い傾向がある。

コミュニケーションとしての三つの要素

言語が何か別の種類のコミュニケーションから進化したとすれば、これと同じパターンは別の種類のコミュニケーションでも明らかなのだろうか、それとも違うのか？　この問いに答えるには、動物のコミュニケーションについてじっくりと考え、それと人間のコミュニケーションとを比べなければならない。

（言語を含む）すべてのコミュニケーションは、以下の三つの要素を共有している。第1の要素が、意思をもって聞こうとする存在だ。通常の形では、コミュニケーションの成立には最低限2個体、そして両者の間に話の内容の伝達が必要となる。コミュニケーションは、後日に自分のために何かするつもりの備忘録として、情報の断片の記録や蓄積の意味もある。

第2の要素が、伝えようという側と聞き留めようという側の両方に共有される象徴的語彙の存在である。これがないと、話の中身を伝えられない。

第3の要素が、それぞれのコミュニケーションにとっての特別な中身か主題の存在だ。

ここに挙げたコミュニケーションの3要素は、例えば人間同士の身振り、会話、文字を通じてのコミュニケーションだけでなく、鳥の鳴き声、ミーアキャットの警戒の叫びにも見られる。だが完全な言語は、コミュニケーションのこの基本的な側面を軽く飛び越えて、コミュニケーションでは共有されない、さらに豊かで文を生成する能力——無限に新しい

文章を作り出す可能性――をもたらす。

ワシのような空飛ぶ捕食者による差し迫った危険性を知らせるベルベットモンキーの挙げる叫び声も、象徴だと主張できるかもしれない。それは、急降下してくるタカの演技やワシの鳴き声の物真似ではないからだ。ベルベットモンキーの上げる鳴き声は、「ワシ」の意味さえない。この鳴き声で私が提示できる最高の翻訳例は、「危険だ」ということだ。状況の判定――危険だ――と一般的危険性――飛行する捕食者からの――は、一緒になって単純な警戒信号になる。

「危険ワシ（danger eagle）だ」という叫びは、昨日、この場所にワシがいたかどうかを尋ねるのに使えないし、仲間のベルベットモンキーを捕まえたワシが羽や鶏冠を閉じていたかを解明するのにも使えない。「危険ワシだ」は、そうした会話に使えるほどには特殊ではないのだ。その叫びは、危険が迫っているという概念とワシだという概念の両方を含んでいる。まるでその二つが一つのことであるかのように。ところが「危険ワシだ」の鳴き声は、「危険ヘビだ」と「危険ヒョウだ」を知らせる鳴き声と異なっている。そしてベルベットモンキーは、明らかにその違いを理解しているのだ。

構文がない動物のコミュニケーション

「危険ワシだ」の叫び声が、コミュニケーションであるのは確かである。それは、他の個体に理解されるように意図して発せられた叫びだし、仲間と共有される意味（他のベルベットモンキーがその叫びに反応している）をもった恣意的な象徴（叫び声）であり、さらにベルベットモンキーの発する別の叫び声は、ワシに警戒しろということと同じ意味をもっていないし、同じ反応も引き起こさないから、明白に特別の中身がある。

野生動物のコミュニケーションには、観察された限りは構文が関与していない。象徴（単語）のつながることが滅多にないからだ。私が「危

険ワシだ」と翻訳した叫び声は、同じように「ワシに危険だ」とか、「飛行する危険だ」、「危険、上だ」などとも翻訳できるだろう。こうした仮説的な翻訳の全部に、危険ワシの迫り来る存在を暗示するものを除いて、動詞や動作を表す単語が抜け落ちている。過去の時制も未来形もないし、紫の斑点をもった、サルを食べる架空の危険な飛行体について語ることもない。

　言語の起源について著作・論文を書いてきた学者たちは、そうした動物のコミュニケーションをしばしば指摘するし、それぞれ特別な意味を持った叫びや鳴き声は互いに結びつけることができないことに注意する。

　『アダムの言葉：人はどのように言語を作り、言語はどのように人を作ったのか（*Adam's Tongue：How Humans Made Language, How Language Made Humans*）』で、著者のデレック・ビッカートンは、ベルベットモンキーのコミュニケーション・システムのような動物のそれは、真の言語へと進化できるだろうという思いつきを一蹴している。彼が述べるには、「動物は、バカだから事柄を一緒にまとめられないのではない。動物たちが交わす叫び声や身振り、その他すべての事柄は、一緒にまとめられるべく設計されていなかっただけなのだ。……『危険な食べ物』だって？　ありそうもない。すでに我々が見たように、危険を知らせる叫びは、さらに追加の叫びを伴うこともなく、少なくとも大まかながらも危険源をはっきりと述べている。……『食べ物の危険』だって？　まさか、ね！」。

動物にさらに注意を払うのに必要だったもっと情報に富む意思疎通

　象徴、すなわち単語として、これらの動物の叫びは、適正な水準以上に過大に言われている。動物の叫びが表しているのは全体の状況であって、きちんと分離できる、そしてもう１度結合できる単位での構成要素

ではない。他の一部言語学者と同じように、かくしてビッカートンは、言語は動物のコミュニケーション・システムから起こったのではなく、それとは独立に生まれたと考えている。

　この点に関するビッカートンの主張に、私は全面的に納得しているわけではない。ベイツとグッドマンによる研究から推定されるように、おそらく動物のコミュニケーションは十分に大きな語彙を伴っていないだけなのだろう。ベルベットモンキーがもっとたくさんの「単語」をもっていたら、彼らは「危険ワシ」にプラスして、今はすぐ近くにいない大型の捕食性の鳥のことを表すもっと正確な単語をもたないなんてことがあり得たのかどうか。動物のコミュニケーションは、言語はどのようにして始まったのかを教えてくれるけれども、ヒト以外の動物が十分な単語をもっていないだけだということもはっきりさせているのだろう。

　にもかかわらず動物コミュニケーションのこの典型的な例は、情報とコミュニケーションの生存上の価値を強調してあまりあるし、動物のコミュニケーションと人間の言語とはいくつかの違いのあることも指摘する。群れ（血縁集団）の他のメンバーたちに警戒を呼びかけられることは、ベルベットモンキーにとって自然淘汰上の利益がある。だがワシやヘビのことでもっと広範囲に議論することに、そのような利益がないのも明らかだ。だが人間にとって、獲物になりそうな動物や競争相手になりそうな動物（現実に存在しなくてもよい）のさらに詳しい情報を得ることは、他の動物にもっと注意を払う人たちに、そして動物の情報を共有し合う人々に自然淘汰上の利益を授けるという点で十分に重要だった。

　2人の人類学者カリフォルニア大学サンタバーバラ校のジョン・トービーとハーヴァード大学のアーヴェン・ド・ヴォアは、情報への必要性が過去と現在の人間にとっていかに重要不可欠であるかを表すために、情報が消費される食物であるかのように「情報を消費する器官（*infor-*

mavore)」という用語を用いている。

　情報をもつこと——周囲を観察することで情報を集めること——は、動物とのつながりの始まりの時から価値があった。情報を伝達し、他の個体・集団と情報を共有することは、それよりも難しいが、以前より緊密化した社会集団、より高まった認知能力、そして象徴のさらに拡大した利用を必要とする、より価値の高い課題なのである。さあ、言語を人間がその課題をやり遂げるために進化させた仕組み——あるいは道具——として、実利的に定義していこうではないか。

　問題は、人類進化の歴史でいつ言語が生まれたのかを定めることだ。絶滅した人類種や過去の人々の認知能力を、どのようにして推し量り、評価できるのだろうか。実際に、それは、確実にはできない。

第9章
それについては全部教えて

象徴を探せ

　1991年、ウィリアム・ノーブルとイアン・デイヴィッドソンは、考古記録と化石の記録から、どうやって言語を明らかにし、それを認識するかという問題を再検討した。2人は、書かれた文字の現れるまで——言語そのものの起源と同時代とするには、はるかに最近の出来事だ——、言語そのものは考古記録では可視的になりそうもないと再認識した。そこで2人は、言語を探すのではなく、その要素の一つを探せばよい、という考えを思いついた。それが、象徴である。2人は、考古記録で言語の存在を認定する見事に常識的な解決策を提起した。すなわち「言語の特殊な本質に基礎が置かれた解決策が必要になる。そうした特殊な本質は、他の動物のようなコミュニケーション・システムとは違う。そこでは言語の構成要素の記しが象徴として使われている。したがって言語の起源の時点は、その記しの象徴的使用が最初に発見された時である」。

　単純ではないか。化石や考古記録で単語を見つけられない以上、言語の代わりに別の象徴的行動を使えばよいのだ。ノーブルとデイヴィッドソンの解決策の核心にあるのは、言語、したがって現代人的な行動にとって十分な実証的な知性の存在だと考えられる一種のチェックリストであった。

　考古学者たちは、何十年にもわたってこのような進歩した人間行動のセットを積み上げてきた。研究者によれば、現代人的な、つまり進歩した行動のこれらのセットとして、解剖学的に現代的であること、未来のことの計画、空間を個々の作業エリアへと分けて組織すること、象徴の

利用、芸術の制作、他集団との物資の交易、動物、魚類、鳥類といった幅広い範囲にわたる狩猟、様々な素材からずっと進歩した道具の製作、個人的装身具の創造などが含まれるとする。2人の考えは、上記の能力はすべて一定のレベルの認知力や知的能力と何らかの結びつきがあるということだ。そのため、すべてのこれらの能力は、パッケージとして一緒になって現れるはずだ。もし人がこれらの能力の一つでももったのなら、人間は短期間にこのすべてを備えるはずである——。

「革命はなかった」——2人の女性考古学者の与えた衝撃

人間がいつ頃、最初の解剖学的現代人になったのか、すなわちいつ頃に現在の私たちのような姿をし、私たちのように活動できたのかは、すでに分かっている。解剖学的な現代性は、必ずしも行動面の現代性と同じではないし、多くの人類学者も最古の解剖学的現代人の登場と最古の現代人的行動の出現の間に「タイムラグ」があるだろうと推測している。

その最古の現代人と認められた頭蓋は、エチオピアのオモ・キビシュ層群からずっと前に発見されていたが、それは最近になって約20万年前のものと年代が確定した。

さて現代人的な解剖学的構造が現代人的行動を実行していた可能性を示すだけで、必ずしも現代人的行動の表れを明示していないとすると、それでは何を探すべきだろうか。

「人類革命」の一部であった現代人的行動の痕跡リストは、20世紀初頭に知られたので、もともとはヨーロッパの考古記録に基づいて作られた。ヨーロッパでのリストに挙げられた諸特性は、5万～4万年前頃に、突然、そしてほとんど同時期に一斉に現れたように思える。大半の古人類学者は、「人類革命」——現代人的行動の出現——はその時に起こったことに同意していた。

その後、10年ほど前にコネティカット大学のサリー・マクブレアティ

とジョージ・ワシントン大学のアリソン・ブルックスが、アフリカの証拠の大がかりな見直しに着手した。その結果から、2人の女性考古学者は行動の現代性のこれらの基準や特徴のリストははっきり言って誤解が多い、と熱烈な調子で言い切った。2人の見解では、多くの学者が5万〜4万年前頃に出現し、現代人的行動を先導したと言ってきたいわゆる「人類革命」、「上部旧石器革命」は、革命ではなかったし、そもそもそれはなかったのだ。マクブレアティとブルックスによって書かれた論文のタイトルは、『革命はなかった (*The Revolution That Wasn't*)』と付けられた。この論文は、この分野の研究者たちを大きく動揺させ、また従来観の再考を余儀なくさせた。

60万年前のボド頭蓋に祭祀行動の跡？

2003年、ヴィッツワーテルスラント大学とベルゲン大学兼任のクリストファー・ヘンシルウッドとアリゾナ州立大学人類起源研究所のカーティス・マリーンは、「現代人的行動の主要な基準は、象徴的思考の能力ではなく、象徴化を使って行動を体系付けることだ」と提唱した。

よろしい。だがそれでは、「象徴の体系化」、たぶん芸術、祭祀、音楽などは、化石記録と考古記録ではどんなように可視化されるのだろうか。

祭祀の証拠は古いが、それは全く疑いの余地のない物というわけではない。

約150万年前の南アフリカ、ステルクフォンテイン出土のホモ・ハビリス頭蓋の頬骨部と眼窩内側にカットマークが付けられていた。カットマークの位置は、動物の頭蓋から肉を切り取ってできる傷の位置と似ているが、この個体が別のヒト科に食われたとまでは証明できない。頭蓋から肉を切り取られた後、その肉をどう処理したのか示唆するものはない。肉の切り取りは、(人肉嗜食かもしれないが)祭祀目的のために実行された可能性もある。また死体が仲間たちの近くに放置され、肉の腐っ

ていく臭いは不快極まりないものだったとすれば、腐りかかった頭蓋から肉を取り去るのは、ただの「家事」にすぎなかったかもしれない。

もう一つの例が60万年前のエチオピア、ボドで、(現代的ではない)古代型の男性頭蓋が何者かによって肉を切り取られ、ここにもその跡にカットマークを残した。

ヘルト現代人頭蓋には祭祀行動の跡

さらに説得力のある証拠は、エチオピア、ヘルト・ブーリで発見された3個の頭蓋である。

ヘルト・ブーリは、カットマークの付いた250万年前の骨が発見された地点と広い意味で同じ地域だが、これら3個の頭蓋は、ずっとずっと新しい地層から見つかったもので、その地層の年代は15万4000年前でしかない。ヘルト・ブーリ頭蓋は、これまでに発見された中で最古にして最も完全な現生人類頭蓋である。3個にはすべて、カットマークがついていた。そのうち1個の幼児頭蓋には、カットマークと一緒に、長年、持ち歩かれて、手で触られ続けたことから付いたと思われる光沢も存在した(図18)。なぜ子どもの頭蓋から肉を除去し、もち歩いたのだろうか。答えは想像に委せるしかない。カットマークともち回り——考古学界の業界用語で「遺物のもち歩き」——は、古い時代の祭祀信仰を証明しているわけではないが、それらは祭祀行動の存在を強く推定させるのである。

これらの頭蓋の祭祀的処理を推定させる最古の諸例を、証明不十分として棄却するとすれば、その例は、少なくとも13万年前の年代の、赤いオーカーがふりまかれ、副葬品を供えられた解剖学的現代人の疑いのない埋葬と、7万年前頃に始まったネアンデルタール人の埋葬となる。これらの埋葬は、人間の遺体を祭祀を伴って送ったことを確実に示し、死後の世界へのある種の信仰のあったことを暗示している。

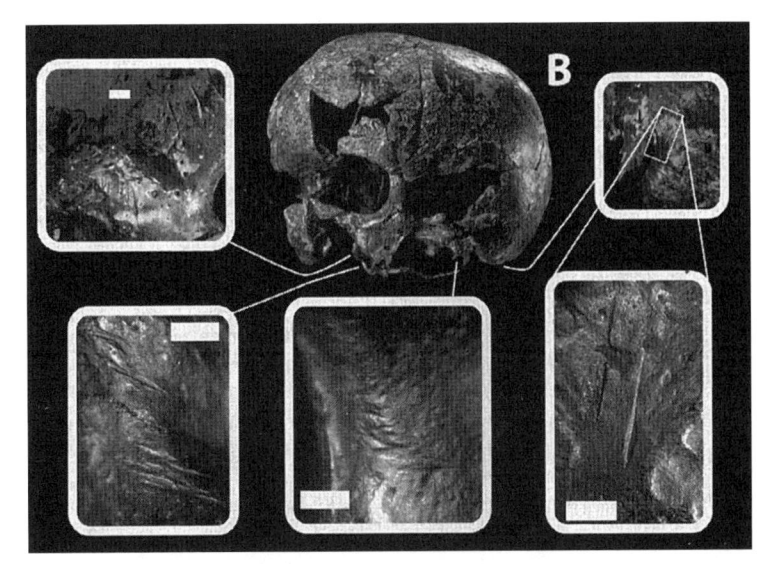

図18　ヘルトの子どもの頭蓋

エチオピアのヘルト・ブーリで見つかった解剖学的現代人の子どもの頭蓋には、肉を除去している間に形成された一連のカットマーク（挿入図）が見られる。この頭蓋がしばらくの間、もち歩かれたことを推測させる光沢と磨耗も認められる。おそらく革紐の先に吊り下げられていたのだろう。これは、私たちの古い祖先によってなされた儀礼的行動の最古の証拠の一部である。写真中のスケールバーの長さは1ミリ。

アフリカ、ブロンボス洞窟のオーカーの線刻

　芸術についてはどうか。ヨーロッパ最古の芸術作品は、精巧で小型の、動物と鳥を形象した彫刻であり、西南ドイツ、フォーゲルヘルト出土の3万6000〜3万2000年前の物である。またフランス、アルデシュ県のショーヴェ洞窟壁画も、ほぼこの頃のものである。

　アフリカの証拠と比べると、ヨーロッパの芸術作品は実際にかなり新しい。

　オーカーは、ザンビアのツイン・リヴァースで30万年以上前に採掘されていたし、多数のオーカー片も、ケニアのカプサリンの28万2000年前の遺跡で発見されている。それは、象徴化の始まりだったのだろうか？

おそらく、そうだろう。オーカーの最も普及している使用法は顔料であり、皮膚や皮革、ビーズ、土器、住居の壁などに塗り、芸術にも使われる。難しいのは、オーカーにはある種の薬用価値もあるし、皮鞣しにも使える点だ。そしてこうした使用法は、明白な象徴化行動というわけではない。では、ツイン・リヴァースとカプサリンで検出されたオーカーの塊は、象徴化の証拠なのだろうか。そのオーカーが何の目的で使われたのか、分からないし、証明できない。人類学者たちは、両側の椅子に座って論争し合っている。

オーカーを象徴に使った直接証拠——10万〜7万7000年前——は、最近、ブロンボス洞窟から報告された。

ブロンボス洞窟は、南アフリカ、西ケープ州にある著名な遺跡で、ク

図19　ブロンボス洞窟の線刻付きオーカー
幾何学的な線刻——一種の芸術——を示す中央のオーカー片は、南アフリカ、ブロンボス洞窟出土の19点の標本の1例である。オーカー片は、7万5000年前から10万年前のものである。ブロンボスからは、精巧に先細り加工された槍先用の骨製尖頭器（手前）や洗練された剥離の施された石器（後景と右上）も出土している。手前の筆は、スケール用に置かれている。

リストファー・ヘンシルウッドを隊長にした調査隊によって発掘されている。現在までに、同洞窟から疑いのない線刻の施されたオーカー片15点が出土している。線刻された幾何学模様は、ボルドー大学のフランチェスコ・デリコにより顕微鏡で観察調査されている。彼はまた、ルシンダ・バックウェルと共同で骨器の研究も行った。長年、フランチェスコと私は、そうした類似したテーマを研究してきたので、滅多に会う機会はなかったものの、友だちになった。線刻の意義や意味は把握されていないが、少なくとも私の目には、線刻は明らかに人工的、意図的で（偶然に、ではない）、人の手でなされたものに見える（図19）。

何かの概念を表した線刻の意味は未解読

フランチェスコが指摘するには、その線刻は「いたずら書きにふさわしくなく、むしろあるパターンを作ろうとした、何かに集中した、抽象的ではない試みを表している。これらのマークは、メモでもない」。さらに彼は、以下のように説明を続ける。「『メモ』は、身体外に情報を記録し、蓄え、回復するために特に思いついたことの印をつけるシステムだ……」。問題は、ブロンボスのオーカー上に引かれたマークは、互いに交わったり、互いに上を通ったりしていることだ。離れた個々のマークがこれらの標本上にどれほど正確に**ある**のかを決めるのは難しい。

フランチェスコは、以下のように指摘し、さらに詳しくこのマークについて記述する。

> ブロンボス出土でもっとも印象深い例は、幾何学模様の線刻だ。それは、籠細工、機織り、塀、いくつかの抽象的概念などを表しているのかもしれない。幾何学模様は、たくさんの特徴を共有し、かなりの長期間にわたって作られていたので、これらの線刻は「*伝統*」の資格がある（イタリックは原文）。

もどかしいように感じられるが、これらの線刻は何か意味がありそう

だ——文字どおりたくさんの意味——と見ることはできるが、その意味を理解することはできない。私たちは、その象徴の語彙を共有していないからだ。ただ、それが存在したと知ることができるだけである。

6万年前のダチョウの卵殻にも

注目すべきことに、フランスの洞窟壁画に見られる幾何学的芸術、非図像的芸術の最近の一覧——それらはブロンボスよりはるかに新しい（3万5000〜1万年前）——は、アフリカ、南北アメリカ大陸、アジア、オーストラリアという他地域の新しい例と同じように、ブロンボス洞窟の記号といくつかの著しい類似性を示している。カナダ、ヴィクトリア大学の大学院生のジュヌヴィーヴ・フォン・ペチンガーは、フランスの153個所の遺跡から発見されている非図像的芸術の詳細な目録を集成した（図20）。彼女は、それらの抽象的画像を外観を基に28類型に分類し、時代ごとの頻度と分布を検討することができた。そうしたヨーロッパ洞窟壁画は、現代人的行動とその象徴化の体系の証拠に含められてきたのだ。

驚くことに、これらよりはるかに古いブロンボスの線刻は、フォン・ペチンガーの作った類型の次のいくつかにほぼ一致している。線形、平行線、十字形、羽状模様、その他、である。しかしブロンボスのいろいろな象徴表現の頻度は、フォン・ペチンガーの資料の頻度——ほとんどどこにでも見られる線形を例外として——とは似ていないし、ずっと新しいフランス資料には、近年に知られるようになったブロンボス資料には見られない多数の象徴表現がある。たぶん両者が類似する理由の一部は、顔料を塗るのでなく、石で硬い素材（オーカー片や洞窟壁面）に線刻するという単純な力学の課題のためなのだろう。しかし時空を越えて、同じ象徴表現が表されているのは思いもかけないことである。

さらに南アフリカ、西ケープ州のディープクルーフ岩陰での最近の発見は、別の時空を越えた例を明らかにしている。ヨーロッパやブロンボ

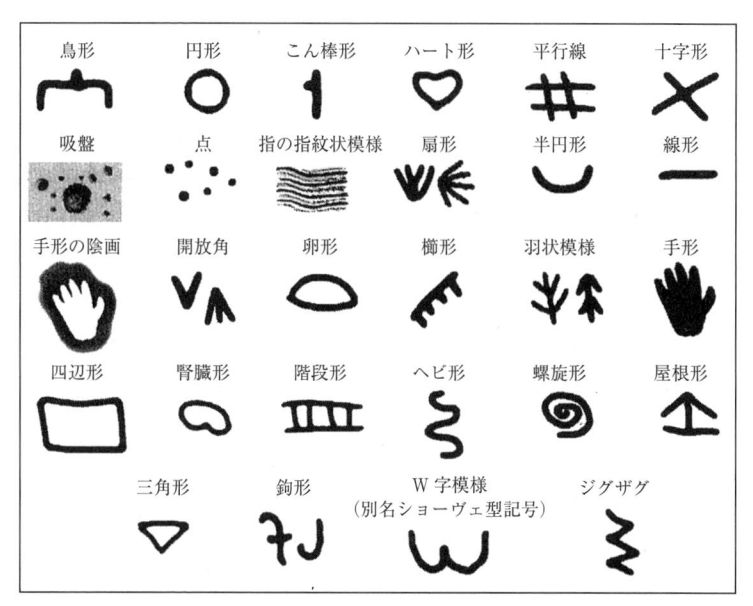

第9章 それについては全部教えて　151

鳥形	円形	こん棒形	ハート形	平行線	十字形
吸盤	点	指の指紋状模様	扇形	半円形	線形
手形の陰画	開放角	卵形	櫛形	羽状模様	手形
四辺形	腎臓形	階段形	ヘビ形	螺旋形	屋根形
	三角形	鉤形	W字模様（別名ショーヴェ型記号）	ジグザグ	

図20　図像でない記号様の28類型
ヨーロッパ先史洞窟壁画の幾何学的彩画と線刻は、ジュヌヴィーヴ・フォン・ペチンガーの定義で、これらの28類型に分類できる。ブロンボス洞窟出土のオーカー上の線刻は、階段形と十字形にほぼ合致することに注意。

スと似た幾何学的な象徴表現が、約6万年前のダチョウの卵殻製水容器の縁に表されて発見されたのだ（図21）。これを発見したボルドー大学のピエール=ジャン・ティクシエに率いられた調査隊は、これらの線刻模様は、一種の書かれたコミュニケーションではないか、と提起している。同じ二つのパターンが繰り返されており、卵殻の所有権か表現者の身元のような何かを示しているのかもしれない。液体の水を運び、蓄える方法の発見は、人類のように喉を渇かす動物にとって明らかに重要な技術的進歩であった。この容器が個人的所有物か芸術作品であったかもしれないことを示す証拠の発見は、さらに思いがけないものだった。

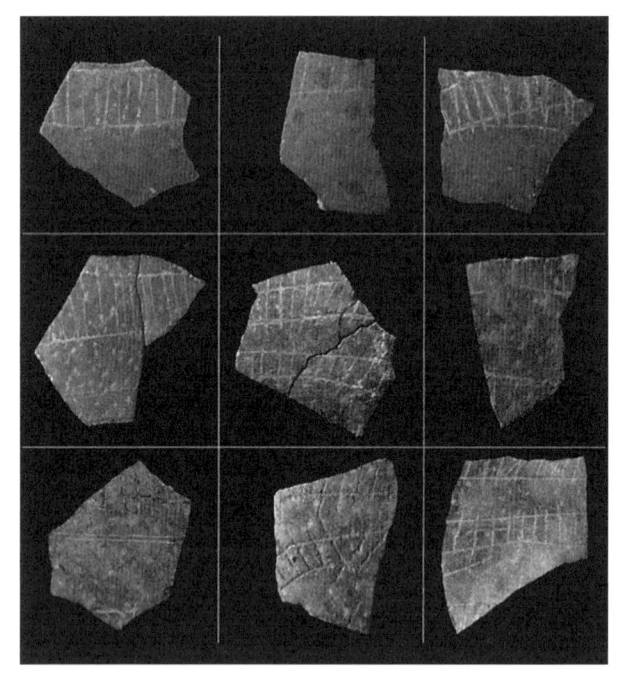

図21　6万年前のダチョウの卵殻片
南アフリカのディープクルーフ岩陰から見つかったこれらのダチョウの卵殻片は、6万年前のものである。卵殻片には標準化された幾何学模様が線刻されていた。これらは、所有権を示しているのかもしれない。ダチョウの卵殻は、水を入れる容器として用いられたと考えられる。

自らのアイデンティティーの表示、個人的装身具

　象徴表現のもう一つの類型は、個人的装身具である。最近の発見は、そうした遺物の存在の最古の証拠を優に10万年以上前にさかのぼらせている。小さな貝殻に入念に穿孔されて作られたビーズ――宝飾品、またギャング・カラーのように集団の一員であることを示す標識だと考えられる――は、アルジェリアとイスラエルで13万5000年前頃に現れ、モロッコとアルジェリアでは7万3400～9万1500年前の例が発見され

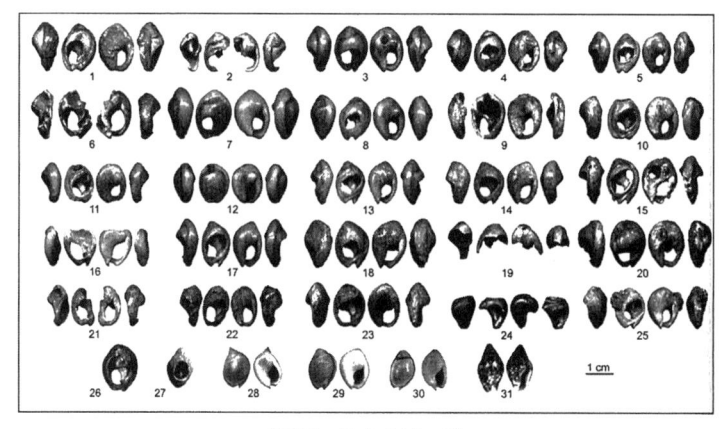

図 22　最古のビーズ
最古のビーズは、ムシロガイ科のナッサリウス・ギボスルス（*Nassarius gibbosulus*）の貝殻で作られている。貝殻の1〜19は、モロッコ、タフォラルトの遺跡（ハト洞窟）出土で、約8万2000年前。これと似た貝殻製ビーズは、ラファ遺跡（20〜24）、コントルバンディエ遺跡（25）、イフリ・ナンマ（26、27）などのまだ年代測定のされていない遺跡からも発見されている。貝殻28は現生のナッサリウス・ギボスルス。貝殻29と30は現生のナッサリウス・シルクムシンクトス（*Nassarius circumcinctus*）、貝殻31は現生のコルンベラ・ルスティカ（*Columbella rustica*）。

ている（図22）。同一タイプの貝殻製ビーズは、ブロンボス洞窟の7万5000年前の層からも発掘されている。さらにタンザニアのムンバ洞窟（約5万2000年前）とケニアのエンカプネ・ヤ・モト遺跡（4万年以上前）の人たちは、ダチョウの卵殻製ビーズを作っていた。

　オーカーで肌に特殊な模様を描くように、宝飾品を身につけることは、人が特定の社会集団の一員であることを強く示す行動である。今日でもこれと同じ欲求が、自分の職業を明白に表示するユニホームや自分のお気に入りのバンドグループの名前を誇らしげに染め抜いたTシャツを着ることにつながっている。個人的装身具は、他者に次のように語りかけているのだ。「私は自分が何者であるかをもちろん知っているし、それをあなたにも知ってもらいたい」。

フランチェスコ・デリコは、これらのビーズの研究も行い、個人的装身具の創造を「人類史上、最も刺激的な文化的実験の一つで、そうした装身具類の示す共通の要素は、装身具を身につけることで他者に何かの意味を伝えることである。それらは、身につける者自身の生物学的属性だけではない、その人物の印象を伝達するのだ」と評価する。個人的装身具や個人的な装飾は、一種のコミュニケーション、たぶん一種の言語なのだ。

こうした形で情報を伝達する必要性は、社会構造や社会の流動性についての実態も暗示させる。人がよそ者に――生まれてから、いまだ見たことも聞いたこともない人と――出くわすことがないとすれば、自らの属する社会集団の一員であることを目に見える形で表示する必要など存在しない。したがって個人的装身具の存在は、人々が以前よりも旅をするようになり、かつてよりもずっと頻繁によそ者たちと出くわすようになったこと、さらにそのことは、以前よりも人口密度が全般的に高まったことをうかがわせるのである。

長距離交易、骨・角・牙などの新素材の利用

フランチェスコは、これらのビーズは典型的な現代人的行動の一つである長距離交易網が存在した可能性も示すとも述べる。

モロッコとアルジェリアで見つかった貝殻製ビーズは、海岸からかなり離れた内陸部で発見されているので、人が長途の旅をしてそこに貝殻製ビーズをもち込んだか、沿岸居住民と内陸居住民が資源を交換し合った進んだ長距離交易網を発展させていたのだ。フランチェスコの意見に従えば、こちらの方の可能性が高いという。このような体系的に組織された交易網らしい証拠は、古い時代の人類集団間の結びつき、認知と文化の関連を解明するのに役立つ。最大の驚きは、ヨーロッパの資料に基づいて現代人的行動が現れた時を推測した伝統的予測と比べると、いか

図 23 洗練された骨製尖頭器
南アフリカのシブドゥ洞窟で発見されたこの素晴らしい加工の骨製尖頭器は、6万1000年前のものであり、矢の先端として使われた。

に古い段階でこれらの交易網が存在していたかを明らかにしたことだ。

もう一つの基準は、現代的な人類は道具製作のために以前より幅広い素材を使っていたことだ。そうした素材として、骨、角、象牙がある。ただ道具製作のために骨を使うことが人類を現代化させたとすれば、オルドゥヴァイ峡谷と南アフリカのスワルトクランスとドリモーレンのヒト科は200万年前から現代人になっていたことになる。この年代は、そのヒト科が解剖学的な現代人でないことを明らかにするものである。公正に言えば、それら最古の骨器と比べれば、「現代人の使った」骨器は、形、機能、製作の全般的な熟練度で、はるかに優れている（図23）。しかし多数の考古学者は、彼ら製作者の言語との関連に対する注意が足りないし、ただ骨器の出現としか言わない。

優美で洗練された骨器、石刃、有柄尖頭器、細石器（ごく小さい石器）、磨石などの製作のような進歩した道具のレパートリーの広がりは、28

万〜8万年前の間の様々な時期にやはりアフリカで起こっていたのだ。

大型獣狩猟、火の管理など——ただ古い人類にも見られた

　大型で危険な草食獣の狩猟も、現代性のリストに挙げられるもう一つの現代人的行動と思われる証拠である。石器が最初に作られて以来、大型で危険な草食獣の化石骨に残されたカットマークと打撃痕の証拠から判断して、ヒト科はそうした動物と対決するようになった。問題は、動物が死肉漁りされたか狩猟されたかではなく、ヒト科、ホモ属は、数百万年もそうした動物を相手にしてきたということだ。それは、ほんの5万年前以降という新しく獲得された、最近の行動ではなかった。

　現代人的行動のリストにしばしば載せられるさらに別の行動は、水生動物や鳥を含む幅広い動物資源と植物資源の新規利用である。ただ魚や他の水生動物を頻繁に利用するようになったのは、長く推定されてきたことと違い、必ずしも人類進化の中での新しい行動というわけではない。ほとんど200万年前に近いクービ・フォラのヒト科は、アンテロープとカバの骨の他に、魚骨とカメの甲羅も遺跡に残した。同様に、トリニールのジャワ原人は、およそ200万年前に甲殻類を収集して食べていたらしい多量の証拠が得られている。幅広い動物資源の新規利用に関しては、カットマークを残したオルドゥヴァイの獣骨の推定復元体重がハリネズミからゾウにまで及んでいることを想起されたい。なんと広い範囲の獲物を利用できたことだろうか。

　古人類学者は、ホモ属が現代的になった時に彼らの地理的な分布範囲が拡大したという事実をよく引き合いに出す。しかしそうした拡大は、約180万年前に出アフリカして、旧世界の大半を覆った初期ホモの地理的分布範囲の拡大と比べると、規模という点では大したことはない。地理的分布範囲の初期ホモ以上の拡大は、あまり思い描けない。

　火の管理は、さらにもう一つの現代人的行動である。ただしゴーレン

＝インバーらが79万年前にイスラエルの遺跡で火の管理の行われていた証拠を明らかにしたことを除いてだが。彼女たちの研究チームは、別の作業用に場所を分けるという高度に構造化された居住空間を創るのは現代人にしかできないことだとする考えも覆した。彼女たちは、ゲシェール・ベノット・ヤアコフ遺跡で生活する場所が空間的に分離されていたことを示したのだ。同遺跡は、異なった作業はそれぞれの場所でなされていたことを裏付けている。言い換えればいわゆる「現代人的な」特徴の多くは、人類史上ではかなり早くに現れたし、それらはアフリカでは現代人以前のヒト科にも時々だが、伴うのだ。

持続していない？　アフリカでの現代人的行動

それでは「現代人の特徴」のこれらのリストは、無意味なものにすぎないのだろうか。かなり古い時代にまでさかのぼる多数の特徴は、ヒト科が初めて道具生活者の姿を現した時から「現代的」であったという意味なのだろうか？　ノーだ、そしてもう1度、ノーだ。

マクブレアティとブルックスの指摘は正しい。現代人的特徴の照合表を使うのは、簡単かもしれないが、誤解のもとになる。2人の行った見直し作業は、現代人的行動のすべては4万年前よりずっと前に現れ、しかも通常はアフリカで最初に出現している。それではなぜ誰もが、「人類革命」に関するそれ以前の総合化は不完全でヨーロッパ中心のデータだけに基づいた単純な間違いだったと評決を下さなかったのだろうか。

問題は、アフリカの証拠の質が貧弱だったり曖昧だったりすることにあるのではない。これらの特徴が孤立した、1度限りのものとして現れたのでもない。問題は、次のことなのだ。これらの特徴は忽然と現れたのではないし、1個所でしか現れたのでもない。芸術はアフリカで出現し、消え、他の大陸ではもっとはるか後に再出現する。貝殻製ビーズは、13万5000年前、9万1500年前、7万3400年前、である。これらは、ア

ルジェリア、モロッコ、イスラエル、南アフリカで現れる。それでもこれらは、線刻されたオーカー、投槍用尖頭器、洗練された石器とともに、7万年前頃には消え去る。これらの「現代人的」特徴の存在は、時代を通じて持続していないし、空間的に集まってもいないのだ。

人々は、これらの技術的進歩の一部を作り出し、その後に忘れてしまっただけなのだろうか。それとも小集団が時々、新種の道具を発明したり、新しい形式のコミュニケーションを創り出したのだろうか。その後に、その知識を次に受け渡さず、廃絶されただけだったのか。

懐疑論者を説得する難しさ

マクブレアティとブルックスは、完全に現代的な行動への移行は、特定できる革命として起こったのではなく、むしろ「気まぐれ」的だったと提唱している。2人の結論――人類革命はなかったが、それはこうした行動の散発的な発展、今すぐの発展でしかなかった――は、広く受け入れられているわけではない。2人に反対する懐疑論者は、ある遺跡の資料や別の遺跡の標本の解釈に異議を申し立てている。懐疑論者たちは、個々の特徴の最初の出現は早かったかもしれないが、特徴の持続的な行動パターンへというパッケージ全体が一緒に現れるのは遅く、おそらく5万～4万年前だったろう、としばしば指摘する。

マクブレアティは、その難しさを以下のように簡潔に説明する。

以下は考古記録で現代人的行動を確認する課題である。

    1　現代人的行動には遺物を伴う必要がある。

    2　その遺物は保存されねばならない。

    3　その遺物は正確に年代測定される必要がある。

    4　遺物製作者の種は正確に特定されねばならない。

    5　考古学者たちが遺物は進歩した認知や象徴的思考を表す行動の産物だということを認めねばならない。

さらに彼女は次のように続ける。

> だがたぶん最大の課題は、5番目の項目である。ヘンシルウッドとマリーンは、考古記録に残された進歩した認知の存在を証明する検証可能な基準として外在性の象徴の記憶装置を提起している。……この基準の適用は、歴史時代の記録と民族誌記録から知られる一部の社会の人間を除外することになるだろう。例えばアフリカで設営した私自身が暮らしたテントである。この中身が、もし20万年間も埋もれたとしたら、私を本当の人間と認める手がかりとなるのだろうかと時々疑問に思うのだ！

現代人の様々な集団との出遭い、交換で表れた「革命」

アフリカとヨーロッパの現代人的行動の起源の証拠は、それ以外にどのように統合して解釈できるのだろうか。

一番単純で、たぶん最高に魅力的な代替仮説は、以下のようなものだ。ヨーロッパで5万年前に現代人的行動が集中して現れたように見えるのは、解剖学的現代人集団がヨーロッパに到着した時、それぞれの集団がそれぞれに少しだけ異なった知識と現代人的行動の一部をもち込んだことにあるとする仮説である。現代人的行動のパッケージ採用を伴った革命が起こったというのは、ユーラシアでのアイデアと物財の以前よりも当てになる交換につながる人口密度の高まりによって引き起こされた幻想であったのかもしれない。現生人類の出現後に、人口が増え、それによってアイデアと物財が交換され、革命のように見えたのは、そうしたアイデアの発明ではなく、集団から集団への速やかな広がりというところが実態だったのではなかろうか。

確かに現生人類は、4万5000年前頃までにはユーラシア全体に拡大しつつあった。三つほど重要な遺跡を挙げれば、ルーマニアのペステラ・ク・オース（約4万1000年前）、中国の田园洞（Tianyuan Cave）（4万

2000年～3万9000年前)、サラワクのニアー洞窟（4万5000年～3万9000年前）などで現生人類の化石が発見されている。

　その後、彼らはオーストラリアに現れる。だがオーストラリアには、ボートかある種の航海手段がないと渡れない。彼らなりの航海手段を使って、現生人類は遅くとも4万年前にオーストラリアに到達していた。オーストラリア、ニューサウスウエールズ州のマンゴー3号骨格は、それくらい古いからである。(人骨はないが)西オーストラリアのデヴィルズ・レアといった遺跡などのように、4万5000年前頃にはサフル大大陸に現生人類がいたことを証明する別の良好な証拠も存在する。ウィリアム・ノーブルとイアン・デイヴィッドソンは、ボートの建造と外洋航海には言語を使う必要があったと主張している。現生人類が4万5000年前にアジア大陸からサフル大陸に渡っていたとすれば、彼らはそれよりいっそう早くにアジア大陸全体に拡大していたに違いないことも明らかだ。

　文明、現代性、進歩した認知能力、言語の始まり——それを何と呼びたいかはともかく——は、ヨーロッパ人が数世紀前からずっと好んで考えたのと違い、ヨーロッパで起こったのではないだろう。現代的行動は、旧世界の別の地域でアフリカ由来の現代人移民集団が出遭いを重ね、様々な知識、習慣、アイデアが交換されて、一緒になって出来あがったと考えた方が、ずっと納得しやすいだろう。

第10章
言葉の広がり

よそ者と遭遇する機会の増加

　情報を伝える役割を果たす象徴の手段としての言語を定義するのは可能だが、依然として大きな問題がいくつか残る。サリー・マクブレアティとアリソン・ブルックスが現代人的行動が一体となって出現したことに反駁したので、現代人的行動のどれが、象徴化と言語の出現を示すのかを今は問わねばならない。そして多くの研究者は、もはや現代人的な認知能力と現代人的行動能力がヨーロッパで突然かつ同時に現れたパッケージだとは考えてはいないだろうが、それでもなお次のように問わねばならない。これらの特徴を、何が結合させたのか、と。そして何が、人類進化の中で現代人的行動とその主要な産物である言語を出現させたのか、と。

　前の章で示したように、象徴的行動は13万年前頃から7万年前頃のある時期にアフリカのいくつもの地域で起こり始めたという多くの証拠がアフリカから得られている。オーカーやダチョウの卵殻に幾何学的模様を、繰り返しかつ意図的に線刻するような芸術作品や個人用の装身具の創造は、一定の自我の存在、つまり「お前たち」と「あいつら」に対して、「自分」と「我々」という新しい認知力の存在を語りかけている。明らかに人類史上初めて、人間の諸集団はよそ者としょっちゅう出くわすようになっていた。この意味でのよそ者とは、別の人間集団、生まれてから見たことも聞いたこともなかった人々である。よそ者と出遭うとすれば、自分の出自を示す記章が必要だろうし、自分たち自身の存在を表す記章を身に着けることだろう。

人間集団がさらに広い縄張りを求めて移動し始めるという生活様式の変化のために、よそ者と遭遇する確率は前よりも高まることになっただろう。あるいはそうではなく、そうした遭遇の機会は、単にある土地に人間が多くなり、人口密度が高まりつつあったから増えたのかもしれない。二つの解釈のどれを採るにしろ、いずれの解釈も、ホモ属が行動面で現代化した時、人間に利用されていた陸上食資源と海棲資源が以前より広範囲に利用されるようになったことと良く調和する。外に表示した象徴を通じてコミュニケーションを取ることも、明らかに進んでいた。だが、彼らは何を言ったのだろう。貝殻製ビーズのネックレスやオーカー片上の幾何学的線刻は、どんな意味があったのか？

ラスコー洞窟での衝撃と興奮

その意味とたぶん言語進化の背後にあったろう原動力を探るには、私たちの理解できる最初の象徴的表現を見ていく必要がある。これらは、最古の象徴とはほど遠く、動物を表現した目を見張るばかりの芸術作品である。芸術作品は壁面に描かれ、スラブ石に線刻され、粘土や岩石、木から彫刻されている。先史芸術は何千と知られているが、最古のそれは得体の知れないものだ。それがやっと3万5000年前頃に、人間は現代の私たちが観て理解できる象徴を創造し始めたのである。

そうした素晴らしい先史芸術の前にいると、私は興奮を覚える。今も生き生きと思い出す。1万7000年前頃のラスコー洞窟を訪れたことを。それは、西南フランスの晴れた、暑い夏の1日だった。夫（訳注　著名な古人類学者のアラン・ウォーカー）と私は、2人のイタリア人友人とともに、重要な化石や先史芸術の発見されているいくつかの遺跡を訪れるために旅行中であり、ラスコーは私たちの旅の最後の場所だった。私は、よく食べ、可愛らしい小さなホテルに泊まり、大いに笑ったことを覚えている。すでに美しい先史壁画や彫像はいくつか観ていた。

私たちの休暇の最後の日が、私に激しい衝撃を与えようとは何物も予告していなかった。

　1963年以後、ドルドーニュ地方にあるラスコー洞窟は、一般の人たちには閉鎖措置がとられていた。多くの訪問者の出入りで、有名な壁画が深刻なダメージを受けるようになっていたためである。それ以来、科学者か芸術家だけが、洞窟に入る許可を事前に（6カ月以上前に）申し込めるように変わった。私たちが申し込んだ時は、ガイドの他に5人までが週5日間のうち35分間だけ入場できた。現在、人間活動がラスコーの至高の芸術作品をゆっくりと蝕みつつあるカビの繁殖を促し、状況を悪化させているため、洞窟内での見学はさらに制限されている。幸いにも私たち4人はその許可を得られた。他に私たちの洞窟ツアーには、障害をもった女性詩人1人も加わった。

　洞窟に通じる舗装された歩道に、草が伸びた所から何枚もの青銅製の扉の入口まで降りていく幅の広い、浅い階段が取り付けられていた。それはまるでエジプトのファラオの墓の入口として造られたハリウッド映画のセットの一部であるかのように見えた。私たちを案内するガイドは鍵を開錠し、重々しい扉を開け、私たちを明るい陽光と暑さからヒンヤリした、薄暗い灯りのある洞内に招じ入れた。私たちは一人ひとり入念にホルムアルデヒドの入った浅い桶に靴を入れた。靴に付着しているかもしれない藻類や花粉を殺すためであった。外から入ってきた扉は注意深く閉められ、その後に次の段階へ行く扉が開けられた。まるで気密性の鳥小屋やチョウの飼育室に入ったかのような感じだった。外から何も中に入って来ないように、またその逆もないようにするための予防措置であった。

躍動する雄牛たち

　私たちは控えの間を離れ、躓きを防止するために低い位置に設置され

た薄暗い電球で照らされた狭い傾斜路——元の洞窟床面ではない——を恐る恐る降りていった。私たちは右手にあるヒンヤリとした、湿った鉄の手すりにつかまった。それは、女性詩人がその地形の所を安心して進むのに役立った。彼女は、私たち4人と同じように、かつて読み漁った芸術作品を見たいと決めたのだが、歩行の障害が彼女の努力の実現を私たちよりずっと困難にしていたのだ。

　洞窟そのものは、控えの間よりもずっと涼しかった。華氏52度（約11℃）で、洞窟はいつもこうだ。空間はとてもくつろげる感じで、小さいが、閉所恐怖症を起こさせるまでは狭苦しくはなかった。

　25ヤード（約23メートル）ほど進むと、ガイドが私たちを停めた。私たちは真っ暗闇の中に一瞬、立ちすくんだ。マジシャンのような直観で、ガイドは突然、灯りを点けた。すると私たちは、先史時代から抜け出てきたような巨大で生き生きした動物たちに囲まれていた。みんな、ハッと息を飲んだ。私たちは「雄牛の大広間」にいたのだ。

　私が以前に見たどんな図像も、たくさんの書物に出ていた鮮明な複製画のどんな研究も、ここで何が起こるかの心の準備をもたせていなかった。動物たちは巨大で——体長約九フィート（約2.7メートル）——美しかった。つまらない芸術によくある伝統的表現法は全くなかった。きちんとした長方形のスペースを作る枠も、注意深く目の高さに図像を置く配置も、地面の線も、背景も、一切なかった。躍動する雄牛、雄ジカ、ウマだけしか描かれていない。動物たちは洞窟の天井、壁面、突起、平坦面を覆い、旋回するように走り回っていて、私たち目がけて暗闇から飛びかかってくるようだった。私は一瞬だが、後ろに倒れそうに感じた。彩画は、信じられないほど大胆で、包み込むように見えた。

　ガイドが強い懐中電灯の光を使って、様々な彩画の特徴と描かれた動物をあれこれ説明し、それに目を向けさせても、私はほとんど聞いていなかった。分析、解釈、言葉は、全く不要だった。暗闇、光、そしてた

くさんの感動的な動物だけがあった。

「中国のウマ」の魅惑

　私たちは洞室から洞室へと観察を続けたが、ほとんど無言のまま、ゆっくりと移動した。「雄牛の大広間」は、一緒になって「彩画のギャラリー」へと変わった。掌状角を備えた堂々とした雄ジカが正面に立っていた。それから私たちはウマとウシの群れの続く洞窟の奥へと案内された。明らかに角を二つもっているけれども、まだ完全には正体を確認されていない一角獣として知られる変わった動物もいた。それは、マウンテンゴート（シロイワヤギ）の仲間なのかもしれない。

　ウマは、この上なく魅力的なラスコーの「中国のウマ」だった。ウマたちの恰幅の良い姿、ふさふさしたたてがみ、優美な脚が、古代の中国の像を昔の先史学者に彷彿とさせたことから、こう命名されている。ウマ女とも言うべき私の目には、このウマたちは、ポニーやいくぶんかずんぐりした小型の品種のウマ、例えばアイスランドホースやハフリンガーホースのように見えた。ウマたちは、ギャラリーを次から次へと駆け抜けていた。ウマの絵は、一部は冬毛、一部は夏毛、さらに明らかに斑点をもつ個体など、毛色と質感で様々な変異も見せている。狭いギャラリーに沿ってさらに奥へと歩いていく途中で、ウマは否応なく私の注意を惹きつけた。

　突然、私たちは洞内の曲がり角に出くわした。そこに、縦穴に転落しつつある1頭のウマの見事な絵が描かれていた。その絵は、もし私たちがガイドに案内されていなかったとすれば、私たちの身に起こったであろうことを示していた。その絵は有名で、見慣れたものであるけれども、これを観るのは、肉体に起こる驚きであり、衝撃だった。

死んだ男とバイソンの意味は

　私たちは、そこから曲がって引き返した。今度は、曲がって、狭くて天井の低い「側面の通廊」を通って、「線刻の部屋」に向かった。そこには洞窟の壁面といわず天井といわずに刻まれた、数百、おそらく数千もの狂ったような動物の線刻画があった。動物の上に別の動物を無秩序に転がり回らせ、覆い隠して、図像の意味の見直しを迫らせる。それらは、私には分からない何か特殊な意味が付け加えられているのだろう。地面に近い所の図像の大部分は、ヨーロッパの野生のウシであるオーロックスで、その上はシカ、さらにその上はウマとなり、ドーム状の天井を覆っている。

　乱れ描きのような線刻の部屋を抜けると、私たちは再び下り坂を下りた。悲しむべきことに詩人は、ここでは私たちについて来られなかった。

　それから狭い、螺旋状の「死んだ男の縦穴」に達した。左手に、他の図像と離れて、不安げに糞を落としている尾を立てた１頭のサイが描かれていた。私はこのサイの姿勢はアフリカで何度となく正確に見ていたので、サイが尾を振って広くまき散らしている糞のビチャビチャっと落ちる音が今にも聞こえてきそうだった。真ん中の図像は、倒れている、おそらくは死んでいる、ペニスを勃起させた男だ。だが男は、鳥のような嘴か仮面を付けた奇妙な頭をしていた。男の右手の近くには、杖か槍と思われる鳥の像を頭に付けた線形の物もあった。男を死に至らせたのは、頭を下げて、鋭い角で胸をえぐった１頭のバイソンだ。遺物は、バイソンに突き刺した槍の柄と解釈されるのが普通だ。刺されたバイソンは、部分的に腹部を切られたようにも見える。それがもとで、バイソンは凶暴な攻撃を引き起こしたのだろう。

　この作品は、いったい何を意味しているのだろうか？　それは、バイソンを狩猟することの警告、教訓物語なのか？　それともその絵の本当の意味は、大きな意義のある危険なイベントにその人物が勇敢であった

こと、その人物の神秘的で、大いに心を打つ行為であったことを頌えていただけなのか？

「泳ぐトナカイ」や「ネコ科のギャラリー」

　私たちは「線刻の部屋」を通って元の所に戻ると、さらに広い「主ギャラリー」に足を踏み入れた。そこで私たちは、さらにウマ、バイソン、原牛、アイベックス、それに点、中を線で分けられた方形、平行線模様といった謎めいた少数の幾何学図像を観た。これらの図像は、長年にわたって研究者たちに、網か罠を表しているとか、謎めいた象徴画だとか、さらにはシャーマンがトランス状態に入り始めた時に見た幻覚を表現しているなどといった論争を起こさせているものだ。

　一部の記号は、洞窟内で最高の反響と音響共振をもたらす場所の境界を定めている。そこに、赤と黒の2頭の大型バイソンが尻尾をつなげて描かれていた。さらに「泳ぐトナカイ」と呼ばれるシカが横に並ぶ魅力的な図像もあった。顎をもちあげたトナカイたちには、角、頭、首しか描かれていない。トナカイたちの体部があったと思われる場所は、深い曲がりくねった割れ目が占拠している。それは、トナカイたちが泳いで渡っている川を表しているようだ。

　主ギャラリーの末端は、絵や線刻がほとんどない、長い真っ直ぐの狭い通廊だった。それは、壁画のある区域の興奮と色彩の後に暗黒の中を進む長い道のように思えた。

　その後はついに壁がひっこみ、空間が大きくなった。私たちは「ネコ科のギャラリー」にいたのだ。ウマとバイソンに加えて、私が雌ライオンかほとんどたてがみのない雄ライオンと同定した6頭の見事なまでに線刻されたネコ科動物の図像が、そこにあった。最後にはピリオドのような、三つの赤い点が、一つの列の上にもう1列が置かれて2列になって描かれていた。

私たちはすべて視察し終えたが、それぞれの図像の研究には長い歳月がかかるだろう。それに私たちの吐く息が観に来た芸術作品を崩壊させる前に、洞窟を立ち去らねばならなかった。

　私たちは、瞬きをして、静かに、やや物悲しく感じつつ、洞窟を去った。数分間は、自分たちが体感してきた経験を表わせると思えるようなことは何も口に出せなかった。ラスコーの真の意味での芸術的壮大さは、驚異的であった。それを観られたことは、比較しようのない特権であったのだ。

正確に生態が写し取られた動物たち

　その後の旅行で私は、オーストラリアの岩陰で、カンガルーとバラマンディという魚の透視画像（エックス線画）も観るという幸運を得た。それらは、外面の特徴ばかりでなく、内臓や骨も描かれているために「エックス線画様式」と呼ばれる。それでもなお、私が観に行きたい場所のリストに載った先史芸術は数十にものぼる。ラスコー洞窟を見学して、私は先史芸術が何であるかを初めて心底、理解したのである。

　先史芸術は、太古から発せられた、今日でもなお聞くことができる非常に力強いコミュニケーション——心の底からの何かの意味の叫び——である。ブロンボス洞窟のオーカーの幾何学的模様が、さらに言えばもう少し後の有名なヨーロッパ、アフリカ、アジアの諸洞窟にある幾何学的模様がどんな意味なのかは私には分からない。しかし、ラスコーが何を意味しているのかは分かる。動物だ。動物こそ重要なのであり、これは、動物がどのような存在なのかを表していることなのだ。これを、読者はしかと記憶されたい。

　ラスコーや先史時代に制作された他の具象芸術は、非常に正確である。南アフリカ、クワズールー＝ナタール州のドラーケンスバーグに描かれたエランドの岩絵やフランスのカプ・ブラン出土のウマの彫像を観て

みればよい。誰であれ、それがどんな動物を表現しているのか疑う者はいないだろう。さらに描かれた色合い、冬毛と夏毛、交尾姿勢、敵からの防衛の構えなども観察されたい。トナカイが一列になって川の浅瀬を渡っている様、遥かな谷から見られるケナガマンモスの紛れもないシルエット、キリンの印象的な首を観てもよい。さらに怪我をしたサイがどんな風に突撃するのか、ウマたちはどのように崖から駆け下りるのか、うなるためにどんな風にしてライオンは鼻を出すのか、カンガルーの肝臓はどこにあるのか、どのようにしてヘビは太陽の下で懸命に滑るようにして進むのかも、観られるだろう。

先史芸術の目的は動物の情報の伝達

　感情的な衝撃はともかくとして——私が冷静になるのは難しいが——、これらの図像がどんな情報を伝え合いたいかは分析することができる。具象的な先史芸術を全体として見れば、フランス、ショーヴェ洞窟の3万2000年前の壁画創造から数千年前の南アメリカの壁画制作をひとくくりにすることだ。これらの情報の伝達は、人の住んだどの大陸でも、大きな年代幅で、民族の大きな差を超えて見られる。それでも意味合いや機能の手がかりを求めて最古の証拠を観察する私流の手続きに従えば、2、3の重要な点が明らかになってくる。

　先史芸術の目的は、疑問の余地なく情報の伝達である。コミュニケーションを取ることを意図された明確な鑑賞者は、いつもはっきりと決まっていたとは限らず、ともかく様々な人たちだったと思われる。しかし多くの芸術作品が洞窟奥深くと岩陰にあることから、鑑賞者は一般的な人々ではなく、集団で特別に選ばれた一部の人たちだったと推定される。

　先史芸術は、お互いが象徴的語彙の意味を知り合っていることを通じて、コミュニケートする、つまり意味を伝えているのだ。実際、その語

彙はかなり基本的なものであり、人間の心の中に深く埋め込まれているので、現代の私たちはたくさんのことを読むことができる。私が2万6000年以上前の壁画を観察し、今もなお私はその語彙を共有しているので壁画作者が何を物語ろうとしていたのかを知ることができることをまことに驚くべきものだと知るのである。

　私たちがともかくも理解できる先史芸術の圧倒的多数は、動物を描いている。もちろんヴィーナス像彫刻や人間、あるいは人間と動物のキメラの壁画や彫刻も存在する。しかしほとんどこの時代、先史人が工夫した外部記憶装置（壁画、小像、線画、スケッチ、彫刻）を通じて、動物こそが私たちの祖先が語り合った対象なのである。動物とその解剖学的な表現、その習性——動物と私たちの祖先との太古からのつながりで生まれた観察の成果である——は、記録して知識を共有するのに非常に重要だったので、人々はこれらの芸術作品を創造したのだ。

何が描かれなかったのか——人、植物、道具、風景……

　この情報がどれほど重要だったかをうかがうには、何が描かれなかったか、あるいはほとんど描かれていなかったを考えればよい。

　先史芸術では、人間はほとんど描かれていない。特別に重要だったと思われる人——時にはシャーマン、魔術師などと呼ばれている対象者——でさえも、である。だからロビン・ダンパーとティム・インゴールドは、今日の言語は主として社会的な関係と人間にまつわることに用いられていると指摘しているけれども、先史芸術で明らかで確かな証拠は別のように物語っていると私は考える。芸術家たちは人々の相互関係や関わり合いを描いていない。誰が誰かと結婚しているとか、誰が誰それの最高の槍を盗んだとか、誰が自分の縁者に獲物の一部を与えたとか、誰が特殊な技能の後継者だとか、誰が相手の分からない子をはらんだとか、などは描かれることはなかった。違うのだ。芸術家たちは、動物の

情報について交換していたのだ。

　先史芸術を観れば、植物、樹木、果実、塊茎、ナッツ——これらは芸術家たちに大きな関心があったに違いないのだが——も、私たちが傍受できる最古の会話の主題ではなかったことが分かる。古い先史芸術で植物資源が描かれる回数は、ごくごく少ないのだ。

　では、人類進化の最初の段階を魔法のように変えた発明品である道具や狩猟具はどうか？　それらも、ほとんど描かれることはなかった。あっても、真っ直ぐな線が槍を示し、直線につながった曲線が弓を示すという程度で、全くそっけない。そうした図像を、道具や狩猟具を作ったり使ったりしている説明書と解釈することは、誰もできない相談だろう。

　風景も、ごく稀にしか表現されない。1万4000年前のスペイン出土の石の平板に描かれた例が一つあるだけだ。それは、石板に線刻されたもので、その発見者は、川、山、湿地、それに動物を狩れる場所を示したものと解釈している。だがこの石板以外、重要な資源の在り場所や、例えば山、川、風雨から守られた谷、石器製作に適した岩石の露頭部、オーカーの埋まった地層などの地理的な特徴は、先史時代に記録されなかった。先史人は自分たちの地質学的環境を知っていたことは疑いないが、彼らは自分たちの身の回りの動物を彫刻、線刻、彩画で表現し始めてからやっと2万年後になるまで、環境を描きも彫刻もしなかったのである。

　どんな種類であれ、住居、小屋、隠れ場も描かれなかった。誰でも、そうした構造物は日常の暮らしに重要だったと考えるだろうが、描かれていないのだ。

　さらに動物は、先史芸術で普遍的に好まれる主題だが、昆虫、鳥、魚、爬虫類、小型哺乳類となると、ほとんど目にできない。先史芸術の支配的主題は、中型と大型の動物ばかりである。中・大型の動物とその動物たちの情報は、芸術家たちに最高度に重要だったに違いない。

　ここに挙げた情報全部が、芸術を媒介にして情報交換されるほどに重

要であったわけではないとしても、他の情報と比べて動物に関する情報がいかに重要だったことだろうか！

5万8000年前の顔料の製作工房、シブドゥ洞窟

　先史芸術のコストも、考えねばならない。誰かがたくさんの時間と労力、資源をこれらの図像の創造に投じた。彩画を描くには、顔料を集めたり、いくつか別々の場所から掘り出して時には長距離を運んできたりしなければならなかった。その顔料は、磨り潰して粉にし――骨の折れる努力だ――、適当なつなぎ材と混ぜ合わせる必要があった。何をつなぎに採用するかは、途方もない実験で決定されたことだろう。

　先史芸術家の一部が絵の具をどのように作ったかの手掛かりは、オーカーを処理した5万8000年前の工房から得られている。南アフリカ、クワズールー＝ナタール州のシブドゥ洞窟のそのオーカー処理工房は、最近、発掘調査された。

　ヴィッツワーテルスラント大学のリン・ウァドリーらのチームは、1平方メートル当たり235片という高い密度で実に8000点ものオーカー片をシブドゥ洞窟で発見した。居住層からは保存の良い4基の炉も検出された。灰層の上の面は、自然に固められ、きれいな白い薄層になっていた。炉は、オーカーを熱処理するために用いることができる。そうやって黄色いオーカーは、赤や褐色の様々な色調に変えられたのだろう。シブドゥの硬くなった炉の薄層は、オーカーを粉末に挽くための作業面やオーカーの粉の貯蔵庫として利用された。発掘では、使用された磨り石、オーカーの粉末、加工済みのオーカー塊と未加工のオーカー塊も出土した。一部のオーカー塊は、洞窟から1キロ離れた露頭からもってこられたが、産地が不明のものもあった。動物の脂肪を加えれば、このオーカーは膠として使える。その製品は、皮革処理にも役立つし、今日でも人の体の身体彩色用に、さらには装身具や壺、皮、住居の壁の彩色などに広

く使われている。

　絵の具は、容器の一種の漏水防止材にも使われたはずだし、特別に作られた道具で岩に彩画を描くのにも使われた。絵の具が作られる一方で、冷たくて暗い洞窟を照らすのに、樹脂、獣脂を燃やして灯明、松明が使われた。壁画を描くのに、時には洞窟内に足場も組まれた。

死活問題となっていた動物の精密な情報の記録

　また芸術家たちは、創作活動をしている間、どうやって暮らしていたのだろうか。おそらく他の誰かが、芸術家たちに食を提供していただろう。横に長い雄牛の列を描き、等身大のウマの列の浅浮き彫りを彫り、硬い岩壁にライオンの群れの輪郭を線刻するのには、多大な時間を要するからだ。芸術家が創作活動をしている間、誰かがその世話のために漿果を集め、獲物の狩りをしていたに違いない。さらにたぶん誰かが赤ん坊の面倒も見ていたに違いない！

　私見だが、上記のコストを考えれば私の抑えがたい結論は、動物の詳細な情報を記録することは、先史時代の人類にとって文字どおり生死に関わる問題だったというものだ。

　4万年前頃の具象芸術の爆発的出現は、人間と動物との深い関わりが初めて構築されて以来、積み重ねられてきた動物生態の観察が、どうにも管理できない程度にまで達したという事実を証明している。（もちろんこの「爆発」は、人類学者に5万～4万年前の「人類革命」と語らせた主要データの一部を構成している。）人間が動物についての情報をどんどん獲得していくにつれ、人間はますますその記憶に依存するようになり、その情報を他者に移転するようになった、と考える。動物についての詳しい情報の価値は上がった。それは、その情報を記録し、他の人間と共有する方法を発見した人たちに起こっていた適応的優位性が大きくなっただろうということだ。そして言語こそ、その方法だったのだ。

4万年前頃の具象芸術の出現は、その頃まで言語はまだ現れなかったことを示すものなのだろうか？　いや、違う。しかし具象芸術は、言語はその時までにすでに生まれていたことを確信させるのだ。もし言語がそれよりずっと前に、たぶん15万年前から7万5000年前の間に生成されていたとしても、私は驚かない。この時代に人間は、芸術と装身具を制作し、オーカーを使いつつあったからだ。その初期の芸術の意味を理解できさえすれば、どんな情報のやりとりがあったのか、よい考えも生まれるのだろうが。しかし私は、そのメッセージはかなり重要なものだったということの方に喜んで賭けようと思う。

音響効果を計算していた芸術家：音楽の誕生

　さらに他にもある。科学雑誌でその発見について書かれた報告を初めて読んで以来、絶えず思い浮かんできてやまないことだ。

　フランスの2人の科学者、エゴール・レツニコフとミシェル・ドヴォワは、壁画洞窟の音響効果を調査した。2人は、フランスの壁画洞窟3個所を5オクターブの範囲で、歌を歌い、笛を吹きながら、ゆっくりと歩く調査を行った。どこが共鳴効果が最高で、どんな音譜がもっとも強い共鳴の反響を作り出すか、詳しい地図上に正確に書き留めていった。その上で2人は自分たちが作った音響効果地図を、動物の全身像の描かれた壁画から単純な赤い点の列までの壁画の描かれた位置を示した図とを比べてみた。すると、それが見事なまでに一致することが分かった。すなわち壁画のほとんどは、良好な共鳴の得られる場所から3～4フィート（約1メートル）以内にあったのだ。反対に共鳴の乏しい場所は、比較的に壁画が少なかった。

　この発見は、洞窟壁画がどのように利用されたかに大きな示唆を与えるものだ。共鳴の大きいエリアに壁画が集中しているのは、音響が画像と一緒に利用されたことを示す。レツニコフは次のように語る。「共鳴の

ために、肉体全体が関与されることになる。時には敏感に。このアプローチは、基本的に身体的なものだ。この点で、音響と全体状況は**根源的**と言ってよいかもしれない。ほぼ完全に暗黒の中で、動物、つまりバイソンやマンモスの図像の真ん前や真下で作り出された音声への洞窟の返答を聞くことは、実際にかなり強烈な体験なのだ」（イタリックは原文）。

この結論には、反論できないと思われる。洞窟内部の図像と記号は、音響——たぶん音楽——がそれを観る者の体験をさらに強化するような場所に描かれていたからだ。フランスの壁画洞窟に私自身が訪れてから、視覚と音声のこれと同じ関係は、レツニコフとドヴォワに調査された3個所以外の他の多くの洞窟にも当てはまることを、私は知った。

その後、別の研究者のスティーヴン・ウォーラーも、ラスコーとフォン＝ド＝ゴームで音声の反響の研究を行った。ウォーラーは、有蹄類（ウマやシカ、原牛、バイソンなどの蹄をもった動物）の壁画は、音声が効果的に反響した区域の方により多く存在する一方、大型ネコ科動物のはるかに少ない絵は反響の乏しい区域に描かれていることを確認した。それらの素晴らしい壁画が鑑賞される機会が何であったにしろ、それは忘れがたい「ソン・エ・ルミエール（音と光）」体験であっただろう。

西南ドイツの3万5000年以上前のフルート

西南ドイツ、ホーレ・フェルス近くの洞窟群で3万5000年以上前のフルートが発見された事実は、それより前の時代にはなかったとしても、遅くともこの時代には人間は音楽を制作し、それを奏でていたことに疑いを抱く懐疑論者を沈黙させた。

ホーレ・フェルスでの2008年と2009年の発掘調査で、チュービンゲン大学のニコラス・コナートに指揮された研究者チームは、4点の精巧なフルート標本を発見した。3点は象牙製で、もう1点はハゲワシの橈骨（翼の骨）から作られていた。これまでのフルートの大半はただの断

片だったが、この骨製フルートはほぼ完全なので、これ以外の遺物も確実に同定され、復元できる。新しく見つかった骨製フルートは、長さ8.5インチ（約21.6センチ）を越え、五つの指穴は、その制作に際して開けられた穴であることを明らかに示している。このもっとも完全なフルート——それとおそらく他のすべても——は、先端のV字型開口部に斜めに口を当てて吹かれた。

　すぐ近くの遺跡のガイセンクレステルレ洞窟から、これとは別に3点のフルート——三つの指穴しか空いていないハクチョウの橈骨製の小型のフルート1点を含む——も、発見されている。それ以前にもフォーゲルヘルト洞窟で別のフルート断片が出土していたので、合わせて8点に達している。これらのフルートの最古の物は、放射線炭素で約4万年前（暦年）に年代測定された地層に由来するが、他の7点は3万5000～3万年前の幅に位置付けられる。現在のところこれらのフルートが、人間が音楽を制作していた最古の疑いのない証拠となっている。なおフォーゲルヘルト遺跡では、美しく彫刻された10点の動物を表現した小像という形の世界最古の具象表現された芸術品も出土している。年代は、3万1000～3万6000年前である。

音楽の効果で芸術を介したコミュニケーション

　これらの発見が示すのは、洞窟壁画と動産芸術が初めて制作された時、音楽がコミュニケーションの感情的影響を強めるためにすでに用いられていただろうということだ。芸術を通じて人から人へと伝えられていたその内容は、音楽を通じて、たぶん歌詞のある歌唱を通じても伝えられていたのだ。それは、すなわち発話である。このように芸術と言語のそれぞれの起源の間には、もう一つの結びつきが、そして人類史におけるこの時代のコミュニケーションの深い意味を傍証するもう一つの証拠の一部がある。

先史時代の具象芸術は、コミュニケーションに必須の要素——観衆、意味の共有された象徴の語彙、そして主題——をもっている。そして言語自体も、それらの必須要素を備えている。すなわち先史芸術は人間に制作され、コミュニケーションの役割を果たし、象徴的、社会的であり、そうやって（これらの例のように）描かれたのだ。芸術と言語という二つのシステムは、互いに強化し合うように用いられたであろう。受け手側の心に情報を埋め込むために。

言語は、芸術よりはるかに早く、ビーズとオーカーが初めて用いられ始めた10万年以上前に出現していたかもしれない。おそらく言語は、つっかえつっかえして始まった。そしてある程度進歩し、いったん途絶え、その後、数千、数万年かけて別の集団の中からもう1度、再出現し、ついに彼らは言語を備えて意味を共有し合う語彙をもった十分な大集団へと成長していったのだろう。

理論上は言語が生まれるには、十分な人口の大集団が必要なわけではない。理論上、必要なのは、言語を創造する2人以上の人間である。現実的にはそれらの人たちは、同じ場所に、同じ時に居合わせなければならず、また互いに意思を伝え合う価値のある実体をもたなければならない。言語が発展し、維持されるには、私が思うに、人々が言語を使い、洗練化させ、自分の子どもたちに教えるための意味を共有する有益な語彙を備えるのに十分なだけの臨界的な人口が必要であった。言い換えれば、動物との関わりが恒常的に接触を保ち合うほどにその土地の人口を十分に成長できるようになるまでは、持続していく言語は進歩できなかっただろう。そうなるまで言語は（優美な骨器の製作のように）、「現代人的」行動のパッチワーク状の考古記録を残して、発展しても、消滅し、やっとまた再生するということを繰り返していただろう。

動物とのつながりの深化が言語誕生へ

　そうした現代人的行動を、もう1度概観していこう。オーカーを利用し、芸術を制作し、祭祀を行い、自らの身を飾ること——これらが、どのように言語と関係したのかをうかがうのは容易だ。こうしたものは基本的にはコミュニケーションを伴う行動だからだ。では石器の規格化、道具製作のための幅広い素材の利用、狩りの成功率の向上、さらにもっと広げて火の管理、個々の居住空間の体系化、計画作り、航海手段の製作、人間の居住地の拡大は、どうだろうか？　これらの行動は、実際に言語とどんな関係があるのか？　答えは、たくさんあるわけではない。後者の諸特性は、観察を行い、推測を導き、後でまた利用できるように（体外にか体内にかの）何らかの手段で情報を記録できる能力のあったことを暗示する一定の知的基礎の存在を物語る。ただ後者の諸特性に関して、何一つとして言語とコミュニケーションの存在を直接には示していない。そうした行動は、言語の発展によって現れたのか、促進されたかしたのかもしれない。だがそうした行動は、それ自体が言語でもないし、コミュニケーションでもない。

　人類進化の最初の2段階を振り返ると、260万年前の石器の発明とともに始まった動物との関わりの開始を、まず見ることができる。その時点で、私たちの祖先は他の動物にそれまで以上の注意を払い、動物たちの情報をいっそう集める方向への淘汰圧に晒されるようになった。

　次にやってくる時間幅で見られるのは、人と動物との関係が徐々に強まり、さらに強化されるようになっていくことだった。動物についての知識はさらに詳細に及び、豊富になり、重要度を増し、人間に有利なものになった。たぶん10万年前には、そして4万年前までには確実に、そうした知識を蓄え、蓄えた知識を言語を通じて他者に伝えることが、人間の暮らしを強化する新種類の道具になった。言語は身体外の適応ではなく、身体的適応、私たちの脳に起こった、そして脳の各部分と、脳と

肺、横隔膜、喉頭、舌、口腔との間をつなぐ神経の配線に起こった変化だった。

　だが言語は、話されたすぐそばから消え去り、手中に保持しておくことは不可能で、したがって考古遺跡から発掘して取り上げられないものである。だから考古記録と化石記録から言語の存在を見つけられる唯一の方法は、言語の身体外の表現を見つけることである。単語は化石化しないし、時間をへて残ることはない。だが彫刻は残る。壁画も残る。線刻も残る。そして思いがけなくも、その意味するところは残るのである。

第11章
私のネコが玄関を開けるようねだる

言語による集合知の累積が社会発展へ

　複雑な情報を伝える手段としてのはっきりした完全な言語は、情報を重用する社会的動物に大きな適応的利益をもたらした。言語は、多くの目的をもった道具である。言語は、学習を促し、各個人が独力であらゆる原理・原則、事実を観察し、見つけ出す必要性を取り除く。

　ライプチヒにあるマックスプランク進化人類学研究所の人類学者ミカエル・トマゼッロは、「何が人類に言語やそれ以外の象徴を創造して使用することを、そして複雑な機器の製造技術を創造して維持することを、さらにまた複雑な社会組織と施設を創造して維持することを可能にさせるのか？」と、問いかける。彼の問いかけの核心を成す点は、個々の人間がこれらの進歩を担う張本人ではないということだ。「これらの物は、すべて集合知という産物だ。その中で、人間は何とかして自らの認知資源を集めてきたのだ」と、彼は主張する。

　言語は、人間が自分たちの共有する知識を集めるための仕組みである。言語のおかげで、専門化が容易になる。

　誰かが獲物を追っている間に、私は漿果を集めることができる。誰かが今晩食べる物を確保してくれる間に、私はマンモスの絵を描くことができる。そしてトマゼッロによれば、言語は人間の文化への主要な生物学的適応である。言語のおかげで、人間は事実だけでなく考えも──例えばこの目的のための道具を作る良い方法といったような考えも──、自分の集団の別の人間に伝えられるし、さらにそれを集団から集団へと伝えられるのだ。こうして技術革新と進歩が、さらなる改良法が生まれ

るまで持続していく。そうやってそれまでの状況から向上しつつ、文化全体が累積的に変化していく。人と動物との相互作用を留めた考古記録と化石記録に私たちが観ているのは、まさにこの種の向上の跡である。

だがヒトは、複雑な情報に依存し、あるいはまた知識の集合から利益を受ける唯一の社会的動物というわけではない。この理由で、研究者たちは、人間の言語と、他の動物との間に交わされる、あるいは動物内で行われるコミュニケーションとの違いを探ってきたのだ。

ペットも人とコミュニケーションをとろうとする

ペットを飼い、ペットに注意を払っている人なら誰でも、動物は人とコミュニケーションをとれることを知っている。実際、ペットを手に入れると、そのペットはすぐに自分の必要なことと望むことを分かってもらいたいと飼い主に教え始める。

外で排便したり排尿したりするように訓練することで愛犬に用便のしつけをしていると、誰もが考えるかもしれない。ネコがソファをひっかかないように訓練している、とみんなが考えているだろう。現実は、自分たちの欲求を理解してくれるように、イヌやネコは飼い主を訓練しているのだ。彼らは、「あなたがこのカーペットにおしっこをしてもらいたくなければ、今、私を外に出さねばならないんだよ」、「私と遊んでくれなければ、私は飽きて、ソファから糸を引っ張るよ」と言っているのだ。ペットは、可愛がって、餌が欲しい、一緒に遊んで、中に入れて、外に出して、散歩に連れて行って、などなどのたくさんの要求も非常に効果的に訴える。いつも注意を払ってくれる物分かりの早い飼い主をもったペットは、幅広い感情と要求を表せる。それで、飼い主はその要求に応じることでペットへの理解を示すのだ。

実験下の檻の中に入れられた状態の動物は、さらにいっそう洗練されたコミュニケーションをとることができる。教育された類人猿は、300

語以上の語彙と簡単な構文を使うが、数語を結びつけて文章にはできない。ここにもまた、人では約 400 語が文法を使う能力の始まる前に必要な語彙サイズの重要な閾値だと結論付けたベイツとグッドマンによる発見の繰り返しがある。

世界最高の道具製作するボノボであるカンジは、世界でも最も言語に練達した動物でもある。事実、スー・サヴェッジ゠ランボーにカンジに石器作りを教えようとすることができるかどうかを尋ね、それを試みようとニック・トスに決意させたのは、人間から言語を学ぶことに——人間からの学び方も学ぶことに——カンジがおそらく熟達しているだろうという見通しだった。

カンジの個人史

ボノボの言語実験は、カンジの興味深い個人史を背景にすると一番分かりやすい。カンジは、飼育下で育てられたローレルを母親に、1980 年 10 月 28 日に生まれた。もし普通に事態が進んでいたら、カンジは母のローレルと一緒にサンディエゴ動物園に戻ってきただろうが、ローレルが交配のために一時的に貸し出されていたボノボのコロニーで、カンジは生まれた。ローレルは乳児を育てた経験がなかったので、飼育係はローレルが自分の仔を傷つけたり、仔に関心を示さなかったりするのではないか、と心配した。飼育係は、カンジが生まれた後、ことの成り行きを近くで観察した。実際にローレルは、ひどく疲れ、混乱していた。

コロニーの他のボノボが、カンジに強い関心を示した。特にマタタは、そうだった。マタタは、野生で育った、子育て経験のある、少し前に母親になったばかりの雌だった。カンジの出生した直後に、慣れない出産で錯乱していたローレルから何とかしてカンジを掠おうと画策した。自分のアカンボウに加え、さらにカンジの世話もしようと、マタタはそれはよく頑張った。そのため数時間後に、もうローレルは高順位のマタタ

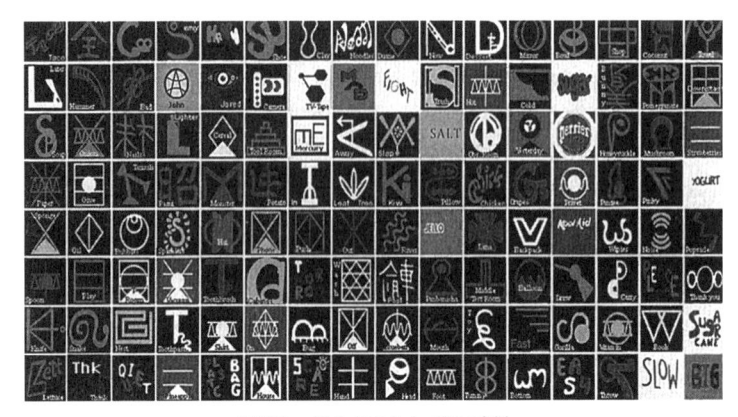

図 24 ボノボのシンボル言語
カンジ、パンバニシャ、その他のボノボは、ここに示されたような絵文字を押して一定の語を伝え合うことを学んでいる。絵文字は、語と無関係の恣意的なシンボルである。ボノボによって用いられる単語として、形容詞、動詞、名詞がある。

からカンジを取り戻そうとするのを諦めてしまった。

　その時にすでにマタタは、スーと彼女の同僚がシンボルの使用を通じてチンプとボノボに言語を教えようとしていた実験の被験者になっていた。

　初めのうち実験に使われたシンボルは、紙の上に描かれたものだったが、今ではその研究は、コンピューターのタッチパネルに頼っている。それぞれのシンボル、つまり絵文字は特定の単語を表しているが、シンボルは恣意的であり、その物の絵ではなかった。特定のシンボルは、例えばボールやヨーグルトのような特定の物、あるいはくすぐりや追いかけっこのような特定の活動を表しているのだとマタタは少しずつ理解していくだろうとの発想だった。スー・サヴェッジ＝ランボーと他の研究者たちは、それぞれの単語を大声で発音し、それと同時にシンボルを押した（図24）。サヴェッジ＝ランボーは、前に2頭のチンパンジー——シャーマンとオースティン——を相手に、絵文字を通じて相互に意思を

伝え合えるように2頭を教えようと研究していたので、最初はマタタに身近でその作業に取り組ませねばならないと分かっていた。

「賢いハンス」は動物と人とのコミュニケーション例

どんなコミュニケーションでも鍵になる前提条件は、他の個体の行動にしっかりと注意を払うことだ。アーサー・ミラーの戯曲『セールスマンの死 (*Death of a Salesman*)』（邦訳、ハヤカワ演劇文庫、倉橋健訳）で主人公ウィリィ・ローマンの妻が要求するように、「注意を払わなければならない」。この原則は、コミュニケーションが2人の人間の間でなされようと、2頭の類人猿の間であろうと、あるいはまた種の境界を越えてのものであろうと、変わりなく当てはまる。情報が伝えられているのを知ることに十分な注意を払っていなければ、どんなに熱意をもって伝えられても、誰も情報を受け留めようとしないだろう。

サヴェッジ＝ランボーと協力者は、マタタに正解の合図を不注意に送らないよう、かなり注意深く実験を進めねばならなかった。「賢いハンス」現象は、動物の言語研究に長年にわたってつきまとっていたからだ。

「賢いハンス」とは、人の言葉を理解できるとして、1900年代初頭のドイツで有名になったウマだ。ベルリンの退職教師だったヴィルヘルム・フォン・オステンは、文字を示すのに、特定の回数、蹄を打つようにハンスを仕込んだ。順序正しく蹄を打つことで、ハンスは単純な算数の計算をできるようになった。答えを、やはり蹄で回答したのだ。ハンスは、その賢さの検証を受けるまではヨーロッパ中の話題をさらった。その検証で、ハンスの調教師がいつ蹄を打つのを止めるのかという合図を不注意にハンスに送っていたことが明らかになったのだ。「賢いハンス」現象は、どんな動物にも言語を教えられないと信じている懐疑論者にしばしば例として挙げられる。

この悲劇は、同時にハンスが実際に人とコミュニケーションをしてい

て、微妙な人の動きを理解できることも実証した。ハンスは話したのか？いや、違う。声でではない。だがハンスは、調教師からの情報を受けて、反応していた。調教師の行動によってであることを、ハンスは明らかにした。コミュニケーションは、言語が作られる基礎である。私見によれば「賢いハンス」現象は、動物に言語を教えられない失敗談ではなく、むしろ種の境界を越えてかなり洗練されたレベルのコミュニケーションを達成できるという成功物語と言えるのだ。私の愛馬の前のトレイナーがよく言っていたように、「言語の起源に関心をもっている人たちはレール（rail）からはみ出して、トレイナーがウマを訓練（train）しているのをなぜ観察しないんですかね？」。

座って教えるだけの行き詰まり

さてマタタは、熱心に学ぼうとしたけれども、サヴェッジ＝ランボーとコンピューターのキーボードに関心を集中させることがいつも簡単なわけではなかった。生後6カ月のカンジも部屋にいて、走り回ったり、じゃれたり、飛び跳ねたり、キーキーと悲鳴を上げたり、時にはキーを押したりといったように、ほとんどの場合、みんなの気を散らせていたからである。

カンジは2歳になる頃までに、枠内のシンボルの意味を理解するようになっていた。そして正しいキーを押すことで自分に教えるようにサヴェッジ＝ランボーに懇願するようにさえなった。一方でマタタは、訓練に青息吐息であった。マタタは、3万回もの試行の後でもたった六つのシンボルしか覚えられなかったうえに、飲み込みにもムラがあった。マタタは、何かを要求をするのには——リンゴが欲しいと願うのにキーを押した——絵文字を利用できたが、研究者がリンゴをもち上げて見せれば、マタタはもうリンゴを指定する正確なキーを押そうとはしなかった。マタタはキーを押すのは望ましいことだとは理解したようだが、物

とシンボルの関係を実際には理解していなかったのだ。

その後、マタタとカンジが暮らし、サヴェッジ＝ランボーが研究場所にしていたアトランタのヤーキス国立霊長類研究センターは、カンジの父親であるボソンジョとまた繁殖させるために、マタタを数カ月間、元の野外ステーションに戻すことを決めた。その間、カンジは後に残って、言語訓練を始めたのだ。

マタタがいなくなった後に、カンジの最初の訓練期間が始まり、カンジはすぐにキーボードを使い始めた。懇切丁寧な指示がなくても、カンジはシンボルが何であるかを学び、8種類の絵文字を覚えた。もっと重要なのは、絵文字がサヴェッジ＝ランボーや他の研究者と意思を伝え合う鍵となることをカンジが理解したことである。だがサヴェッジ＝ランボーは、カンジにどの程度理解したのかを注意深くテストしたり、新しい絵文字を学べるだけの間、じっと座って居させることはほとんど不可能だとやがて悟った。たぶん算数の教室で九九表を叩き込むのに似たこのアプローチと、マタタの年のいった年齢（訓練を始めた時、マタタは10歳になっていた）が、2年以上にわたる3万回もの訓練でマタタがたった六つのシンボルしか覚えられなかった理由だったのだ。

サヴェッジ＝ランボーは、型どおりの教え方とテストを早々と諦められるだけの十分な洞察力をもっていた。そうする代わりに彼女は、カンジの言語習得を大きくさせ、その達成度をテストするために、ゲームを使い、言語といつも向き合う環境を整えることに決めた。

環境整えて学習が進んだが、カンジはまだ400語以下

彼女は、カンジを森の中の散歩に連れ出すことを始めた。その森の中の17個所の場所には、それぞれ別々の食物と互いに遊べるゲームが設置された。そこには学習に使うための絵文字を映すスクリーンの携帯型も設置しておいた。カンジとスー・サヴェッジ＝ランボーがお互いに関

心のあるであろうことを語り合える物を、彼女は作ったのだ。それはつまりがサヴェッジ＝ランボーとカンジが毎日やっていることとしたいと思っていること、である。

　この手法は、人間の乳児と幼児が言語を学ぶやり方に限りなく近い。人間の幼児は、何か物事をして、出来事や考え、物、計画をいつも話している人々に囲まれて暮らしている。そこで子どもたちは無意識のうちに人間の仲間から言語を吸収するのである。

　カンジの語彙は、サヴェッジ＝ランボーの新しいやり方で劇的に増加した。カンジの異父妹のパンバニシャや他のボノボも、今ではこの方法に従って育てられ、言語に触れている。この調査研究をさらに知ろうと、私が（彼らが今、暮らしている）大型類人猿トラストを訪れた2009年、ボノボたちに使われているタッチパネル上には384の絵文字があった。

　訓練が始まって30年ほどがたったが、カンジの操れる語彙は、文法能力が一気に上がるという400語の閾値にまだ達していない。サヴェッジ＝ランボーと大型類人猿トラストの科学研究部門長であるビル・フィールズは、カンジは話し言葉の英語ならもっと多くの単語を理解していると言っている。サヴェッジ＝ランボーとデュアン・ランボーによれば、人間と同じようにボノボでも、会話より前に言語理解が形成されているのだという。2人は、会話の理解は、言語の基礎だと提唱している。

節や再帰性構造の複雑な文も理解するカンジ

　ボノボの言語能力の一側面としての言葉理解は、今では計測されつつある。ともかくカンジは節や再帰性構造のある複雑な文——人間だけが理解できるとチョムスキーが主張している文——を理解できることを実証してきた。

　カンジがそれを理解している証拠は、彼のとる行動の中にある。カンジがコミュニケーションを理解していることは、例えば「そのボールを

川に投げることができるかい？」という要望に、カンジが正確に応えられることからも明らかだ。カンジの反応は、自分への要望を理解して、そのとおりに実行することばかりではなく、川に玩具を投げないという前からの規則さえ破るのもこの場合は受け入れようと決断することも含んでいた。カンジの言語能力の記録により客観性をもたせられるように、サヴェッジ＝ランボーは理解のテストとして行動を用いたのだ。

カンジの言語使用の成果は、人の幼児よりわずかに少ないし——サヴェッジ＝ランボーはカンジが約3000語を理解できると信じているが今は約400語——、カンジの言語の自由に使える能力は人間の普通の幼児が使える能力より遅れている。生後30カ月の幼児のもつ語彙は約500語であり、幼児が自分自身を表現し、ちょっと複雑な話もできるようになる能力、そして文法を使える能力は、それから劇的に増強され始める。さらに平均的な高校卒業生の語彙は、類人猿の習得度をはるかに上回り、約6万語にもなる。

重要な点は、カンジや他のボノボが人間のようには言語を学べないし、学んでも来なかったということではない。実際、ボノボは、まず最初に理解ができて、次に表現が続くという人間と同じ基本的順序どおりに学んでいたように思う。しかしボノボは、語彙サイズの第2の重要な閾値に（まだ）達していない。だから、ボノボの複雑な発話と文法が人間のレベルより遅れるのも、たぶん当然とも言えるのだ。ひょとしたら複雑な発話と文法は、低いレベルに留まり続け、今後も進歩しないかもしれない。要点は、カンジはボノボにしてはかなり進歩したレベルで人とコミュニケーションをとることを**学んだ**ということだ。少なくともある程度の脳神経の連絡が出来ていて、知的能力があることを示している。

カンジの文の傾向としては、短い文で、人間の基準で言えばお恥ずかしい限りだ。コンピューターで合成された声による単語は、人間の抑揚と少しも似ていないのである。

人間と動物とのコミュニケーションの可能性

　もう一つの問題は、絵文字とパネルを使うのは、面倒な仕掛けだということだ。絵文字パネルで繰り返し対話すれば、人間でさえもしばしば曖昧性解消項目を欠いた、ロボットのようでつまらない文を作る。その仕組みがもっと洗練されていたとしても、カンジがさらに複雑な文を作れるかどうかは分からない。たとえ絵文字の中に曖昧性解消項目となりそうな物があったとしても、私がそのマシーンを使っていたとして、普通の速さで何かを発話をするために多くの曖昧性解消項目の絵文字を除外する気にさせられただろう。動物と人間とのコミュニケーションは、全くぎこちないのだ。そしてもちろん、動物に言語を教える人間は、類人猿やオウム、イルカの言語ではなく、人間の言語を動物に教えようとしているということも忘れてはならない。

　どんな動物の訓練士も承知しているように、動物との最初のコミュニケーション——最初のごまかしでもある——は、最も困難だ。個々のウマ、イヌ、ボノボ、ライオンが人間との特別なコミュニケーションを一つ学んだ後は、第2のごまかしははるかに容易になり、3番目となるとさらに楽になる。

　優れた動物訓練士であり、哲学者、エッセイスト、詩人でもあったヴィスキ・ハーンは、2001年に亡くなったが、その前に他の動物と対話をするプロセスを他の誰よりも同等かそれ以上に良く理解していた。彼女は、この「学ぶことを学ぶ」期間を一連の共通価値の確立と呼んだ。その中で動物は、人間とコミュニケーションを取ろうとすることがやり甲斐のあることであり、有意義だと信じるようになるのだという。

　多くの動物の訓練士のように、ハーンは対話の隠喩を用いて、動物と人間とのコミュニケーションのことを言った。音声でのコミュニケーションが表現されるすべてではないが、イヌ、ウマ、オオカミ、ネコ、他の動物たちは、人間に「話しかける」と、よく言われる。この一種の

「話しかけ」には、発話と同じくらい身振り言語やゼスチャーも含まれるだろう。この動物間のコミュニケーションを「話しかけ」と呼ぶことは、不精で、会話優越の私たちの省略表現である。

子どもにも積極的には教えないチンパンジー

ハーンの核心となる点の一つは、動物間コミュニケーションのための優れた能力は、まずコミュニケーションが可能だという認識の上に打ち立てられているということだ。動物が——あるいは人間が——他の動物とのコミュニケーションが可能だと、あるいは興味深いものだと考えなければ、全くそのための注意は払われないだろうし、そうしたメッセージを送られも受けとめられもしないだろう。

ここに、人間とチンパンジーとの間の想像もできない、目立った違いの一つがある。チンプが他のチンプに積極的に何かを教えた例は稀にしか観察されていない。数十年間のチンプ観察歴の中でほんの数例が知られているだけだ。チンプは——そしてボノボも——、ある事を他の個体に演じたり見せたりはするが、人間が教育現場で普通に行っている激励をするようなことはない。もちろん人間の激励のほとんどは言葉によるもので、それは言葉を話せない動物ではおそらくありえないことも一因なのだろう。だが他の個体を助けるという意味では、手を（足や脚、その他何でも）使って姿勢を身体的に正すことによる模範化も可能なはずだ。これもまた、チンパンジーにはほとんど見られないのである。

アカンボウのチンパンジーは、母親を熱心に観察するけれども、母親はそうではない。驚くべきことだが、母親は我が子を熱心に監視していないし、重要な技術を学べる手助けもしようとしない。若いチンパンジーが石の金床とハンマー石を使ってナッツを割る様子を研究した後、関西学院大学の中村＝井上典子と京都大学の松沢哲郎は、自分たちの研究で、チンプの母親は自分の子どもに積極的な指導を全くしなかったし、正確

な行動をできるように何らの社会的強化策もとらなかったとコメントしている。(人間にとって)ショッキングだが、「チンパンジーの母親の自分の子どもに対する態度の特徴は、子どものチンパンジーがナッツ割り行動を習得できるように教えようという姿勢の全く欠けていることである」。

注意を引きつけてコミュニケーションをとる努力

他者へのこの気遣いの欠如が、チンプが言語を使えないことの基本的要因なのだろうか。それとも指導は、容易に捕らえにくいレベルで行われているだけなのだろうか。

スー・サヴェッジ＝ランボーは、ボノボは、積極的な教え方はしないが、分かりにくい実演と返答で互いに教え合っているので、チンプにも同じことは言えるだろうと主張する。

しかしウィリアム・アンド・メアリー大学のバーバラ・J・キングは、類人猿のコミュニケーションを相互規定されたダンス、すなわち身振り言語とゼスチャーを通じての意味の分かりにくい創造だと分析している。彼女の研究で強調されているのは、捕らえにくい僅かな相互関係の中で、それぞれの動物が他者を認識することの意味である。またジル・プルエッツは、ガボンの母親のチンパンジーは、自分の子どもに、槍の使い方、その槍の木の洞への差し込み方、槍が中の獲物に当たったかを調べるために、その後で槍の先の嗅ぎ方を教えていることを観察している。

確かにチンプとボノボは、訓練と人間の関与で初歩的言語を学べる。またサヴェッジ＝ランボーもハーンも知っているように、ボノボ(と他の動物)の訓練に向けた最初のステップは、その注意を引きつけることだ。注意を引きつけられなければ、相互の注意、すなわちコミュニケーションは全く不可能だ。またトマゼッロなら説くだろうが、特徴として

の一方向だけの動きを伴った文化の創造もない。

　第2の重要なポイントは、人間は別の動物とコミュニケーションをとることの意義をしばしば評価し損なっていることだ。これが、たぶん一部の言語学者が賢いハンス現象は「ただのごまかし」であり、驚異的な飛躍ではないとみなす理由なのだ。

　動物に向けられるどうでもいいような注目——例えば「それなら可愛いワンちゃんは誰なのかな？」など——は、動物のことを正確に理解していないかもしれず、コミュニケーションの欠如もほとんど問題にしていないことが的を射ていることを表すものだ。しかし時には本当に重要なことが、動物に話しかけるようなことが言われ、よく理解されていることもある。「こいつは私と同じ動物だ、これは自分にとって不可欠な存在なんだ」。あるいは「おまえがこんなことしたら、私は死んじゃうよ」——これは、乗馬の初心者にしばしば見られる考えだ。コミュニケーションが不可欠で、緊急を要するものに近い時、そのことは大きなメリットとなる。しかし他の動物とコミュニケーションをとれる能力は、たぶんより大きくて、重要な才能と言えるだろう。その能力は、両方の動物の知性と感情の範囲を広げるからだ。

見逃してはならない動物の反応の一瞬の機会

　有意義なコミュニケーションに達するには、人間も動物も、まるで宇宙深部に何度も繰り返して電波の信号を送り、それを宇宙人が解読し、返信してくれることを求めるように、漠然とした希望で合図を送らねばならない。それと同じくらい重要なのは、返信が来るとすれば、それが来た時に、返信を認識することである。

　訓練士は、新しく来た子犬に対して、まず「トルロー、**お座り**」と口に出して命令するだろう。トルローが「**お座り**」という言葉は身体的な行動を意味していることを理解するまで、子犬にお座りの姿勢をとらせ

る目的で何度も何度も身体的に強制される。トルローの心の中に、二つの関係が結びついたら、トルローは命令に応じて進んで座ることによって、それから訓練士の反応を、認定をうかがって、自分がそれを理解したことを示すだろう。

「トルロー、**お座り**」という命令は、「いい子だねぇー」という声かけや愛情表現として軽く叩くという報酬も加わり、さらに何度も繰り返されることもある。その後にやっと、型通りの**お座り**が必要とする概念が理解されるのだ。

イヌの訓練では、型通りの**お座り**は、直接的で、明確、またよく均衡がとれている。その命令は、気を付けの姿勢で立つことが単純に立つことと違うように、単純な「座れ」とは異なる。イヌの訓練の型通りの**お座り**は、快諾、注意、喜んで服従すること、そしてなされるべき任務の期待を表することなのだ。イヌが正確に行った最初の型通りの**お座り**は、もともとは「これが**お座り**の意味なのか？」と聞いているのである。訓練とコミュニケーションをそれからも続ける予定ならそのただ一つの答えは、「そうだ、それが**お座り**なんだよ！」となる。その一瞬を逃したり、その分かって当然の意味を把握し損なったとしたら、訓練はそれからもずっとずっと長くかかるし、ひょっとすると成功しないかもしれない。

人間とボノボの対話をなし遂げた途方もない瞬間

人間と動物が互いに敬意を表しあって適切に対話をしたその輝かしい瞬間、そして対話が始まっていると完全に気がついた時に、不思議なことが起こる。もちろん時には動物が対話の口火を切り、答えるのが人間、ということもある。読者がかつて動物とのコミュニケーションを行ったことがあるとすれば、私の意味することは分かるはずだ。どちら側が対話を開始しようと、本当のコミュニケーションのその瞬間、人と動物と

は価値、すなわちそれぞれの存在を形作る共通の価値の共有されていることが分かる。たとえ束の間の一瞬であろうと、他の動物の一員に意味のあることを語りかける方法、その動物の返した答えを聞く方法を人々は見つけたのだ。人と動物のそうした相互関係は、感動的であり、心強い。

M & Ms（サヴェッジ＝ランボーとその夫のこと）を探すために特定の場所に行きたいという自分の関心を表すためにカンジがパネルの一連の絵文字を押す時、実際に何が起こっているのだろうか。カンジが渡して欲しいと頼まれて、サヴェッジ＝ランボーに赤い帽子でなく、青い帽子を手渡す時、何が起こっているのか。

起こっているのは、コミュニケーションである。つまりボノボと人間の間でなされる、現実の、間違いのない伝達と意味の受け取りだ。このコミュニケーションが2種の動物間でできたこと――実際に行われている――は、驚くべき偉業だ。そのとおり、この点に達するために、何カ月もの訓練と野生では起こる可能性がほとんどあり得ない、集中的な2種間の働きかけが行われた。誰1人として野生のボノボが言語をもっていると唱えたことはなかったし、野生状態で人間とコミュニケーションをとるために言語を使うと主張したこともなかった。それでもサヴェッジ＝ランボーとカンジが何が進んでいるかを初めて知った瞬間、両者の間でコミュニケーションが交わされていると初めて認知された瞬間は、途方もないことだったのは間違いない。

ヘレン・ケラーが言語の獲得した瞬間

これと酷似した種類の飛躍は、劇作家ウィリアム・ギブスンの脚本『奇跡の人（*The Miracle Worker*）』でも上演されている。それは、ヘレン・ケラー、すなわち1882年に生後19カ月で猩紅熱に罹って聴覚と視覚を失った少女の物語である。

自分の家族とコミュニケーションをとることもできず、家族の存在を理解することもできなかったヘレンは、粗野で手に負えない子どもとなった。6歳になった時、両親はアニー・サリバンを説得し、ヘレンの教育を何とかして欲しいと家庭教師に雇った。アニーは、パーキンス盲学校（Perkins School for the Blind）出身の元生徒だった。彼女自身、視覚障害をもっていたが、会話と手話の熟練者であった。アニーはまずヘレンの手のひらに文字の綴りを書き、ヘレンにこの新しい感覚とその語が指す物との関連を分からせようとすることから始めた。この劇のクライマックスは、ヘレンが突然、その関係を理解した時である。自伝で、ヘレンは次のように書いている。

　　私はじっと立ったままで、全神経を彼女の指の動きに集中させた。突然、私は忘れていたことについての霞のかかったような意識——思考の戻るゾクゾクとした感じを覚えた。そして何とか言語の神秘的魅力が私の上に舞い降りたのだ。私は、『w-a-t-e-r』が自分の手の上を流れる何か素晴らしい冷たい物を意味することを知った。その生き生きした語は、私の魂を目覚めさせ、魂に光、希望、喜びを与え、魂を自由に解き放った！　それでもまだ障壁があったのは事実だが、それは時とともに一掃できる障壁だった。……すべての物が名前をもっていた、そしてそれぞれの名前が新しい考えを引き起こしたのだ。

　その大飛躍の一部は、ヘレンが猩紅熱に罹る前に話す能力を身につけていたからかもしれないが、彼女の物語は劇的である。だが言語の起源には、2人の人間が突然、自分たちが情報を共有できることを見出した、ヘレンのような数多くの瞬間の含まれていたことは疑うことはできない。ヘレンにとって、また耳の聞こえる多くの子どもたちにとってもそうであるように、物の名前を知ることは彼女の世界に君臨する力を得て、自分自身と自分の人生を制御できることの第1段階だったのだ。

人類で獲得された言語は思考を整理・発展させた

　これと良く似た理解は、13歳になるまで人間とのコミュニケーションから切り離されていた虐待された子のジェニーにも起こった。多数の書籍、記事、ビデオに記録されているが、世の中の物には名前があり、罰を受けることなくその名前を声に出して言うことが許されていると理解するや、ジェニーはできる限りの多くの物の名前を貪欲に学ぶようになったのだ。単語を学ぶ喜びとそれまで長期にわたってジェニーが奪われてきた体験が、知性の爆発に似たことを引き起こしたようだ。

　ジェニーの体験もヘレンのそれも、人間がどのようにして初めて言語を創造し、進化させたのかを教えてくれるわけではない。2人の体験が教えてくれるのは、情報を符号化し、伝えられる能力は、現代人にとっていかに力強いものなのかということである。

　人類の進化史で、どんどん効率的になってきたコミュニケーションをとり合う能力が、そうした大飛躍の後に急激に拡大したのも不可避だったように思える。そしてこの新しい強力な能力である言語は、それを保持するにいたった人々の暮らしを一変させた。チョムスキーが指摘するように、言語の一部は思考を整理し、発展させるのにも使われるのである。

　言語は、集団内で働き、暮らすための重要な社会的、経済的機能ももっている。ただ正直に言うと言語は、必ずしも他の個体と協力して働くために必要というわけでもない。（私たちの知る限り）ライオンは言語をもたないが、それでもいつも他の個体と協力して狩りをしている。多くの動物は、人間が検知できるような明確な言語による同意がなくても、群れの他のメンバーが食物を採りに行っている間、子守や歩哨役のような仕事を分担している。多くの霊長類も、複雑な社会生活を営み、言語がなくても、移り変わりつつある個体間同盟と社会性の群れの中で各メンバーのいつも変わる順位の跡を密接に記憶している。言語がなくてもコ

ミュニケーションは可能だし、広い範囲に及ぶのは明らかだが、計画作り、群れを効率的な社会単位へとつなぐこと、複雑な協力関係は、言語で促進されるのも確かなのである。

　分業が始まって専業化が発展したのも、言語の力であっただろう。例えば優秀なハンターは、得た肉を別の人間の手で上手に作られた良質の石器と交換できただろう。獲物の動物の習性についての価値のある情報を壁画や彫刻で記録した芸術家は、他人の知識や経験による情報をさらに付け加えることができただろう。言語のおかげで、自分で直接に見たり聞いたりしたことだけに頼る必要はもはやなくなった。自分の情報は、他人の経験で補充できるようになった。有利な機会の革命的な新しい景色が幕開けしたのである。

　言語は、人間にとって、そして人間の周辺にいる動物たちにとっても、新しい世界の誕生の引き金を引いた。言語のおかげで動物について語ることが可能になり、やがて動物たちとも語り合うことができるようになったからである。

第12章
共に暮らす

3万2000年前に始まった人類進化の最後の大飛躍

　言語と呼んでいる複雑で、洗練されたやり方で他人とのコミュニケーションのとり方を学んだのは、見事と言っていいほどの達成だった。言語をもつ者に生じる淘汰上の優位性の中には、一部は他の個体に密接な注意を払うことをただ学んだということ、そして一部は心理学者が「心の理論（ToM）」と呼ぶものに基礎を置くものがある。

　本質的に心の理論とは、他者が心、感情、自分自身とは違う（あるいは違うかもしれない）という知覚のセットをもつことに気付くこと、そしてその完全な理解である。心の理論は、他者の行動を説明し、予測し、それに影響を及ぼす試みが基礎を置く基盤岩のようなものだ。心の理論は、その価値のある——進化の上で有利な——別の人間とコミュニケーションをとらせるものである。その人間は、あなたとは違う経験、知識、アイデアをもっているからだ。そして前の章で示した象徴化と言語の起源の議論のように、初期の祖先の間で交換されていた最も価値のある情報は、ほとんどが動物に関してのことに集中していたと思われる。

　人類進化の最後の大舞台は3万2000年前頃に始まった。この最終段階は、動物と人間双方の他者への広範囲に及んだ様々な認知によって画されている。この認知の移動は、世界に劇的な変化を引き起こした。

チャイルドの「新石器革命」

　偉大な考古学者である故V・ゴードン・チャイルドは、1936年にこの人類史における大きな行動的飛躍の最後のもの——彼は自分の考えを表

すために「新石器革命」という言葉を創造した——は、近東で人間が植物栽培と動物の家畜化を始め、そうすることで農耕と新しい生活様式を開始した時に起こった、と述べた。彼の考えでは、この革命は1万〜1万2000年前頃に始まり、そこから旧世界各地に急速に広がっていった。人類学の大学院生だった当時、私はチャイルドの新石器革命について学び、この統合が多くのことを説明する手法に驚嘆したものだ。

　チャイルドは、家畜化の徹底した効果に注意した。広大な畑や田で育てられるトウモロコシ、コメ、オオムギ、コムギのような安定した穀物の獲得は、人間が高密度で——町や場合によっては都市のような集落に——住めるようになり、繁栄できるようになったことを意味した。事実、栽培穀物の獲得は、人間が以前より集まり合って、大きな集落に暮らす必要性を強いることになる。

　単に種子を蒔き、どこかに散っていって数カ月後に収穫する穀物を目にできると望んで戻ってきても、うまくいくことは少ない。植物は世話をしてやらなければならない。水をやり、ひょっとすると肥料も与え、雑草を取り、白昼に畑全体を徹底的に荒らすかもしれない動物の食害から守る必要があるし、同じことをしかねない他の人間たちからも防衛しなければならない。

　一度、栽培作物を獲得すると、人間は少なくとも作物の育つ間は定住する必要が起こる。チャイルドが論理的に考えたように、一時的な野営地の代わりに恒久的な住まいの建築の必要性に、農耕民たちは気づいた。彼の活躍した時代に知られていたが考古記録は、この論理を実証した。定住は単独では——個々の畑の手入れはある家族が行い、数マイルも離れた別の畑の世話は別の家族が行うなど——不可能だ。だが人間のグループが合同し、協力して農作業を行えば、農耕でも園耕でも、よりうまくいく。この事実が意味するのは、大多数の農耕民、あるいは園耕民ですら、個々バラバラにではなく、村落か町に住んだということだ。

チャイルドの見解に従えば、植物がまず栽培化され、人々を畑に縛り付けた。穀物の栽培は、ヒツジとヤギのような小型の家畜動物を飼うのにうまく機能する。こうした動物は、畑の収穫が終わった後に残された藁を食べさせて飼育できるのだ。植物と動物の混合農耕は、食糧資源を新しく管理できる持続可能で効率的な手段となったし、この変化こそチャイルドの新石器革命という考えの核心なのである。人間はこの新しい経済を支えるために、以前より大集団で暮らし始めた。

その次には土地の所有権——あるいは少なくともその土地にどんなものでも植え付けられる権利の保持——が重要になった。動物の群れはある土地から隣の土地へと移動させられるが、作物は収穫期まで動かせなかった。もし耕作地で育った穀物とその土地で飼育された動物の処分権を保障されなかったとしたら、誰が土地を耕し、そこを柵で囲み、耕作地まで水を運ぶだろうか。土地の権利をもって大集団で暮らすとなれば、行動を規定する諸規則とその規則を守らせる人が必要になる。そして最終的には、税も必要になる。それが、法を定め、それを強制する王か首長、あるいは神官を支えたのである。

家畜化と馴化の違い

ここでチャイルドの説から少しの間それて、栽培・家畜化が何であり、何でそうではなかったかを明確にしておきたいと思う。

動物の家畜化とは、単なる馴化ではない。野生動物も、一生涯の間に馴れさせ、お気に入りのペットにすることはできるだろう。しかし野生動物のペットは、性成熟した時にしばしば深刻な問題が生じる。馴化は単なる行動面の訓練と考えることができる。つまり（その動物と屋内で暮らすなら）トイレの躾け、噛まないように動物に教えること、人間の存在と接触を受け入れるように訓練すること、野生動物に人間が与える食物を食べるようにさせること、などだ。馴化が家畜化と違う点は、野

生動物に起こる変化の恒久性の有無にある。人に馴れたシマウマ、カバ、ハナグマでも、生まれた時にすでに人に馴れ、人間の扱いをそのまま受け入れる仔を産むことはないだろう。馴化された動物はその動物の本来のものではない行動は学ぶが、生まれた仔にこの学習が受け渡されることはない。

これに対して家畜化された動物は、人間の関与のために、遺伝的気質で世代を重ねた変化を現実に受けている。「家畜の（domestic）」とは、「居住地（domicile）」のように、「ホーム」や「住居」を意味するラテン語の *domus* に由来する。だからこの言葉は、家畜化された動物は人間とともに人間の家庭で、1世代だけではなく何世代にもわたって暮らすことを意味するのだ。

家畜化のこの過程を示すいくつかの直接証拠——例えば野生のように見える動物が人間の住むすぐそばで暮らしていた遺跡——があるが、人間がどう関与したかについてはまだ憶測できるだけだ。たぶん人間たちは自分たちが何をしているのかを知っていただろうが、そうした長期間に及ぶ効果をもつ選択を行っているという意識はなかった可能性の方が高い。彼らはただ直感で、つまり気難しかったり、危険だったりする個体を取り除き、より役に立ち、感じのいい個体を残すことで、無意識にそれをしていたにすぎない。

ヤギ、ヒツジ、ウシ、ウマ、ネコ、リャマなどのような最終的には家畜化された動物の場合では、弱々しかった個体、乳をあまり出さなかったり良質の毛を生やさなかった個体、柵に入れられることに耐えられない個体、攻撃的で手数のかかる個体、愛らしくない個体を排除した形で、人間は選択した。人間たちはまた、例えば特定の均整のとれた体を備えた個体とか、特定の毛の色の個体を好ましいと独断で決めたこともあっただろう。人間の好まない個体は屠殺されて食べられるか、子孫を残すことを許されなかった。反対に望ましい特徴を備えた個体は仔を産ませ

るべく交配された。そして望ましい特徴は永続するという考えをもった所有者によって、交配相手は意図的に選ばれた時もあっただろう。

植物栽培化初期の矛盾

　植物はどうだったか。植物は馴化をほとんど必要としない。おそらくは人間は植物の世話を始め、たぶん残った一部の種子を便利なので住居近くに撒き、その後にそれと分かる形の菜園を作って、最後にむしろ偶然に栽培化したのだろう。ちょっとだけ多目に水を与え、注意を払えば、植物は枯れずに育ち、食べられる種子を実らせた。時とともにその植物への知識が増え、どの種子も食料として残されていたにしろ、それが他の種子に優先して、良く育ち、良質の実をつける種を人間に選択させることにつながったのだろう。みな食べられてしまえば、次に撒く種子はなくなってしまう。

　ペンシルベニア州立大学の私の同僚であるデイヴィッド・ウエブスターが指摘するように、植物の栽培化に伴って一つの矛盾が生じた。ほとんどの場合、植物の種子か塊茎が食べられ、しかも蓄積できるので、植物は栽培化された。しかし植物の繁殖器官が食物と同じだとすれば、翌年のために種子をとっておくことは、その年の収穫物の効率的な利用と妥協することになる。例えばトウモロコシ農耕民が収支を合わせて、なお畑に作付けし続けるためには、翌年の作付のためにその年の収穫の約30％を残しておかねばならない。穀粒は、農耕民の食料源であり、同時に植物が翌年に芽を出すための源泉でもある。

　栽培化の初期段階で、作物として最良の、そしてもっとも望ましい植物は、もっとも多くの食料を実らせるものであったのは確かだ。しかし世界の主作物（ジャガイモ、イネ、ヤムイモ、コムギ、トウモロコシ、オオムギ、その他の穀物など）である植物は、すべて1回しか収穫できない。この原則の例外となるのは、果実やナッツを実らせる果樹だけだ。

果樹は、1年性の植物と違って、結実するようになるまではるかに時間がかかるが、毎年、実を付けてくれるのだ。

　実際のところ大半の栽培植物は、今では人間の介入がなければ生き延びられなくなっている。収穫しやすくするために種子が柄にぴったり付いたままの個体を人間が選択したために、栽培植物はもはや自分で種をばらまけなくなったのだ。

　皮肉なことに最良の栽培植物の子孫（種子やナッツ）は、翌年のためにとっておかれる代わりに農耕民に優先的に食べられる可能性があるまさにその物だということを、デイヴィッドは理解した。結局のところ、同じ畑の別の株が大きくて脂肪ものっていそうで美味しく見える穀粒を生産していた場合、小さかったり、実がまばらだったり、色や形の見栄えが悪かったりする穀粒を、誰が食べるだろうかということだ。このような人間による選択は、次のことを意味した。すなわち農耕民にとって魅力が乏しくまた好ましくもない穀粒は、たぶん実を付けるまでに生き延びる機会が小さく、結実数もあまり多くない株に由来したのだろうが、翌年の作付に残された物だったということだ。食べるために「最良の」穀粒を選ぶことにより、人間はトウモロコシや他の穀物の栽培化を遅らせてしまったのかもしれない。食べられてしまった穀粒（種子）はもう繁殖できないからだ。

植物栽培化と動物家畜化の違い

　もし肉を食べるためにある動物を家畜化したのだとすると、ある程度まで同じ問題がその動物の家畜化の過程で起こる。一番早く体重（肉と脂肪）が増える若い個体は、最初に、優先的に食べられただろう。その個体の遺伝子は、次の世代に伝えられないことになる。

　ほとんどの食用植物と大半の食肉用動物のはっきりした違いは、動物なら何度も、一生涯の間にしばしば毎年、繁殖させられ、それでも繁殖

年齢の末期には食べることができるということだ。最優秀の若い個体を食べるかもしれないが、その血筋の親は、再び繁殖させるために生き続けられるのだ。大まかに言って恒常的に群れの数を維持するには、牧畜民は、食用に一歳子の約30％は屠殺しても70％を繁殖用に取っておかねばならないとされる。収穫した穀物の70％は食べてしまい、次の年の作付け用に30％の種子しか保存しておかない穀物農耕民と何という違いであろうか！

　植物と動物の生物としての違いが、食料生産民の実践のこうした違いを規定している。食べてしまった一部の種子は、より豊かな、あるいは味の良い穀物を生産する遺伝子をもっているけれども、翌年の作付けに保留しておく種子はすべて、次の世代でまた食物（より多くの種子）を実らせる可能性を有する。それに対して、将来、繁殖させるために飼っている動物は、雌雄別に特別に選択される。牧畜民は、通常、種付け用として去勢しない雄を少数だけ飼い、翌年に適切な仔の群れが産まれるように、それよりずっと数の多いいろいろな年齢の雌を飼育している。肉を生産する以外の他の利用法——鋤を引いたり、荷を運んだりといった——が後で必要になれば、去勢された雄も残されるだろう。多くの家畜は、数年間は出産可能なので、その若い仔は、ある意味で再生可能な資源なのである。

家畜には親しみを抱け、意思疎通できる

　栽培家畜化の過程は、目的の種が植物ではなく、動物だったとすれば、根本的かつ大きく違っていただろう。人が植物に感情的に惹かれることは滅多にない。それは、植物からは喜怒哀楽であるとか個体の認知という反応を知覚できないからだ。植物は世話をする者に対面しても尻尾を振らないし、人と遊びたい時にお気に入りの玩具を咥えてきて足元に落としたりもしない。飼い主を見て駆け寄りもしない。さらに植物は、もっ

と多くの食料を得たいと期待している世話をする人間を舐めてかかったり、ひっかいたりもしない。事実、植物は世話をする人を認識もしないし、愛しもしない。もし植物が人を認識できれば、ほとんどの人間が理解できないやり方でとにかく自分の愛情を表現するだろう。

　人間は、植物よりもはるかに動物に感情を込められる。動物と人間とは、同一の仕組みを通じて感情や考えを伝え合えるからだ。すなわち身振り言語、声、そして時には臭い（フェロモン）で。これは、同じ哺乳類として進化的な遺産を共有していることに由来する。私たちは植物が互いに化学物質でコミュニケーションをとりあっていることを知ってはいるが、人間は植物と同じ仕組みを共有していないので、植物のコミュニケーションを感知することはできないし、対動物よりもはるかに解析しにくい。だから人間は植物との有効なコミュニケーション・システムをもたないし、あったとしても植物から人間へのコミュニケーションを受けとめられないし、理解しないのだ。あなたは植物に語りかけることはできる。またあなた以外の人たちも同じく。だが植物は返事をしない。

　私たち人間は植物よりも動物と、はるかに直接的に意思疎通できる潜在可能性をもつので、動物を家畜化する過程は、植物の栽培化の過程よりもはるかに親密で、属人的で、心理的に強いものだった。実際に私は、動物家畜化の過程は基本的に共通の言語やコミュニケーション・システムを築くための、遺伝的にコード化された可能性を作り上げていく過程と推定している。それは、人と動物の共有し合う一連の価値観に基づいていると思う。そうした相互作用の可能性が、動物家畜化を植物の栽培化に伴う課題と経験と全く異なった物に仕立てているのだ。

家畜と意思疎通できた人たちがもった淘汰上の優位性
　第3の核心的違いは、家畜化された動物が人間の家族と身体的接触のとれる住居に共に暮らすことがしばしば見られるのに、植物は屋外の、

ある程度離れた畑で育つことである。このように空間的に分離されていることが、人と植物の関係を家畜と飼い主との関係より遠いものにしがちになる。身体的近さ——抱っこ、親しみを込めてぽんと叩くこと、暖をとるために一緒に丸くなって寝ること——は、動物と人間の間のコミュニケーションのかなり重要なとり方である。植物はそうしたコミュニケーションを一切もたらさないし、私の知る限り、抱かれることを楽しいとも感じない。栽培植物を育てるのは、家畜を育てるよりも人間に対する食料供給に大きな役割を果たしているが、私たち人間は家畜の動物の方に、はるかに身体的、心理的な親密さを感じるのだ。

　こうした理由で、そしてたぶんこの蓋然性が高いと思うが、私は栽培家畜化は、栽培家畜化をした側かされた側かのいずれでもたった1度の効果を伴ったたった1度の過程だとは考えていないのだ。残念なことに、動物の家畜化と植物の栽培化の二つの過程を表現するのに、私たちは「栽培家畜化」(domestication)という一つの単語しかもっていないが、この二つの過程は、手法でも感情への影響でも、また結果においてもかなり違っているのだ。

　例えば原始犬、すなわち家畜化されたばかりの家犬は自分たち人間に役立つたくさんのものをもたらすと、たとえある人が理解したとしても、すべての人が動物に対する理解や扱いに等しく熟知していたというわけではない。ただいったん、家畜化の過程が進行すると、様々な面で——例えば動物を管理する、動物とコミュニケーションをとる、世話を受けることに関してや動物が病気になった時に動物が必要とすることを判断するなどのうえで技量の長けた人々は、そうでない人々を上回る淘汰上の優位性をもったのであろう。

チャイルドの新石器革命仮説の検証

　ここでチャイルドの新石器革命という仮説に戻ると、彼の考えの妥当

性を検討できる。彼は正しかったのか？　公正に言うと、彼の仮説は何十年も前に提唱されたもので、それ以来、あらゆる分野で新しい発見があった。権威のある仮説でも、新しい手法と新しい証拠の積み重なった約80年をもちこたえられる例はほとんどない。さらに、新石器革命が人類の現代化の始まりを画したか否かにかかわらず、動物と人間との密接な結びつきの実際の始まりであったのだろうか？

前章までですでに見てきたように、人間は250万年以上もの間、動物と、さらに動物の習性と行動に密接に関わってきた。人類史で、動物との関わりは長い歴史をもっているのだ。そしてその関わりが生んだ淘汰上の利点は、人類進化史上の少なくとも最初の二つの大発展を説明してくれる。その二つとは、石器の起源と言語の始まりである。

進化の歴史から見れば、つい昨日に始まったばかりのような家畜化の出来事は、私がこれまで追跡してきた長い軌跡の一部でもあったのだろうか？　そう、思う。動物家畜化とは、人間のための仕事を行う道具（生きた道具）製作のもう一つの手段であった。牽引、吠えること、運搬、あるいはまた食べられない素材から食物を作ることであろうとも。

したがってチャイルドの新石器革命論の基本的展望の一つを、私は疑っている。それが動物であろうと植物であろうと、他の種を栽培家畜化するやり方を学ぶのは革命を点火させる一つの火花だった。チャイルドの偉大な仮説は、魅力的であり、巧みに語られたストーリーでもある。だがチャイルドの仮説は、今日分かっている事実を満足させない。それは、人間行動の進化の説明よりも『なぜなぜ物語』（イギリスの作家ラドヤード・キプリングの1902年の著作）に近い。

栽培家畜化は多元的であり、順番も実態と異なる

一例を挙げると、チャイルドが栽培家畜化の起源について間違えたのは確かである。彼の考えでは、この全過程が近東で始まり、ここからこ

のアイデアと家畜と穀物が旧世界の他の地域に遍く波及していったという。

しかし最近発掘された植物と動物の化石と考古遺物が説得力をもって示すところでは、様々な動植物がすべて近東で栽培家畜化されたわけではない。栽培家畜化も、1個所に1度しか起こらなかったのではなく、多くの地域で何回も起こった。例えばヤムイモはニューギニアで、ヒマワリ、カボチャ2種、トウモロコシは南北アメリカ大陸で、数種のコムギはトルコで、ウマはカザフスタンで、初めて栽培家畜化された。チャイルドの考えたのと異なり、栽培家畜化は1回きりではなかったし、「肥沃な三日月地帯」が栽培家畜化の巨大センターでもなかったのであり、南極大陸を除くすべての大陸の多数の異なるセンターが存在したのだ。様々な集団が栽培家畜化の考えを発展させ、栽培家畜化を地域ごとに独自に創造したようだ。栽培家畜化は直接の接触を通じたアイデアや技術の伝播で広がったのではなく、世界の多様な地域で独立して起こったのである。

最近の発見によれば、チャイルドは順番でも間違えた。彼は、必然的にまず植物が栽培化され、動物の家畜化はその後だと考えた。それで飼い主は家畜を収穫の終わった畑に追い立て、後に残った藁などを食べさせることができたから、というわけだ。収穫ゴミでいっぱいの畑を家畜できれいにした後、家畜は別の放牧地に追い立てられ、その後には糞で新たに肥え、次の作付けに有利になった畑が残されたという。経済的にはこのような実践は合理的だし、うまく機能する。しかし歴史的に見れば、植物の栽培化よりずっと前に、動物の家畜化がまず最初に起こったことが今でははっきりしているので、この順序は間違っているのだ。

緩やかに進んだ「革命」

実際のところ、新石器革命とは本当に革命だったのだろうか。チャイ

ルドのトレードマークとなっているこの言葉が暗示するのは、動植物の栽培家畜化とその後に続いた経済的、社会的変化は急速に起こり、また不可避であったというものだ。逆説的だが、チャイルドは栽培家畜化とは過程・経過であり、一つの事件ではなかったことを理解していた。けれども彼は、植物と動物の栽培家畜化を革命と特徴付けた。彼は、次のように書いている。

> 人間の経済を変貌させた最初の革命は、人間に自分自身の食物供給の管理権を与えた。人間は、植物を植え、耕作し、選択によって食べられる草、塊茎、木を改良し始めた。そのうえ人間は、特定の動物種を馴らし、自分の与えられる餌、自分ができる保護、自分が払える考慮の見返りに、自分たちと硬く結びつけるのに成功した。
> この二つの段階は、密接に関連しているのだ。

確かな証拠から、動植物の栽培家畜化の過程は、過程全体にしろ種ごとのレベルにしても急激ではなかった。栽培家畜化は、様々な動植物の初期的栽培家畜化が数千年単位の時間をかけて現れているので、記録された中では最も緩やかな革命の一つであったに違いない。

では動物の家畜化にはどれくらいの時間がかかったのだろう？ 誰も分からない。だがこの謎の回答を得るために、これまでにいくつかの実験がさなれている。

ロシアのギンギツネがたった40年で「イヌ」化

最も有名な例は、ソ連時代のロシアで行われたギンギツネの家畜化での実験である。

ギンギツネは、アカギツネ（*Vulpes vulpes*）の体毛の色変わりした変異種だが、ソ連の科学者ドミトリー・ベリャーエフが、シベリア、ノヴォシビリスクにあるギンギツネの集団飼育場で1959年からこの実験を始めた。ギンギツネはケージの中で飼育され、そのうちで最も人間に馴れ

た個体だけを選抜し、その行動を示した個体を毎年、繁殖させた。繁殖のために選抜されたのは、最も人懐こく、人に対して攻撃的ではなく、新しいことをあまり怖れない個体だった。選ばれた個体は、飼育員による個体ごとの管理を狙った目的を最大限妨げないように扱われた。雄の4〜5％、雌の20％しか、毎年、繁殖を許されなかったのだ。

10世代たつと、ギンギツネの18％が人間との接触を積極的に求めるようになり、人にほとんど怖れを抱かなくなった。35世代、40年で、約4万5000頭のギンギツネが、「家畜化されたキツネ」になった。家畜化されたキツネは、人に馴れたばかりでなく、子ギツネ時代から人間本意になった。

それだけではなく、ギンギツネが受けてきた徹底した選択のために、キツネは遺伝的にも形態的にも変わったのだ。家畜化されたギンギツネは、耳が垂れ、体毛がまだらになり、尻尾は巻き上がり、まるでイヌのようになった。また頭骨幅は狭くなり、吻部は短く、幅広くなった。変化は、神経化学の面でも起こった。家畜化されたキツネのアドレナリン分泌腺は、コルチコステロイド——闘争・逃走ホルモン——産生が以前より少なくなり、野生種のたった25％レベルにまで低下した。それと関連した一つの変化は、目新しい物に怖れを示し始める発達期間の遅れであった。家畜化されたキツネは、野生種よりも3週間から4週間以上も遅れて怖れるようになった。彼らが人間と深く結びつくであろう発達期に、より長い時間帯が与えられたのだ。

自然状態ではギンギツネ例のようには急激に進まない

こうした思いがけない特徴は意図して選択されたのではなく、行き当たりばったりにか、あるいはこうした形態的特徴が選択された行動面の特徴とどこかで関連していたかしたために、個体群内に容易に表現されたのである。

この実験から、読者や私は自分の生きているうちに新しい家畜種を作れると言えるのだろうか。そうの可能性は、なさそうだ。ここに挙げた実験条件は、自然とかなり異なるからだ。

まず第1に、最初に選ばれた130頭のギンギツネは、毛皮採取用繁殖場から連れて来られたから、野生のキツネよりもともとずっと人に馴れ、攻撃的ではなかった。ケージの中のキツネは全部が餌付けされ、十分な面倒がみられていたので、狩りをする能力、強さ、他のキツネへの攻撃性といった性質に関連する自然淘汰はもともと存在しなかった。自然のままの条件下で起こるかもしれない、そしてまた攻撃的であったり、用心深かったりする個体に有利な状況は、大幅に減少させられていたのだ。最後に、ギンギツネの繁殖は、しっかりと管理されていた。そのため野生種への戻し交配もなかった。戻し交配が起これば、攻撃性が再び強まったかもしれない。事実、人にほとんど馴れなかったキツネは、仔を残すことが全く許されていなかった。

もっと自然に近い条件で、また意図的に家畜化しようとしていない人間にほとんど管理もされていない動物でなら、40年という短い期間では、変化があっても野生種にほとんど変異を作り出せないだろう。どんな種であっても、栽培家畜化の効果を化石記録や考古記録で検出できるまでには、おそらくは数千年もかかっただろう。

チャイルド説を破綻させた3万2000年前の最古のイヌの発見

この見方は、私たちをもう一つの重要なポイントに導く。栽培家畜化は、チャイルドの考えていたよりもはるかにはるかに早く始まっており、それを実際に識別できたのだ。

2009年までは大半の古人類学者は、何らかの種の栽培家畜化の行われた良好な証拠が得られる最古の年代として1万2000年～1万5000年前を挙げただろう（2009年の発見の意義については次章の226ページ以降

で述べる)。

　例えばライムギは最近まで最古の栽培植物として知られていたが、最古の栽培ライムギは約1万3000年前のトルコに現れており、その次に約1万1000年前のエンマーコムギとアインコルンコムギが続いた。そうした穀物は、種を蒔かれ、耕作され、人の食用にされ、効率的に蓄えられる安定した食物となった。これらの穀物は、恒久的、あるいは半恒久的村落の始まりと完全に関連していることは明らかだ。これらの主食源だけが、上記村落を支えられるからである。ヤギ、ヒツジのような動物の家畜化は、植物の(人間に)食べられない部分を飼料にできるから、穀物性植物の栽培化をいっそう効率的にする。しかしヤギは、1万年前まで家畜化されることはなかった。最古の穀物より3000年も遅かったのである。

　スミソニアン学術協会国立自然史博物館のブルース・スミスは、これまでの研究歴を農耕の起源を研究して過ごしている。スミスの理解するところでは、あまりにも単純なチャイルドの見解の弱点は、その過程にあった。「狩猟採集民から農耕民へという移行は、そんな短いことではない。その移行は、長期の発展的過程だ」と、彼は述べる。近東の人々は、栽培作物を発展させたずっと後まで野生の獲物を狩猟し続けていた。そして彼らは、常に恒久的な集落、町や都市に暮らしていたわけでもなかった。

　だがチャイルドの年代観と仮説のもつ最大の問題は、その仮説を動物に適用しようとする時に露わになる。新石器革命の核心、まさに本質は、人類が自分たちの食用資源に従来よりも大きな管理権を握ることだった、とチャイルドは提唱した。

　この考えの問題点は、栽培家畜化された最初の種は、安定した作物をもたらす植物ではなかったし、食肉として実用的な動物でもなかったということだ。最古の家畜はイヌであった。そしてその化石の骨は、植物

栽培や他の動物の家畜化よりはるかに前の 3 万 2000 年前のものなのである。

第13章
戸口のオオカミ

食料として家畜化するには不合理なイヌ科

　チャイルドの説いたように新石器革命の核心は、確実な食料資源を確保する方法を見つけることだったとすると、最初に家畜化された動物も食料として有益な動物だったはずである。そうではなかった。最初の家畜化された動物は、イヌだったのだ。

　それは、人間がイヌを食用にしていたという意味ではない。もちろん人間は、イヌを食べることはできる。またどんな人類文化でもイヌを食べる文化はないということを言い切るつもりもない。人類はイヌを食べるし、食べてきた。過去にも、そして現在でも。私の言いたいのは、家畜イヌ、つまり家犬で重要な点は、信頼できる肉の供給源を得ることではなかったということだ。たとえ初期の原始犬やイヌが時には食べられることがあったにしろ。

　何を根拠に、私はそんな大胆なことを言えるのか。イヌ、オオカミ、コヨーテ、ジャッカルなどが属する動物学上のグループであるイヌ科についての私の知識に基づいてだ。はっきり言って、イヌ科は良質な食物源となる種としての特性を欠いており、この理由で彼らは食品として不向きなのである。

　例えばイヌ科は、野生のヒツジやバイソンのような数十頭や100頭レベルの群れを作って暮らしていない。オオカミは、その年に生まれた仔犬の頭数次第だが、通常は5頭から15頭ほどの個体で構成される群れを作って暮らしている。同様にケープハンティングドッグ（*Lycaon pictus* リカオン）の典型的な群れも、個体数がいろいろである仔以外に、成

獣が6頭から30頭で暮らしている。

　一般に野生のイヌ科の群れでは、優位な雌だけが特定の年に繁殖できる。これに対して、ヒツジ、ヤギ、ウシなどの草食動物の間では、限られた時期に、通常は食物になる草がもっとも豊富な時に、多くの雌が一斉に出産するのが共通の生態的戦略である。ヌーやバッファロー、ヤギが、座り込んで自分たちの出産時期の戦略を練ったり、計画をしたりすると言っているわけではない。たぶん食べられる以上の数の新生児が生まれるように調整されていて、新生児を食べる捕食者を数で圧倒する生態的効果が期待されているのだ。このように同時的な出産スキームは、十分な数の草食動物の新生児が生き延びられる効果をもつことになる。

　イヌ科は、獲物を狩るのに広大な行動圏を必要とするので、普通は強い縄張り意識をもち、他の群れから厳しく自分たちのテリトリーを防衛している。冬季間、獲物が比較的乏しく、予測できる所に集中しているとすれば、オオカミも縄張り意識をいくぶんは緩めることはあるが、少なくとも現生のオオカミではよそ者への寛容さは期間限定となる（数週間から数カ月）。食用に育てられる家畜は一般に限られるし、最小限の飼育可能面積で最大限の個体数を飼うので、イヌ科はこの維持管理スタイルの下では不向きである。

肉食のためイヌを家畜化するにはコストがかかる

　またイヌは、家畜としてはコストがかかる。イヌが、大量の供給のある植物性食物を食べるのではなく、肉食だからである。肉を与えて育ててさらにそれ以上の肉を得られるというのは、バカげた考えと言うものだ。消化とその他の生活活動を通じて、家畜化できると考えて与える肉のエネルギーの90％は、与えた肉が新しい肉に転換される時に失われるのだ。

　草食動物の飼育と肉食動物の飼育との間の違いは、野生オオカミとア

フリカの伝統的牧畜民が育てる家畜のヤギとの取引の経済学を比較すれば、本当に著しいものになる。（オオカミを飼うことと、特別に配合された飼料、現代の獣医による配慮・世話、その他の生産性が上がるようによく練られた飼育法が用いられている西欧世界の多数の囲場の入念に運営された条件下でのヤギの飼育を比較するとすれば、不公正だろう。）

極北に暮らす個体群はやや大型になるが、成体になるとタイリクオオカミの雌は50〜85ポンド（約20〜約38キロ）、雄は70〜110ポンド（約30〜約50キロ）になる。サハラ以南のアフリカの成体ヤギは約80ポンドだから、両者の体重はほぼ等しい。

ヤギは、1日に約30ポンド（約13.5キロ）もの草や若葉を食べる。成体の平均体重の半分に近い量である。オオカミが繁殖に十分な健康を維持するのに必要な肉は、1日当たり平均でたった5ポンド（約2.3キロ）である。体重比でははるかに小さな比率である。しかしヤギが食べるのは一般に人間には食べられないとみなされる草であり、十分な広さの放牧地があると考えれば、コストはタダでもある。一方、オオカミ、すなわち原始犬が食べる肉は、狩猟で得られたものだから、この餌を捕るために人間が努力したことになる。仮に1日5ポンドの余分な肉があったとしても、なぜ原始犬に与えたのだろうか？

非合理の塊のオオカミ家畜化は肉が目的ではなかったから

もう一つの問題は、一般に肉食動物は、すぐには繁殖時の大きさや成体並みの体重まで成熟しないということだ。すぐに成体並みに育つことは、家畜として望ましい特徴だが、そうではない。成長と発達という点でヤギと原始犬は、どのような辻褄が合うのだろうか？

妊娠期間は、ヤギでは56〜70日続く。オオカミと概ね同じだ。ヤギは普通、双子を産み、しかも群れの雌は同時期に一斉に出産する。オオカミは一腹の仔の数は4〜6頭だが、一つの群れでは特定の年に1頭の雌

しか繁殖しないのが普通だ。ヤギの新生児は生後12週間で、1日9オンス（約270グラム）も体重を増やして成長するが、これは同期間に1日に4オンス（約120グラム）しか増えないオオカミの仔の倍以上だ。生後5カ月になって、やっとヤギは仔を乳離れさせ、母親から独立して草を食べる。それに対して成長の遅いオオカミは、早くても生後7〜8カ月になるまで、狩りに出る群れに加われない。若いヤギは、生後10カ月までに性的に成熟し、普通では14カ月で最初の出産をする。ところがオオカミは、約22カ月でやっと性的成熟にいたる。ヤギと比べれば、性成熟するまで倍以上の歳月がかかるのだ。そのうえ2〜3歳になるまで、全く繁殖しないことが多い。

　このように肉を得ることを目的に動物の世話をするのであれば、オオカミよりもヤギの方がずっと合理的である。ヤギは人間が食べられない草を食べてオオカミよりも早く育ち、またより早く繁殖を始めるのだ。成長の遅いこととコストのかかる餌が必要なことに加えて、オオカミは人間にとって潜在的に危険であり、多数を飼育するのも難しい。

　違うのだ、オオカミは良質な食用動物でない。イヌ科の行動と生態に基本的な知識をもった人なら、誰も食肉用にオオカミを飼おうなどと思わないだろう。だからイヌや他のイヌ科動物がかつて多数飼育され、肉を採るために屠殺されていたことを示唆する考古学的な証拠が全く見つかっていないのも、驚くには当たらない。従順さ、早い成長、若いうちに肉の量をいっぱいに詰め込むこと、そして大集団で暮らすことは、食卓に乗せることを目的とする動物に見出すべき重要な特徴なのだ。獰猛さ、遅い成長、群れの中の個体数の少なさ、縄張り意識の強さ、ではない。

誰かがみなしごオオカミをキャンプに連れ帰った
　初期の家犬はイヌ科だったから、広くは見つかっておらず、通常は散

発的にしか発見されていない。家畜化された最初の種であるイヌに与えられた学名は、*Canis familiaris* だが、これは「親しみのもてる、あるいは人懐こいイヌ」という意味だ。しかしイヌは、最初からイヌとして始まったのではない。最初は獰猛な、捕食動物としてのオオカミとして出発したのだ。

　それでは、なぜイヌが家畜化なのか？

　オオカミのような野生動物を、どのようにして信頼できる家畜化したペットに変貌させたのか。重要な直接証拠は乏しいが、以下のような納得しやすいシナリオを想像できる。たぶん狩猟民は、オオカミのもつ優れた狩猟用「装備」に注目し、ねたましくさえ思っていたのだろう。オオカミの鋭い嗅覚、軽快な走行能力、獲物を狩る時も子どもを育てるにも群れの他の個体といつも協力し合う生まれながらの性向、などだ。人間は他の動物を、ことに可愛らしい幼い個体を抱き入れるのが救いがたいほどに好きなので——私が本書全体を通じて指摘しているように、動物と暮らすことは人間の性質の不可欠な部分なので——、そこに目を付けていた誰かが、みなしごとなったオオカミの仔か一腹の仔全体をキャンプに連れ帰ったのだろう。

　1度きりではなく何回も試みられたに違いないのだが、オオカミの仔の何頭かは人に飼われることにうまく適応し、すぐに馴れた。人に愛しさを感じさせる、有益な性質を見せた個体はそのまま餌を与えられ、育てられ、集落の周りに留められたのだろう。しかし多くは、野生のままに荒々しく、凶暴すぎ、人に対しても攻撃的だったろう。そうした仔は、集落から追い出されたか、もっと考えられるのは殺され、食べられたのだろう。

　何世代も意識的にか無意識的にか、古代人はもっとも望ましい性質をもったオオカミ個体を選択していき、その仔をえり好みする一方、気性の荒すぎる個体は、殺したり去勢したり追い出したりした。時がたてば、

人間による働きかけで、オオカミの血を受け継いだ個体群は、その遺伝的性質を、人間に気易く、役立つように暮らせる方向に変えられた。世代を重ねての世話と注意深い交配で、その望ましい性質の遺伝的基礎は個体群内に固定された。それは、そうした遺伝子が全体に広がるようになり、次の世代へ受け渡されている可能性が高まったことを意味する。その結果こそ、完全に家畜化された新しい種の誕生であった。

　イヌが最初の栽培家畜化された種であったことは、何を教えてくれるのだろうか？

　そしてイヌは、何のために家畜化されたのか？

　最初の原始犬は、おそらくは狩猟民が獲物を見つけたり、追跡したりするのを助け、自分たちの縄張りと（人間を含めた）社会的グループを外敵から守ったのだろう。この行動は、オオカミやコヨーテ、ジャッカルのような現生のイヌ科にも普遍的に見られるものだ。イヌが家畜化されたのは、理由があったのだ。動物を否応なく人間に取り込ませ、養育させ、そして餌を与えさせる以上の理由が。動物と共に生きたい、動物と密接に結びつきたいという人間の特質は、チャイルドが新石器革命と呼んだ食料安全確保の革命よりもずっとずっと前に作られた人間の遺伝的、行動的性質の一部だったために、イヌは家畜化されたのである。

コッピンガーの自己家畜化説

　アメリカ、ハンプシャー・カレッジのイヌ科の専門家レイモンド・コッピンガーとローナ・コッピンガーは、人間がイヌを家畜化した理由を問うことは、正しい疑問ではないとさえ主張する。2人は、オオカミは人間の住む村落と集落の周辺をうろつき回って、自分から家畜化されてイヌになったのだと説く。

　レイモンド・コッピンガーは、自分たちのモデルをこう説明する。

　　人は村落を発展させる。人はその村の中で食物を得る。そうした

ら、誰が寄ってくるかを想像してみよ。(オオカミだ)……人間がオオカミを家畜化したのではなく、イヌが人間の中に侵入してきたのだ。ペットとしてではなく、ペストのような厄介者として。……それは、自然選択の原則だ。言うならばダーウィニズムである。イヌは食料になっていた。廃棄物になるようになっていたのだし、人間についての事情は、途方もない数の廃棄物がいたということだ。一方、村落のゴミ漁りをすることは、初期のオオカミ―イヌにとってとても素敵な戦略だった。そして初期のオオカミ―イヌたちは、結局のところ完全な邪魔者にはならなかっただろう。ゴミ捨て場は、疫病を引き起こすもとだ。動く「ポスト更新世のゴミ収集サービス」は、ひょっとすると人の役に立ったのかもしれないのだ。

人間の祖先が石造の村落に最初に住み着いた1万2000年前、新しいニッチが形成された。すなわち村のゴミ捨て場だ。それは、オオカミの系統を二つに分離させた。用心深いオオカミは村落から離れたまま残った。だが好奇心が強く、人懐こいオオカミたちは、自らを人間の暮らしに入っていくように選択した。その結果が新しい種、村落犬の誕生だった。

コッピンガーのシナリオでは、人間のそばから逃げそうにもなかった原始犬は、人間への攻撃性を弱めるという自己強化的なシステム(自己家畜化)を作り、群れの一員として人間を認めることを強めて、たくさんの残飯と最も親切な扱いを得たことになる。それは、魅力的な考えである。

自己家畜化は、魅力的な考えだ。これは、どんな家畜化にも二つの当事者、つまり人間と動物がいたことをまさに強調しているからだ。両方の当事者は協力し合わねばならない。さもないと家畜化は起こらなかった。残念ながらイヌが自己家畜化されたか否かを検証するのは難しい。自己家畜化は、考古記録での人間の家畜化に似ている。確かに多くのイ

ヌ科動物——2種だけ名前を挙げればコヨーテとキツネだ——は、人間の集落をうろついて残飯を漁り、食物源にするという恩恵に浴しているし、（クマ、アライグマ、その他数種の動物のように）残飯漁りをするので、人間の居ることに馴れるようになっている。しかしそれでは、なぜオオカミだけが自己家畜化を遂げたのかが問われなければならない。なぜコヨーテやキツネなどは、自己家畜化しなかったのか？　それについては、はっきりした答えはない。

遊動する狩猟採集民のもとで自己家畜化は起こらない

だが農耕の始まりや最初の村落の出現よりずっと前にイヌは家畜化されたことを示す新しい証拠は、コッピンガーの仮説を否定する。

漁り回るゴミ捨て場のある村落や半恒久的集落さえまだ存在しなかった時代に、イヌは実際に自己家畜化できたのだろうか？　オオカミの群れは、ヒトの捨てる食物ゴミを追って、次々と住む場所を変えて遊動していく狩猟民に付いて行ったのだろうか？　オオカミが自己家畜化の一過程としてこのようにしていたのなら、人間の後に付いていく群れは、不可避的に他の群れの縄張りに侵入していったことだろう。

今日、あるオオカミの群れが他の群れの縄張りに近づこうものなら、元から居た群れは、全力を挙げて自分たちの縄張りを防衛するのが普通だ。一部のいわゆる「はぐれオオカミ」は、食物が乏しくなった時、他の群れの縄張りに入ることがあることは観察されている。だが彼らの冒険が続くのは、数日間か数週間だ。数年や数十年なんてことはない。自己家畜化は、決して急速に起こり得ない。だから、どのようにして一つの群れ——五つの群れかもしれないし20の群れかもしれない——がついには家畜化されるに至るまでの十分な長期間、人の集団に付いていくようになることが起こり得たのだろうか？

オオカミの群れがそうしたとは思わない。人間がその時まだ半ば遊動

してさ迷っていたとすれば、自己家畜化のシナリオは想像することも非常に困難だ。そして証拠は、自己家畜化シナリオが成り立たないことを明らかにした。

その証拠は、国際研究チームによる2009年に発表された注目すべき研究でもたらされた。チームは、発見された最古のイヌに驚くほど古い3万1680年前±250年という年代を与えたのだ。広く受け入れられていた1万2000年前の新石器革命の年代より、それは2万年も古いのである。チームの研究成果は、新石器革命と家畜化が起こったであろう過程についての根源的な再考を余儀なくさせた。

先史時代犬はオオカミと家犬の中間の独立クラスター

旧石器時代の肉食動物研究の第一人者であるベルギーのミーツェ・ジェルモンプレ（Mietje Germonpré）らの研究チームは、ごくごく初期のイヌが化石記録と考古記録で見落とされているかもしれないという想定で調査プロジェクトを立ち上げた。彼らが探していたのは、原始犬とオオカミとを区別する妙手、化石に適用できる手法だった。

チームは、野生オオカミの骨48個体と11の品種から成る53個体の現代犬の頭骨の解剖学的特徴と歯を計測し、それを探り始めた。そして吻部のプロポーションの計測値と歯のサイズを組み合わせれば、現代のオオカミは、現代犬と有意に識別できることを見出した。簡単に言えば、オオカミはほぼすべてのイヌよりも、歯が大きく、長くて幅の狭い吻部をもつ傾向が認められたのだ。

データを統計的に処理すると、一つの異常値（現代の中央アジア産シェパードの頭骨）以外は、標本は六つのクラスターに分かれた。一つのクラスターには、現生のオオカミ全部が入った。次のクラスターは、チャウチャウとハスキー犬のような特殊な品種の現代犬で構成された。こうした犬種を、チームは古代的プロポーションを有するイヌと呼んでいる。

3番目のクラスターには、オオカミに似たプロポーションをもつジャーマン・シェパードとベルジャン・マリノアといった犬種が含まれた。これら三つのグループは、互いに一部でオーバーラップしていたが、それでも概ねそれぞれのクラスターに別れた。短い歯列弓をもつ現代犬の第4のグループ——グレートデーン、マスチフ、ロットワイラー——は、数点の古代的なイヌといくぶんかオーバーラップしたが、他の標本とは別れた。

残りの二つのクラスターは、他のすべてのクラスターと完全に別れた。一つのクラスターは、アイリッシュ・ウルフハウンドのようにかなり長く、幅の狭い吻部をもつイヌのグループで構成されていた。最後のもう一つに、先史時代のイヌすべてが含まれた。このグループの先史犬は、オオカミのように長い歯列弓をもっていたが、オオカミよりも短い、幅広の吻部を備えていた。これら先史犬グループは、他のどんなグループとも重なり合うことはなく、しかも現生オオカミと現代の家犬の中間に位置していた。ここから先史犬は、オオカミのような解剖学的特徴をもった祖先から進化したことが推定できる。

正体不明の標本の帰属を判定

形態学の点から、先史犬が現生オオカミと現代の家犬の中間に位置することの発見は、ジェルモンプレのチームには特に意外なものではなかった。イヌとオオカミの関係を研究する遺伝学者はすべてこの結果に賛同しているわけではないが、全員が一致する唯一の点はイヌは太古のオオカミ、おそらくはタイリクオオカミ（*Canis lupus*）の一亜種から進化したということだ。だとすれば、初期の家犬がオオカミに似た頭蓋と歯をもっていたとしても、不思議でもなんでもない。

ジェルモンプレらの研究のこの最初の部分は、何がオオカミで何が家犬かを決めるのにどんな頭蓋計測が役に立つかの手法を確立した。研究

チームのデータで現れた六つのクラスターは、統計的に信頼でき、うまく分離されていることを示した。

その後、チームは分類したいと考えていた「不明」とされる 17 点の標本の比較用の計測値をデータベースに付け加えた。

これらのうちの 7 点は、本当に不明というわけではなかった。5 点は若いオオカミであり、2 点は動物園のオオカミだった。それならなぜそんな動物が不明とされるのか？　未成熟な個体は、近縁な成体に似て見えることがよくあるし、子猫の身体プロポーションと成体のネコのそれとの違いも目にする。動物園で飼育される動物は、これらが飼育されている不自然な環境のためにしばしば身体的に異常な発達をすることがあるのだ。「不明」頭蓋群の一つは、現代の中央アジア産シェパードだった。この標本は、最初の研究で浮き彫りになった六つのクラスターのどれにも納まらなかった。最後にチームは、ベルギー、ロシア、ウクライナ出土の 11 点の大型イヌ科化石を研究対象に加えた。ただし 11 点のうち 2 点の化石は、あまりにも不完全であったため分類できないことが分かっ

図 25　最古の家犬と古代オオカミ
ゴウェ洞窟出土 (a) の最古の家犬頭蓋は、生息環境などの似る 2 点のフランス出土の古代オオカミ頭蓋 (b、c) とはプロポーションでかなり異なる。古代オオカミよりもこの最古の家犬は、比較的に幅広の吻部と大きな脳頭蓋をもつ。またこのオオカミの歯列弓は、この家犬よりも短い。現生オオカミは、ここに示した化石オオカミと同じようなプロポーションとなる。

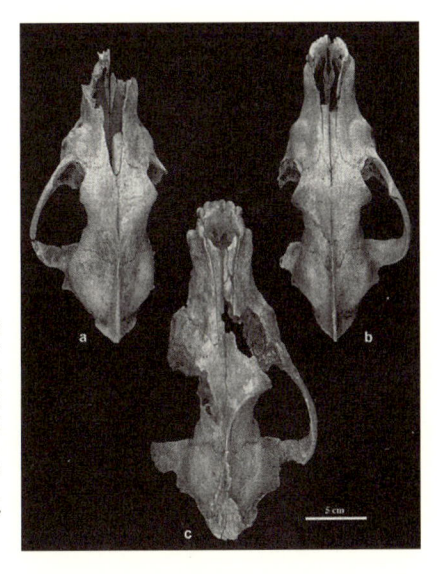

た。これらの化石の一部は、最初に発掘された時である1860年代に博物館に収められていた。

ゴウェ洞窟など旧石器標本3点は先史時代犬のクラスターに

研究チームは、判別関数分析という統計手法を用い、不明とされている化石をすでに明らかになっていた六つのクラスターのどこに分類できるか調べた。満足すべきことに、未成熟のオオカミの全標本は、オオカミに分類された。2点の動物園のオオカミは、その奇妙な形態を反映して、オオカミに類似した吻部を備えた最近のイヌのクラスターに分類された。不明化石のうちの5点は、現生のオオカミのグループに問題なく入ったので、これらはオオカミだと断定された。それとは別の化石は、オオカミに似た吻部をもつ現代のイヌのグループに入った。たとえそれが2万2000年前より古いものであったとしても。その化石は、オオカミ的であると同時に家犬的な特徴の両方を示していたのだ。

残った化石3点——ベルギーのゴウェ洞窟出土の1点とウクライナの2遺跡、メジンとメジリチ出土の化石1点ずつ——は、互いに良く似ていた（図25）。特殊な計測値を考慮しなければ、研究チームはこれら3点は普通のオオカミのようには見えなくとも、先史時代のオオカミだと考えたはずだ。実は別のある研究者がメジン標本は人のそばで飼われていた古代のオオカミだとすでに提起していた。

この化石3点はすべて、統計的分類手法で先史時代犬のクラスターに位置付けられた。判別関数分析を用いる利点は、この方法で標本を予め分かっているグループに帰属させられることだけでなく、分類が正確である確率も与えてくれることである。

分析してみると、三つの頭骨は先史犬のクラスターに位置付けられた。ゴウェ頭蓋が先史犬であることは、99％の確率となった。メジン化石は73％の、メジリチ頭蓋は57％の確率で先史犬のクラスターに帰属したの

である。

　家犬であることが99％の確率と73％の確率というのは、説得力のある数値だ。57％の確率は、やや説得力が劣るように思えるが、この個体をその次に確からしいクラスター（現生オオカミのクラスター）に分類できる正確さの確率はたった18％でしかないことを思えば、これとて確からしさは高いと言える。すなわちメジリチ頭蓋が先史犬と正確に同定される可能性は、他のどんなグループに属する可能性よりも約3倍も高いのである。

　先の異常値であった現代の中央アジア産シェパードも、これら3頭蓋と同じグループに分類され、64％の確率で先史犬とされた。このシェパードが含まれる可能性のあるこれ以外の唯一の帰属グループは、現生オオカミのグループで32％の確率であった。大きくて吻部の突出していない顔面、小さな耳、頑丈な体格という中央アジア産シェパードの風貌は、ややもすると原始的形態を思わせるから、先史犬とする分類にも直感的な支持を与える。中央アジア産シェパードの頭蓋は、初めて家畜化されたイヌがどのような風貌をしていたのかを私たちに垣間見せてくれているのだ。

ゴウェ洞窟原始犬の年代は3万2000年前

　ジェルモンプレたちは、この結果に大喜びだった。彼女ら研究チームは、化石記録の中の先史犬を識別できる方法を見つけたいと望んでおり、その手法を開発したのだ。チームはその手法を使って、新たに三つの先史時代の家犬を同定できた。だが大きな問題が、まだ残っていた。それではこの頭蓋3点は、どれくらい古いのだろうか、という謎だ。

　メジンとメジリチの頭蓋は、続グラヴェティアン文化の石器を伴っていた。同文化の年代は、二つが発見されたウクライナでは1万4000年～1万年前頃だ。もっと正確な頭蓋の年代は、放射性炭素年代測定法が適

用されるのを待つ段階である。

　ゴウェ頭蓋は、別だった。ゴウェ洞窟の一括出土品を所蔵するのはブリュッセルの王立ベルギー自然科学研究所であり、ジェルモンプレもそこで研究しているので、ゴウェ頭蓋から放射性炭素年代測定用の試料を採取することが可能だった。試料は、世界でも権威のある年代測定研究室をもつベータ線分析研究所に送られた。ほんの数グラムの骨が必要なだけの加速器質量分析計（AMS）を用いて放射性炭素年代を測定した結果、実に3万1680年前±250年という測定値が出たのである。

　先史オオカミの遺伝的多様性は現生オオカミのそれよりも大きいことを見出していた他の研究者による研究成果を例示して、「化石オオカミの遺伝的多様性の大きいことに、私はさほど驚いてはいませんでした」とジェルモンプレは語る。キツネとオオカミは、最終氷河期末に厳しい瓶くび効果を受け、個体数を大きく減らしていたから、多数の遺伝系統がこの時に絶滅したのだ。

　「でも、ゴウェ家犬の年代の古さに、私は驚いたのです」とジェルモンプレは続ける。「おそらくマグダレーニアン（マドレーヌ文化）だろうと予想していましたから」。ゴウェ洞窟の包含する文化層は、多くの異なる文化年代に由来する石器を埋蔵する5枚の層に分離できる。同洞窟のマグダレーニアンは、およそ1万8000年前から1万年前であり、1万4000年前頃のウクライナの2遺跡で出土した初期の家犬の推定年代と近似しているからだ。だからゴウェ家犬がおよそ3万2000年前の年代になることが分かったのは、ほとんど驚異であった。だが間違いではない。年代測定は、権威のある、経験を積んだラボで行われたのだ。その年代誤差も、±250年とかなり小さい。

標本数の少ない幾つかの理由

　ゴウェ原始犬の測定年代はかなり古いので、3万1700年前と1万

4000年前頃との間には、初期家犬の化石記録に大きなギャップが存在している。そのとおりだ。ジェルモンプレらは、原始犬を同定する良い手法がなかったために、これまで幾例もの原始犬が見逃されていると予想している。しかし原始犬のギャップのおよそ1万8000年間の標本が見過ごされているとするのは、合理的なのだろうか？

ジェルモンプレは、そう考えている。ただ問題は残っている。

まず第1に、彼女らのチームの開発した手法を使うには、ほぼ完全な頭蓋が必要だし、この時代のイヌ科頭蓋そのものが数が少ない。他の部位の骨は使えない。例えばイヌの大腿骨をオオカミの大腿骨と識別できる信頼できる方法がまだないからだ。

第2に彼女も指摘するように、多数の研究者は、そうした古い時代のものと考えられる大型のイヌ科頭蓋が家畜化されたイヌの可能性があるかどうかに疑問にすら思っていない。そうした標本は、家畜化されたものとしては「古すぎる」と判断されてきたのが普通だ。こうした問題には虚心坦懐にアプローチするのがよいし、確かな証拠が正確な結論を導くだろう、と彼女は考えている。

最後に、家畜化が偶然の出来事だったとしたら——現在でもほとんどの動物の育種はそうだ——、この時期の家犬の数はほんの少数だっただろう。その少数の最古の家犬が化石として保存され、その後に古生物学者に発見される機会は、あったとしてもごくごく少ないと思われるのだ。

古代オオカミ（？）の食は主にウマとバイソン

これらの原始犬は何を食べていたのかを知る証拠を求めて、ジェルモンプレのチームは、骨の安定同位体分析も試みた。

動物の食べる食物は、いずれ骨に取り込まれ、炭素と窒素の同位体という形で食性に特徴的な化学的痕跡を骨に残す。骨の保存が良好であれば、この化学的痕跡は化石に残り、その動物の死亡前の数年間の食性を

反映する。正確な食性は復元できないが、同位体分析によってある動物が海棲食資源を利用していたのか、それとも淡水産食物か、あるいは陸棲食資源だったのかが明らかになるのだ。炭素と窒素の安定同位体比は、同一遺跡の他の動物と比べて、ある動物が食物連鎖のどの位置にいたのかも明らかにしてくれる。ほとんど陸棲植物だけ食べている草食動物の窒素の値は低いのに対し、そうした草食動物を食べる肉食動物ははるかに高いレベルの窒素を有する。さらに同位体分析は、どんな種類の植物が食べられていたのかも大まかながら明らかにしてくれる。植物の系統によって、代謝経路が異なるからだ。

ゴウェ、トル・ドゥ・フロンタル、トル・ドゥ・ヌトゥンス、トル・ドゥ・シャローというベルギー各洞窟から出土した10点のイヌ科の骨が、同じ洞窟出土の72点の草食動物（ウマ、トナカイ、ヤギ、アカシカ、ジャコウウシ、バイソン、ウサギ）の骨とともに安定同位体分析が行われた。試料を採取されたイヌ科の骨のどれも、原始犬ともオオカミとも分類できる頭蓋ではなかった。そこで研究チームは、イヌ科の標本は全部がオオカミだと基本的に想定する立場に立った。

その結果、明らかになったのは、これらの古代オオカミは、獲物としてウマとバイソンに大きく依存していた可能性が最も高いということだ。その一方、ジャコウウシ、トナカイ、ウサギ、そしてサケ——これは上部旧石器時代後半の遺跡で見られる旧石器人の食物の一部となっていた——は、古代オオカミの食の主要要素ではなかった。ゴウェ洞窟の人間は家犬を飼っていたが、彼らは原始犬とオオカミとほぼ確かに食物を共有していた。

上述の発見が示唆しているのは、大型の獲物（ウマとバイソン）については人間と食を共有していたが、小型動物の肉はそうではなかったろうということだ。人間の視点からすれば、これは家畜にする過程への理に適った道だ。食物が余れば、その一部をイヌ、すなわち原始犬に投げ

与え、そうやって友好的な絆を強めていったのだろう。だが食物が乏しくて人間の集団全体がわずかな野ウサギやサケで飢えをしのいでいたとすれば、ほとんどか全く、原始犬に食物を与えなかったのだ。

旧石器人に「敵」の接近を知らせる役目か

イヌの飼育で、狩りの成功率は上がった。イヌは獲物の臭いで追跡し、走るのも速いという優れた技をもっていたからだ。またイヌは、他の肉食動物が近づいた時、人間に警戒の吠え声をあげる番犬の役割を果たしていたのもほぼ確かだろう。現代の極北地方の集落でも、1頭か複数頭のイヌを戸外につないでおくのが普通だ。そうやってイヌは餌を与えられ、世話をされるが、決して住居内には入れられない。暮らしの中でのイヌを飼う目的は、吠え声で危険なホッキョクグマの接近を人間に警告することだからだ。古代の家犬も、同じように旧石器人にクマやオオカミ、あるいは見知らぬ人間の接近の恐れを知らせていただろうと容易に想像できる。

イヌがいつ、生きた道具としてでなく、働くペットと言う方が最良であるような、完全な家族の一員になったかは、定かではない。すでに述べた以外にも、古いイヌの化石が見つかっている。1万7000年前のロシア、ブリャンスク州エリセーヴィッチ遺跡の例、1万4000年前のドイツ、オーベルカッセル遺跡出土の例、1万4500年前のスイス北部、ケッセルロッホ洞窟出土の例である。このような形質の変容にはそれ以上は長くはないとしても、数千年間もかかるのは確かだろう。

イスラエルでの1万2000年～1万3000年前の発見は、この時までに家族の一員としてのイヌへという変容が達成されていたことを示している。アイン・マラハ遺跡で高齢の女性がイヌとともに埋葬されていたのだ。女性の腕は、愛情と親しみを明らかに示すかのような姿勢で1頭の仔犬の上に置かれていた。この埋葬例は、イヌ以外の多くの種——ヒツ

ジ、ヤギ、ウシ、そして各種の穀物——の栽培家畜化の前後に当たる。このことは、アイン・マラハの家犬は有能な牧畜犬であったかもしれない可能性を推察させるのである。

一塩基多型が明かした原始犬の故郷

UCLAに在籍するボブ・ウエインは、私が大学院生時代に初めて会って以来の古い友人だが、彼はそれ以来ずっと、様々なイヌ科動物の進化史と遺伝的な歴史を追い求めてきた。今や彼の研究室は、この研究で国際的な指導拠点の一つとして広く認められている。

2010年、現代のイヌの祖先を探究するために、ウエインのチームは、野生のイヌ科や家犬の膨大な標本のゲノム規模での精査結果を発表した。彼らによる遺伝的な調査と個体数は、これまでのどんな研究をもはるかにしのぐものだった。チームは、世界11地域から集めた225個体のタイリクオオカミの他に、85品種の家犬912個体のDNAを検査した。彼らが探していたのは、4万8000もの「スニップス」と発音される一塩基多型（SNPs）の存在である。一塩基多型とは、DNAを構成する四つの塩基のうち一つが別の塩基と置換されたものである。一塩基多型はどれも、進化の歴史のほんの一こまを記録するごく小さな突然変異である。どのイヌの品種とオオカミ個体群が一塩基多型を共有しているかを探すことで、研究チームは遺伝的な系統をたどることができた。

ボブのチームは、家犬への遺伝的寄与は中東産オオカミの方が東アジア産オオカミよりも一貫して大きいことを見出した。従来の研究は東アジア産オオカミが現代のイヌの主要な祖先だと考えてきたが、従来説を覆す発見である。

どうして以前の研究者たちは、中国や東アジアを家犬の母体となったオオカミの原郷土と間違って同定してしまったのだろうか。ボブの説明によると、それらの研究は自分たちのものよりずっと少ない標本数でし

か行われず、少ない遺伝子マーカーしか観察していなかったからだ、という。おそらく中東でイヌが家畜化され、人間の家族の中に完全に取り込まれると、人間とともに東アジアに移動し、そこで在地のオオカミと交雑したのであろう。中国のオオカミの遺伝的寄与が大きい現代犬種は、現代のアジアでも維持されている遺伝的には独特な犬種——他の犬種と古い時代に分離した証しを示す——、すなわち秋田犬、シャーペイ犬、チャウチャウ、それにディンゴである。

　イヌは、唯一の家畜化された動物だったわけではない。人間とコミュニケーションをとるという新たな機会を巧みに活用した最初の動物にすぎなかったのである。

第14章
家畜化の証拠

図像芸術などの開始と同時期に始まったイヌの家畜化

　前までの数章で私が述べてきたのは、上部旧石器時代の初頭に突如「人類革命」が起こったわけでもなく、現代人的行動の始まりを画した突然の飛躍が起こったわけでもないし、さらにまた栽培家畜化で人間生活の向上を示した1万2000年〜1万年前の新石器革命が起こったわけでもないということだ。

　一連の技術的な革命を想像するよりも、過去10万年以上の間にあれこれの集団内で新しい行動が発明されて人間行動が少しずつ進化していった、と私は考えている。多くの有益な行動はそれぞれ別個の集団により独立に発明されたことは、論理的に見て確かだろう。例えば石器や言語を発明できる遺伝的素因を備えた多数の人類集団がそれらを発明し、その後に彼らの人口数が小さすぎたために、あるいは偶然の出来事が小集団に破壊的であったために絶滅したことは疑しく思っている。しかし異なる人類集団が互いに頻繁に出遭うほど十分に人口密度が高くなるまで、こうした行動や経済的変化のどれも人類全体に広がらなかった。個人や集団がどれほど賢くても、そのアイデアがよく似た別の集団に到達しなければ、そのアイデアは個体の死とともに途絶えるのだ。

　過去10万年に及ぶ生活様式、狩猟、芸術、個人的装身具、石器製作における諸変化を詳細に観察していくと、いくつかの変化や革新がある一地域に現れ、その後に消滅し、また後にさらに別の地域に再出現したことが分かる。

　ゴウェ洞窟犬やその他の原始犬に伴う年代値から見て、この最初の家

畜化の出来事——人間の危険な競争相手から人間に馴れた狩りの助手へと変わった、オオカミからイヌへの変貌——は、図像芸術と音楽の始まりとほぼ同時代に起こった。だが家畜化のこの最初の例は、革命を点火させたわけではなかったし、もっと正確に言えば世界のほとんど全体に農耕を広げた革命は、約２万年後までは起こらなかったのだ。

「生きた道具」を用いて自らのニッチを構築

　新石器革命それ自体があったとは考えていないが、それでも適切な動物から生きた道具を創造するのを学んだことは、人間という種の適応していたニッチを最終的に変えた、と私は考えている。

　「ニッチ構築」というこの考えは、今や生物学者に大人気だ。彼らは新しい視点で種が自分に有利になるように能動的に環境を改造して、いわば自分自身のニッチを構築する多数の方法を観察している。ある意味で「生きた道具革命」は、産業革命のようなその後に起こった、もっと広く認められた革命に似た、ニッチ構築のはっきりした例であった。生きた道具革命によって、人間は自分自身の弱々しい能力をはるかに超えた力の源を利用できるようになった。しかし西欧の社会と経済を数世代で変革した、ずっと後に起こった産業革命が機械の力の利用法を短い時間で私たちに教えたのに対し、生きた道具革命はそれによる変革を機能させるのに数千年もかかったのだ。

　これは、機械の力が動物や植物の力よりずっと個性的でないからだ。蒸気であれ、石炭駆動、石油駆動のいずれであれ、エンジンはみんな同じであり、同じ原理で動く。それに対して、家畜化されたどの動物でも、その種に特異的な特徴をもち、そこに至るまでの過程を必要とする。

　前章で、化石と遺伝子データに照らして、最初の家畜化とイヌがどのように家畜化され、人と住むことによりいかに変わったかを見た。時代をへるとともに、多くの異なった種が家畜化されるようになった。少な

表1 主な家畜化された動物（大型哺乳類のみ）

動物	家畜化された地域	およその家畜化年代（年前）
イヌ	西ヨーロッパ	32,000
ヤギ	西アジア、イラン	12,000
ヒツジ	西南アジア	11,000
ブタ	近東、中国、ヨーロッパ	10,000
ネコ	近東	9,000
ウシ	インド、中東、アフリカ	8,000-10,000
アルパカ	中部アンデス	8,000
リャマ	中部アンデス	6,000
スイギュウ	インド、中国	6,000
ウマ	カザフスタン、ユーラシア	6,000
ヒトコブラクダ	アラビア	6,000
ロバ	北東アフリカ	5,000-7,000
トナカイ	ロシア、フィンランド	5,000
フタコブラクダ	中央アジア	4,500
ヤク	チベット	2,500-5,000

くとも15種の大型哺乳類（表1参照）と、さらに多数の小型哺乳類や鳥だ。家畜化の証拠が卓越した例もあるが、貧弱なものもある。全体の記録を概観することで、いくつかのポイントが詳しく解明できる。

家畜化の幾つかのポイント

第1に、イヌは他の動物より飛び抜けて早く家畜化された。動物は、肉を得るため、つまり「歩く肉貯蔵庫」として家畜化されたという考えに根本的疑いを抱かせる事実である。

第2に、3万2000年前のイヌの家畜化の後に、1万2000年～1万年前の新石器革命期まで動物家畜化の隊列は見られない。イヌの後の家畜動物群として、ヤギ、ヒツジ、ブタ、ウシがいた。この4種すべては、栽培

植物、すなわち穀物農耕は家畜飼育と結びついたとするモデルにうまく合致する。

　だが野生のヒツジやヤギ、あるいは野生のウシ（オーロックスかバッファロー）を家畜化する過程は、オオカミの家畜化の過程と似たところは全くない。一例を挙げれば、オオカミは人を食えるし、実際に食うだろう。ウシ、ヒツジ、ヤギは、逃亡したり、人を蹴ったり角で突いたりするが、捕食動物ではないので、人を自然の餌とはみなさない。実際、新石器革命の家畜種は、人を食うどころではなく、人を恐れていた可能性がはるかに高い。そのため、ウシ、ヒツジ、ヤギなどを初めて馴化し、その後に家畜化するのに必要となった技術と行動は、オオカミとイヌを管理するのに用いられたものとは全く違っていた。また動物の家畜化は、植物を栽培化するのとあまりにも似ていないのだ！

　そして第3に、動物の家畜化は2個所以上の地域で2回以上は起こったようである。最初にこの考えを聞くと、家畜動物は最も近縁な野生種とも当然、遺伝的に異なっているので驚ろかされるだろう。それならそうした変化がはどのようにして2度以上、起こりえたのだろうか。この矛盾は、家畜化は時間をへての過程と見れば解消される。家畜化の過程の様々な時点で、そして確実に初期の段階で、家畜化される途上の動物は、交雑や戻し交配を妨げられるほど、まだ野生種と遺伝的に異なってしまっていたわけではなかったのだ。実際、オオカミは数万年近くもイヌと遺伝的に隔離されているけれども、まだ家犬と時には交雑することがある。

　さらに第4に、家畜化の出来事はそれぞれ個別的であり、また他の動物の場合とも異なっていた。したがって家畜化過程の全体像を理解するためには、最初の家畜動物ばかりでなく最新の、そして一部の中間的時代の家畜を検証する必要がある。イヌは、ヒツジ、ウマ、ウシではないし、ヤギ、リャマ、ブタでもなく、ラクダでもないからだ。学ばなけれ

ばならないこと、そして直感で把握され、また時には無視され、さらに（時にはうまく、時にはうまくいかずに）人と一緒に暮らしていた野生動物と人間との間に作り上げられねばならなかったことは、どの時代でもそれぞれ異なっていた。他人より抜け目なく動物を観察し、驚いたり心配したりする動物の鎮め方をより素早く学び、どのようにしてその動物を健康に温順な状態で飼育できるかのやり方を把握した人たちは、新しい種類の道具、すなわち人の命令に従ったり、最低限人と協調したりする動物の獲得という形で報いられたのである。

家畜と野生種をどのように区別できるか

　最後に、前の２章で保留しておいた厄介な問題にも対処する必要がある。イヌの家畜化を論じた際、私は頭蓋のいくつかの特徴について述べた。その特徴が、ミーツェ・ジェルモンプレらの研究チームにゴウェ洞窟のイヌが実際に家畜化されていたものだということを確信させたのだ。では家畜化されたそれぞれの動物が異なれば、イヌではない別の動物の初期家畜化をどうやって識別したらよいのだろうか。手にしているのが化石の骨だけだとしたら、家畜種とその先祖の野生種との違いを、どのようにして区別できるのだろうか？

　家畜化の一般的な原理は、人の好ましいと考えた特徴が、家畜種においてはその先祖の野生種や類縁種よりも強く発達するということだ。もし人の望んだ物が実が大きくて果汁の多い果実だとすれば、栽培化された植物の果実はその野生種の果実よりも大きいだろう。家畜化される目的が、人や荷物を速く運べる足の速い動物を手に入れることだとすれば、人は大型で快足の動物を探すものだ。問題は、私たちの祖先が望んだ物を、対象にした種から実際に見分けられるかどうかだ。それは、古いファンタジーと大差ない。

　2006年にスミソニアン研究所のメリンダ・ゼーダーと彼女の共同研究

者たちは栽培家畜化を再検討し、栽培家畜化とは「人間社会とそこの人たちが目的にした植物・動物との間の相互依存関係が強まっていく過程」だと再定義した。この場合、「相互」と「依存」の両方がキーワードにとなる。ではこの過程を、どうやって認識したらよいのか。メリンダらは、遺伝学者は現生の栽培家畜種に残されている栽培家畜の遺伝的マーカーを探している一方、考古学者は栽培家畜種の行動と形態、そして偶然ではなくそのゲノムを変化させた人間の側の行動パターンの証拠を探している、と説明している。

原始犬が洞窟壁画に描かれない理由

　化石と考古記録から栽培家畜化されるようになった種を識別するのは、たやすいことではない。そのため、しばしば論争になる。2005年、フランス国立科学研究センターのジャン＝ドニ・ヴィーニュらは、栽培家畜種である地位を証明すると考えられる九つの手掛かりを特定した。

　家畜化された動物は、頻繁に芸術作品の中に表現される。芸術作品は、その動物がその社会の象徴化体系に組み込まれていたことを証明しているからだ。

　だが、この基準だけでは十分でないのは確かだ。例えばケナガマンモス、ライオン、クマ、サイなどを含む先史芸術に表現された動物の全部が家畜化されていたと、認めたいと思うだろうか？　先史芸術の表現は、こうした動物についてその動物が重要で何らかの象徴であったことを明確に教えてくれるが、この上なく優美に描かれた動物たちも、決して家畜化されていなかったし、おそらく家畜化できる可能性すらなかったことを私たちは知っている。さらにイヌは最初に家畜化され、またその家畜化も最初の洞窟図像壁画が描かれたほんの2000〜3000年後に起こったことなのに、壁画には描かれていない。イヌの描画を先史芸術に探す価値があると、主張できるものだろうか。

上記の解釈に反することが、実はイヌは先史芸術にまず滅多に描かれないという事実だ。おそらく10回よりもずっと少ないだろう。現実にヨーロッパの初期先史芸術でイヌの描画例は、人間そのものよりも少ない。どこの研究所・大学にも所属していない独立系研究者で先史芸術の専門家のポール・バーンに、それはなぜなのかと私が尋ねた時、彼はこう答えた。「人の図像がごく少ないのと同じ理由なんだろうね。何らかの理由でイヌや人を描くのはタブーとされていたか、（こちらの方がはるかに可能性が高いが）芸術家が主に描いていた対象と関連がなかっただけなのだろう」。

上部旧石器時代を研究しているヴァッサー大学（アメリカ、ニューヨーク州）教授のアンヌ・ピケ＝テイは、別の推定を付け加えた。「肉食動物が芸術作品に描かれることが少ないのは、上部旧石器の化石動物相に肉食動物が少ないことと同じです」と、彼女は述べる。家畜化されていたイヌが人間の狩りの助手を務めていたとすれば、イヌは他の動物とは完全に別の象徴化カテゴリーに位置付けられていたのだろう。「イヌが狩人の延長として『人間の家族』の地位に置かれていたとすれば、人間のように壁画や彫刻品に全く（あるいはごく僅かしか）描かれていなくても、当然ではないでしょうか」と、彼女は述べる。

現代ペンシルベニアの家庭ゴミにシカの骨が多いが家畜ではない

もう一つの家畜化の傍証は、特定の種の骨だけが優勢になるなど、時代とともに考古遺物の中で様々な動物の骨の比率が大きく変化することだ。この研究法は有効そうだが、問題を起こす恐れもある。人間集団の中には——したがって彼らが残した考古遺跡の中には——、野生動物の狩猟にある特殊なパターンが現れることがあるか、かつて現れた例があるからだ。そしてこうした好みが、後に残される骨を強く偏らせる可能性がある。例えば現代のペンシルベニア州では、オジロジカが最も広く

狩猟される野生動物である。2000年から2009年まで、毎年、32万3070頭から50万4600頭がハンターによって狩猟されていた。

これが意味することは、実際問題として印象深い。かつて私は中部ペンシルベニア州に住んでいたが、その場所では手紙も配達されないし、ゴミはシカの猟期の初日に収集されるだけだった。そのうえシカ狩りに「みんなが」出かけていってしまっているから、学校もしばしば閉鎖された。そんな辺鄙な地域なら、シカの骨が狩りに行った家族の出すゴミに混じる動物の骨の大きな割合を占めるのは間違いない。それにもかかわらず、シカは家畜化されていないのだ。過去の狩猟民が同じようにある種だけを集中的に狩猟していたとしたら、遺跡に残った骨が多いことはその種が家畜化されていたことを示していると誤って解釈される可能性がある。

ソリュートレ遺跡の家畜でないウマの骨の集積というバイアス

ペンシルベニア州の例のように、サンドラ・オルセンが私のポスドクの学生だった80年代（現在はカーネギー自然史博物館在籍）、フランス、ブルゴーニュの著名なキルサイト（狩猟解体遺跡）であるソリュートレ出土の骨を相手に研究していたことがある。

3万2000〜1万2000年前に及ぶ期間、この地域を流れるソーヌ川の氾濫原の上に切り立った石灰岩の尾根である急峻なソリュートレ岩山に挟まれた天然の袋小路で、数千頭ものウマが殺された。サンドラは5000点もの骨を調べたが、その94％はウマの骨であり、トナカイを含む他の動物骨ははるかに少なかった。ウマの大部分は、夏期の数カ月間に殺されていた。

ソリュートレは、印象的な線刻画を含め、昔から数多くの遺跡解釈がなされた著名な遺跡だが、そうした解釈によると、先住アメリカ人に用いられていた有名なバイソン追い落としからの連想で、遺跡はウマが追

い落とされた跡と推定された。バイソン追い落とし遺跡では、単一種だけで構成される動物骨が数千頭分も見られる。バイソンは、カナダ、アルバータ州のヘッド・スマッシャト・イン遺跡のような立地の崖上から追い落とされていたのだ。その解釈の代わりに、人の暮らしていた遺跡で約4500点もの単一種の骨が見つかれば、その動物は家畜化されていて、長期に及んだ居住期間に、必要に応じて食物として屠殺されていただけだと推定できるかもしれない。

ソリュートレ遺跡の夥しいウマの骨の堆積をサンドラは詳しく分析し、旧石器狩猟民がウマの季節的に回遊するルートで待ち伏せし、その機会を巧みに利用した長年月の積み重なりであることを明らかにした。暖かくなった夏の間、小規模なウマの家族の群れはソーヌ川の氾濫原にあった冬の餌場からマシーフ・セントラル高原へ定期的に回遊していた。この地域の地勢的関係で、ウマの群れはソリュートレ岩山と隣接する石灰岩の尾根に挟まれた狭い回廊を通過しなければならなかった。ほぼ確実に旧石器狩猟民は、木の枝で作られた細道を使って、ウマの群れを岩山の裾の袋小路に方向転換させた。岩山へと追い上げられると、ウマの群れは比較的容易に屠殺された。ソリュートレの例が物語るのは、家畜化ばかりでなく、特殊化された狩猟技術が用いられると単一動物種の大量の骨が残されることがあるということだ。

骨の死亡年齢と性別のパターンに家畜と野生種の違い

最近になって新たに注目を集めるようになった家畜化の同定法は、屠殺や獲物の効率的利用の模様を示唆する動物骨に表れされた年齢と性別のパターンの変遷である。家畜を1年の特定の時期に殺す選択は、その結果として出来る骨の山に残す特徴に影響を及ぼす。多くの動物は決まった季節に妊娠し、その動物の餌が1年でもっとも豊富になりそうな時に1頭の仔か複数の仔を出産する。温帯地域ならこの繁殖パターンは、

春から夏、そして秋にかけて、仔が草を食べて育つように、仔は晩冬期か早春に生まれることを意味する。肉を得る目的で育てられる理想的な家畜は、たぶん野生種よりも速く育って、晩秋かその個体の最初の冬にほぼ成体の大きさに達する。

だが群れで育てられる家畜は、その野生種とは違ったパターンで死ぬ。野生では、動物の個体群は、最も弱い個体から死んでいって数を減らしていく。餌不足などの一番困難な季節に死亡率がピークに達する。だから生まれて間もない個体と老齢個体が高い死亡率を示し、成体が一番生き残りやすいと予測できる。それに対し、家畜化されて管理された群れでは、生まれたばかりの仔の死亡率は比較的に低い。その代わり、多くの個体は生後6カ月から12カ月の冬の始めに屠殺される。それらの個体はほぼ成体の大きさになっていて、冬の間に餌を与えて育ててもほとんど肉は増えないからだ。翌年の冬に繁殖させる必要のある個体だけが、命を長らえる。通常は「優良な」雌とわずかの若い、あるいは成体の雄だ。若い雄を選択的に殺していくのは、群れが人間に積極的に管理されていたというもう一つの傍証である。

ブライアン・ハッセは、ペンシルベニア大学の私の同僚で、動物考古学（考古遺跡に残る動物遺骸の研究分野）を専攻している。1978年、彼は初期の家畜化を考古遺跡で出土した骨の死亡年齢と性別の変化（死亡データ）で検出できることに世界で初めて気がついた。

性比で1万年前のガンジ・ダレの家畜ヤギを立証

2000年にハッセとメリンダ・ゼーダーは、ハッセの死亡データの研究を追跡調査した、今では古典的となった論文を発表した。2人の示したのは、まず第1に大きさによってヤギの雄の骨は雌の骨と識別できること、第2にヤギの雌と雄を区別して、それぞれの死亡推定年齢を観察すれば、若い雄が選別されて殺されていたかどうかを知ることができると

いう点であった。野生ヤギの群れの性比の管理など不可能なほどに難しいと思われるので、性比が管理された群れは家畜化されていたことに間違いないのだ。この手法を使って2人は、家畜化されたヤギが1万年前の考古遺跡であるイラン領ザグロス山脈中のガンジ・ダレに存在していたことを実証できた。ガンジ・ダレ遺跡のヤギは、家畜ヤギの最古の証拠となっている。

栽培化されたコムギは1万500年前頃のトルコ、ネヴァリ・コリ遺跡に現れ、栽培ライムギは1万3000年前のシリアのアブ・フレイラで発見された。ザグロス山脈の家畜ヤギの研究と考え合わせれば、チャイルドの提唱した動物の家畜化と植物の栽培化という古典的な新石器パッケージが1万年前かおそらくはそれよりもやや古くに現れたことの、これは確かな証拠のように思われる。

ヒツジとヤギ——歴史文献では「小さいウシ」と呼ばれる時がある——は、穀物栽培にも関わる生活様式にうまく合致する。穀物を育てる人たちは、畑の世話をするために固定的、少なくとも半恒久的集落で暮らさないといけない。動けるヤギとヒツジは、日課のようにか、その時期だけヒツジとヤギの祖先の原郷土であった山岳や高地に追い上げるかして、穀物の生育期に集落から離れた放牧地に連れ出せる。そこで、穀物が収穫されるまでの数カ月間、捕食者から襲われるのを防ぐために少人数の見張りを付けて、家畜に適当に草を食べさせておけばいい。収穫後は、低地に連れ戻して、畑の刈り株や藁を食べさせることもできるのだ。

古くからイヌの役割は分化

ヒツジとヤギの牧畜民にとって、イヌの飼育は大きなメリットをもたらす。優秀な牧羊犬がいれば、たとえ女手1人でも大量の家畜を容易に管理できるからだ。人が1人では、これよりはるかに少ない群れも管理できない。では1万2000年前頃の集落で人と暮らしていたイヌは、牧羊

犬だったのだろうか？　それを言うことは難しい。現代の大半の犬種は、ヴィクトリア朝の頃に育種されたものだと考えられている。この時代、様々な外貌や能力をもったイヌの血統維持と意図的な選択が、人気を集めたのだ。

　しかしUCLAのボブ・ウエインらのグループによる現代犬種を対象にした最近の遺伝的研究によると、いろいろな役割別にイヌを選択したのは、それまで考えられたよりもはるかに古かったのかもしれないと推定されている。研究チームは、様々な役割別の犬種（牧羊犬、使役犬、愛玩犬、護衛用のイヌなど）がはっきりした遺伝的クラスターを構成していることを知って驚くことになった。研究チームがデータを増やす一方、大学院生のブリジット・フォンホルトは、犬種の役割に基づいて各個体を識別のための色コードを行う責任を引き受けた。ボブが最初に色コードされた結果を見た時、自分がやってほしいと望んでいたことをはっきりと彼女に説明していなかったのではないか、と考えたという。彼女は役割別ではなく、遺伝的な分類でその結果を色コードしたように思われたのである。

　ボブは、次のように語る。「その後で、私はこの二つはほとんど同じだと分かったのです。例えば猟犬の視覚ハウンド犬や牧羊犬、テリア犬を作り上げるたくさんのやり方があっただろうと、我々は予測していましたから」。遺伝子データと犬種の役割に基づく情報との間のほぼピタリとした一致は、どのように人は特定の役割をもった新しい犬種を作ろうと目指していたかを反映しているのだと彼は確信する。

　「明らかに新しい視覚ハウンド犬を望んでいたとしても、人は視覚ハウンドを互いに交配する傾向があったのです。牧羊犬でも、獲物を持ち帰る役のイヌでも、同じでした。そのことはさして驚くほどのことではないのかもしれませんが、これらのイヌたちの血統は強かっただろうとあらかじめ考える根拠は何もなかったのです」と、ボブは説明する。イ

ヌと人間——生きている道具としてのイヌと道具デザイナーとしての人間——との深い関わりは、長い長い時間をかけて発展し、変化したのだ。

角の中心角や突然の動物の出現も家畜化の判断基準

　家畜化の全く別の一つの判断基準は、ヒツジとヤギの角中心核の形に起こった変化である。人がヒツジとヤギを家畜化しつつあった時、人が選択した何かの特徴——たぶんあまり攻撃的な行動を示さないこと——が家畜の角の変化を引き起こしたり、同時に雌の角も失わせたりしたのだ。そうした変化も、家畜であることの有力な指標であるようだ。

　もう一つの納得のいく判断基準は、その動物もその近縁種も以前はいなかった地域に突然、ある動物が現れることだ。管理するのが難しいので、一般的に人は新しい地域に大型野生動物をもち込まないからだ。

　ただしそれでも、新しい地域に野生動物を意図的にもち込んだ例は知られている。例えばヨーロッパ産のウサギでなされたように、アカシカが1850年代にニュージーランドとオーストラリアに移入された。1896年、大陸部のカナダから離れたアンティコスティ島にムースがもち込まれた。もともといなかった地域にもち込まれた動物で最も一般的なのは、各種のシカである。これまで誰もシカを家畜化することに成功していないが、シカ類は比較的温順だ（サイ、野生馬、捕食種と比較すれば、のことだが）。イノシシ——たぶん半家畜化されたブタ——が、明らかに人の手で日本本土から離れた離島に運び込まれていた例もある。彼らの骨が、日本各地の貝塚から発見されている。こうした例が意味するのは、家畜化の基準として新天地にある動物が突然出現する例を用いるには動物の行動についてよくよく考える必要がある、ということだ。

初期の家畜化で動物は小型化、食性も変化

　多くの動物では、家畜化の間に小型化する。骨や体格の大きさの違い、

体の大きさに対する脳の大きさの差、顎の大きさに対する歯列の長さ（歯の密生度）の違いも、役に立つ手掛かりだ。

小型化も、必ずしもすべての場合の家畜化に当てはまるわけではない。確かに家畜から得られる肉に関心があるのだとすれば、人は体格の小さい動物を選択するかもしれない。小型化した家畜は野生種よりも速く成熟し、また攻撃性も弱まるからだ。ブタは、家畜化が始まって体の大きさを縮小させた家畜の好例である。もっとも後の育種で、現代のブタははるかに大型化するようになったが。多数の家畜化されたブタが人に小さな舟に乗せられて太平洋の島々に拡散していったのも、それなりに妥当だろう。小さな舟に乗せるのに、体が大きかったり気性が荒かったりしたら多くの障害となるからだ。

しかし、（荷運び、鋤耕作の）労働力や運搬を主目的に家畜化された動物は、小型化は望ましい特徴ではないので、必ずしも縮小化したわけではない。リャマやアルパカのようなラクダ科動物は、決して小型化したわけではなく、家畜化とともに大型化したようだ。また家畜は、寒い地域でも大型化する。ウマは小型化したようだ——それでなければ少なくともずんぐりした形態を弱め、スレンダーな脚をもつようになった——が、彼らの体の大きさは居住地にも影響される。

食性の突然の変化（餌を通じて動物の骨に取り込まれた安定同位体分析により、通常は明らかになる）も、家畜化を示す目安になる。人がある動物をきっちりと管理し始めると、すなわちその動物が家畜化されるか家畜化に向かっているかすると、人はその動物を柵の中などに閉じ込めるようになる。放し飼いなら、どんな個体も自分の思うままの交尾相手を選べる。つまり生まれる仔の特性を人間が自在にできないということだ。だが閉じ込められた家畜は人が繁殖を管理できるが、それにはコストが伴う。ほとんどの場合、閉じ込められた家畜には、餌事情の厳しい冬季の間も餌を与えないといけない。

2002年、北京にある中国社会科学院考古学研究所の袁靖とハーヴァード大のロワン・フラッドは、中国の家畜化されたブタが主作物としてアワが栽培化された後に現れることを発見した。2人の推定では、主要穀物の栽培化の成功が動物家畜化の前提条件だったのではないかという。

例えば8000年前の磁山遺跡で、アワの遺存体が一群の方形貯蔵穴内で発見されたが、貯蔵穴は一つ一つがかなり大きく、また多数存在したので、貯蔵されていたアワは総計11万1000ポンド（約50トン）と推計された。明らかに磁山の住民は、頼りになる主食の穀物を栽培化しており、それも大量に貯蔵できるほどの余剰をもっていたのだ。袁とフラッドが襄汾市にある別の遺跡で見つかったブタの骨を分析したところ、C4という特殊な代謝経路をもつ植物で飼育されていたことが分かった。C4の代謝では、炭素の特定の同位体が用いられるのだ。アワは、そうした植物の一つである。2人は、ブタ飼育の基礎的な飼料として、アワの籾殻を与えていたのだろう、と結論付けた。

ユーラシア7地域で独立に起こったブタの家畜化

考古遺物としての骨からはDNAはごく稀にしか抽出できず、それが遺伝子を基に家畜化を識別しようとする試みを阻害しているのだが、それでも遺伝的な研究は、家畜品種の進化の枝分かれの解明に役に立つ事実を明らかにしてくれる。例えば現生のブタ（野生のイノシシと家畜ブタ）同士の遺伝的比較は、誰もが予期した以上の複雑なストーリーを示してくれる。

最古の家畜化されたブタは、9000年前頃に現れる。だが、中国でではない。ダーラム大学のグレゴール・ラーソンと共同研究者との最近の研究では、ブタの家畜化は少なくとも7地域で、それぞれ独立に起こったものらしい。中央ヨーロッパ、イタリア、インド北部、東南アジア、さらに東南アジア島嶼部でも。

近東で栽培化された植物による農耕が始まり、さらに外側のヨーロッパへと拡大していったが、新石器生活様式が拡大するにつれ思いがけないことが起こった。おそらく移住していった近東の農耕民によってだろうが、近東産のブタがヨーロッパにもち込まれたのに、そのブタはヨーロッパで長く飼育されることはなかったのだ。約500年後、近東産ブタは、ヨーロッパ産イノシシから家畜化されたブタにほぼ完全に取って代わられてしまった。ラーソンらの推定では、近東から来た農耕民は、ブタを家畜化するというアイデアと、ブタと共に暮らして管理する技術をもち込んだが、近東産ブタを受け入れるよりも地元のイノシシを家畜化することの方を、より魅力的に感じたのだろうという。ひょっとすると近東からの移民は、自分たちのもち込んだブタに窮屈な思いを感じていたのかもしれない。ヨーロッパ産イノシシは、より洗練されたブタとなったのだろう。そんなこと、誰が分かるだろう。

カザフスタン、ボタイ遺跡のウマ家畜化の研究

家畜化を識別する残された判断基準は、付属的証拠に頼ることだ。すなわち家畜の檻、囲い、動物を扱う時に用いる道具、祖先状態からの遺伝子構成の変化、である。動物を扱ったり使役したりするのに関係した道具の存在は、人が動物と親密に暮らしていて、ある程度まで動物の行動を管理していたことを強く推定させる。野生動物の行動を制限したり利用したりはできるものの、そうした道具の量の多さと多様性が認められれば、家畜化の優れた証拠になるだろう。

ウマの家畜化に関してサンドラ・オルセンと彼女の共同研究者によってなされた研究は、明確にこの判断基準の威力を示し、これ以上の例を他に知らない。

長年にわたってサンドラらの研究チームは、ボタイというカザフスタンの巨大考古遺跡と、同じ文化をもつ人々によって形成された近隣村落

遺跡の一部を発掘調査し、そこから出土したウマの遺物を研究してきた。ボタイ文化の年代は、紀元前3700〜前3100年である。ボタイ遺跡からは保存良好な大量の骨が見つかっている。誰も正確な点数を数えたことがないが、サンドラの見積もる30万片という数字は納得のいく推計値である。その上それらの骨片のおよそ99％は、ウマの骨なのだ。多くの骨には、刃物で処理された解体痕やカットマークが付いている。さらに、雄のウマの独特で、ある意図の基になされた埋葬も存在する——全身ということもあるし、頭部だけのこともある——。これは、ボタイ人たちにとってこの文化と祭祀でウマが重要な位置を占めていたことをうかがわせる。

しかしボタイのウマは、家畜化されていたのか、それとも狩猟されたウマが馴らされただけだったのか？　それを解明する唯一の道は、詳細な研究を数多く積み上げていくことだった。

ボタイのウマの骨の54％は去勢された？　雄の成体

ウマの雄と雌は、体長がさほど大きくは違っていないので、性比を観るただ一つの手は、顎を観察することだ（雄は、雌よりも犬歯が大きい。ただ犬歯は、成体になってやっと歯茎から萌え出る）。すべての顎骨と遊離歯を研究した結果、サンドラはボタイ出土のウマの個体の54％は雄であることを突きとめた。

それでは、この性別パターンは何を意味するのだろうか。野生では、ウマ科は一般に2種類の社会集団で構成される。数頭の雄から成る雌をもてない独り身雄の群れ、1頭の雄と多数の雌のハーレム、それにその子どもたちで構成される家族集団である。賢いウマ狩猟民は、狩人の人数に応じていろいろと手を変えたものだ。

「その社会の狩猟戦略があるなら、家族の群れに狙いを絞ったでしょう。そちらの群れの方が個体数が多いし、独り身雄の群れよりもまとま

りがありますから」と、サンドラは説明する。「この種の狩りだったとしたら、性別は一概に決まりませんが、高率の若齢個体の骨に、それに加えて圧倒的多数の雌と1頭だけの雄の骨が残ったでしょう」。

ところがあいにくにも人が家畜として管理したヒツジやヤギの群れも、まさに同じように見えるのだ。つまり多数の雌、大量の若齢個体、少数の雄という構成だ。

ヒツジやヤギの管理された群れと家畜馬の群れとの大きな違いは、雄ウマを去勢し、それを生かしておくことにある。去勢によって雄ウマも温和しくなり、行動の予測しにくさが少なくなる。だがそれでも彼らはなお力が強いから、乗馬にも荷運びにも役に立つのだ。ボタイのウマの骨が54%は雄の成体だったことは、それらの多くが去勢されていたことを強く示唆する。これとよく似た雄ウマ比率は、もっと新しい（2920～2500年前）家畜馬の管理された群れの記録でも見られている。

ウマの大半は成熟個体で、全部位が見つかる

サンドラ・オルセンの研究で浮かび上がってきたもう一つの重要な点は、ボタイ遺跡の大半のウマの推定死亡年齢は十分に成長した成体である5歳から8歳ということだ。

野生での死亡率は、大半がごくごく若い個体とかなりの老齢個体で占められ、成熟個体が死ぬことは少ない。そこで彼女は、次のように解釈する。成熟期の死亡率の高さというボタイの特異な事情は、骨格に可食用の肉をたくさん付けているという特性以外の別の面が重視された事実を反映するものだ、と。肉を得る目的なら、成体のウマは確かにたくさんの肉を付けているが、それを殺してしまっては1度しか利用できない。だが同じ肉でも、ウマが生きている限り、荷物や人の運搬、そしてやや年取ってきたら耕作にも何度も繰り返し利用できる筋肉もある。成長しきった成体での死亡率の高さが示すのは、ウマが年を取り始めて使役に

あまり役立たなくなり、また仔馬も馬乳も生産しにくくなった時に殺されたということだ。

この点から、ボタイと、同時代の隣接村落遺跡であるクラスニ・ヤールとヴァシリコフスカを調査したサンドラらは、ボタイのウマが家畜化されていたのは間違いないことが証明されたと考えた。ただそれでもサンドラらへの批判者は、遺跡の骨は独り身雄の群れを好んで狩猟していたことによる死亡パターンを記録しているのではないか、と反論した。

その批判に対するサンドラの反批判は、発掘ではウマの骨格全体——全部位——が見つかっているという事実を指摘することだった。「ボタイ人が狩猟民だったとしたら、住居から徒歩で何マイルも歩いていって野生馬を殺し、1000ポンド（約450キロ）近い死骸全体を集落まで引っ張ってもち帰ったことになりますよね。そんなことあり得るのか、と思います」と、彼女は「重量物運搬効果」を例に、疑問を呈する。

イディッシュ語の「シュレップ（*schlep*）」の意味である「不自然に運ぶこと」から由来するのだが、この用語は、狩猟民がキルサイトで重い骨を取り除き、肉を細い紐のように切って、その肉と、道具に加工する目的で小さな骨だけもち帰ることの理由の説明として考古学者に用いられている。数マイルもの道をウマを全身のまま運んでくるなんて、実際はきつすぎて厄介な努力だからとても考えられない。村落遺跡でウマの全身骨格が見つかるのは、その村落がウマの殺されていた場所であることを強く示唆する。加えて、ボタイは160棟の住居址があるので、集落規模はかなり大きい。これほど多数の人々が、獲物の枯渇を免れ、どれだけ長期に野生馬だけを集中して狩猟し続けられるだろうか？　だからそれらのウマは、家畜化されていたに違いないのだ。

馬具の存在を裏付ける小臼歯の磨耗痕

しかし批判者は、それならウマを管理するのに必要な馬具であるはみ、

馬勒、紐、ロープ、あぶみ、鞍などの証拠はどこにあるのだ、と反撃した。問題は、ボタイ人は青銅器製作技術も鉄器製作技術ももっていなかったので、ウマを飼育するための道具は（あったとしても）、腐りやすい木、骨、皮などで出来ていただろうことだ。けれどもボタイ遺跡出土の骨のうち270点には、明らかに加工されて何かに使用された痕が残っていた。その大半は、革紐を製作するか滑らかにするのに用いられたのだろう。ウマを使役するのに使われる多くの道具は、革紐で作ることができる。しかし他の用途の物でも、そうやって作れるのだ。ボタイ出土の骨器の一部——13点——に、動物を狩猟するのに使われたらしい銛があった。それとともに木製の矢に石製の矢尻を装着して狩猟に使われていた。

　ではどうしたら非金属の馬具を検出できるのだろうか。1986年、ニューヨーク州オニオンタにあるハートウィック大学のデイヴィッド・アンソニーと妻のドルカス・ブラウンは、ウマを操るためにはみを用いたことで生じた痕が、ウマの下顎の歯に、それと分かる形の恒久的ダメージとして残っていると発表した。はみは、切歯と第一小臼歯（解剖学の教科書では第二小臼歯と混乱して呼ばれる）の間のスペースである歯隙に装着される。そうやって、はみを口に装着したり咬んだりすると、やがてその第一小臼歯の端に斜めに磨耗ができる（図26）。したがってはみによる磨耗は、馬具そのものが残っていなくても、家畜化と乗馬していた証拠とすることができる、と2人は主張したのだ。

　最初のうちは2人の方法は、反論に遭った。多種類の出来事が、動物の生きている間も死後も歯に損傷痕を残すことがあるからだ。さらに保存の良い歯しか、はみの痕は確認できない。だが最近、現代のウマを使ったアンソニーとブラウンによる実験的研究とウマの歯に様々な種類のはみを装着した（り、対照群として装着しなかったりした）結果が、はみの痕を識別するために開発した2人の手法の正しさを実証するようになった。その結果、この手法が多数の支持を得られるようになっている。

サンドラ・オルセンらのチームは、保存された的確な歯を備えたボタイ出土の15点のウマ下顎から5点がはみの跡の証拠を示していることを見つけた。では、一部のウマは家畜化されていた一方、そうではないウマもいたのだろうか。このような混在は、野生動物と家畜が自由に交雑している今日でも世界の多くの地域で見られる。

家畜の糞に含まれる高濃度のリンと尿の塩分も検出

批判者は、なお納得しなかった。こうした懐疑論に対するサンドラの回答は、自説を検証できる新しい方法を考案することであった。

ボタイ人は村落に暮らしていたので、彼女たちは柱穴跡——構造物を支える柱がそこに掘られていたことを示す土層の変色——と、集落の概略プランを復元できる磁場勾配イメージングと呼ばれるリモート・センシング技術を利用することができた（図27）。土中に柱穴を掘り込み、壁に日干しレンガを積み、その上に若木を敷き粘土と糞を塗って屋根にした木造の住居が造られたと思われる。住居は方形をしていて、街路に沿って並んで、狭い広場を取り囲むように配置されていた。ボタイには160棟、クラスニ・ヤールには54棟、ヴァシリコフスカには44棟の住居址が検出された。サンドラのチーム

図26　ウマの小臼歯に残ったはみの痕
（上）ウマの小臼歯は、側面から見ると通常は長方形に見える。（下）はみを着けたウマでは、小臼歯に対するはみの働きで歯の端に斜めに磨耗ができる。それは、家畜化の証拠に使える。咬合面観に描かれた長方形は、はみによる磨耗を通じて変えられた領域を示す。

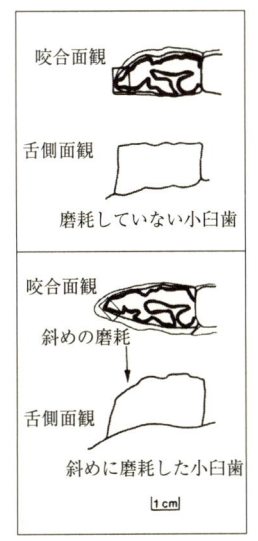

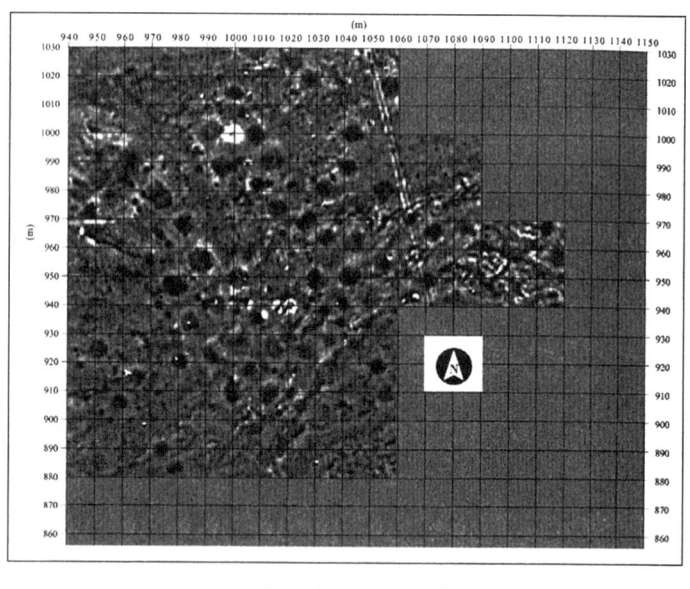

256

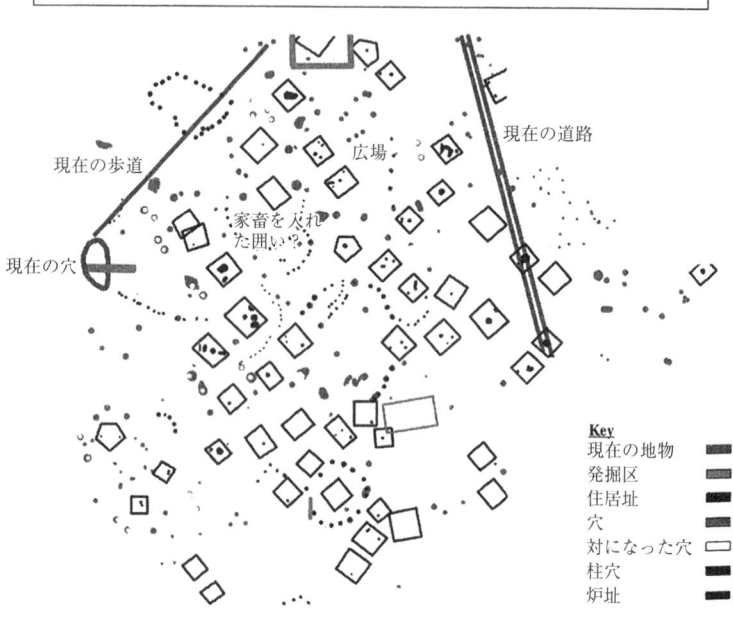

現在の歩道　　　広場　　　現在の道路

家畜を入れた囲い

現在の穴

Key
現在の地物
発掘区
住居址
穴
対になった穴
柱穴
炉址

図27 クラスニ・ヤール村落址
（上）クラスニ・ヤールのボタイ文化村落のリモート・センシング画像は、多数の柱穴とその他の古代の構築物の位置を明らかにしている。（下）発掘による資料を加味してこのリモート・センシング画像は、住居列とウマを飼育していたほぼ円形の放牧場の列を示すものとして復元されている。

は、集落に円形や半円形の大型の囲い跡を示す柱穴も発見した。これらの大型の囲いは、ウマを収容した囲いか放牧場と考えてよいのだろうか？

チームは、それを突きとめるための新しい創造的な方法を考案した。化学分析である。

大型囲いの内側から採取した土壌試料には、高濃度のリン——馬糞に多く含まれる元素——と尿に含まれる塩分も検出された。いずれも、これらの囲いの外側や村落から遠く離れた場所で採取された土壌試料よりもはるかに濃度が高かった。この発見は、ウマが囲いの中で管理・飼育されていたことの説得力のある証拠となった。野生馬の存在を考えるよりも家畜馬を考える方がずっとうまく説明できる手法である。リンや塩分は他の動物の飼育でも蓄積されるが、ボタイ、及び同時期の遺跡から、ヒツジ、ヤギ、さらにはウシの骨のどれも出ていなかった。思い出していただきたい。この最大の遺跡で出土した骨の99％がウマの骨であったことを。この数字は、そのウマが家畜であったにしろ野生馬を狩っていたにしろ、ボタイ人たちがともかくもウマに特化した人々だったことを示している。

労働力を得るために家畜化された動物なら体長が全般的に小型化するなどと誰も予期しないだろうが、家畜馬の脚がスレンダー化し、脛骨の頑丈さが弱まった証拠がある。中足骨——蹄の真上の骨——の長さと幅の計測値から明らかになるのは、カザフスタンのはるかに古い野生馬と比べると、イギリスの青銅器時代遺跡であるケント集落址（紀元前約1300～前900年）出土の家畜馬の中足骨のプロポーションは統計的に異

なっていたということだ。ケント出土の骨のプロポーション——先史時代の明らかな家畜馬を代表させるために選ばれた——は、現代モンゴルのウマの標本から採った中足骨プロポーションとボタイ文化集落址出土のウマの骨のそれとも一致する。言い換えればボタイ人は、たぶん野生馬よりも快足という望ましい特質を求めて選択的交配を行っていたと言えるほど十分にウマを管理していたことが分かるのだ。

土器片から検出された馬乳脂肪の痕跡が決定打

だがもっとも懐疑的な批判者さえも沈黙させた決定的な証拠は、ボタイ出土の土器片に馬乳が分解された脂肪の痕跡が検出されたことだった。いずれもサンドラ・オルセンのチームの一員であるエグゼター大学のアラン・ウートラムとブリストル大学のナタリー・シアによる厳格な分析によって、これらの土器片には雌ウマの乳が入っていたという化学的な証拠が示された。現在、馬乳を発酵させた飲み物（クミス）は、多くの非カザフ人も好ましい嗜好品だと考えるようになっているが、カザフのウマ飼いの人々にとってはクミスは基本的な食品となっている。土器に残された乳の痕跡の発見は、ボタイのウマが家畜であったことを懐疑論者にも納得させた「決定的証拠」であった。サンドラが笑って語るように、「野生の雌ウマから搾乳するなんて、誰も想像できないでしょう」からだ。

ウマが以前考えられていたよりも少なくとも1000年は早くに家畜化されていたことをもっとも強情な懐疑論者に考え直させるのは、容易なことではなかった。だが一つの疑問に答えるにも、多角的な証拠の利用が力を発揮することを物語っている。

アラン・ウートラムがあるリポーターに説明したように、「ここで本当に重要なのは、ウマが家畜化されていたということだけではありません。この時点までに、ボタイの人たちは牧畜民としてのフル装備を現実に備

えるようになっていたことなんです。つまりボタイの人たちはウマの肉を食べ、ウマに乗り、馬乳を搾乳していたのです。このことから推定できるのは、最初のウマの家畜化はさらに古くなりさえするだろうということです」。

ステップ地帯の文化発展を変えたウマ家畜化

家畜馬は、狩猟、輸送・交通、コミュニケーション、食料生産、そしてさらに言うと戦争にも、革命をもたらした。ステップ地帯の文化発展の全体が、ウマの家畜化で変容したのだ。ウマは、家畜化した人たちを1年を通じて居住できる、恒久的な集落で暮らすことを可能にした。ウシやヒツジ、ヤギと違って、ウマは雪原でも草を食べられ、厳しい冬期間も生きられるからだ。

ウマの家畜化がボタイ人やユーラシアのステップ地帯に住むその他の民族に与えたであろう影響力を知ることは、私自身のウマとの体験の再検討になる。

完全に家畜化されたウマですら、そのウマを訓練し、ウマと協調することは、ウマの語りたいことに耳を傾け、ウマと折り合いをつけていくことの継続的な演習となる。誰も、（おそらく極端に残虐な手段を用いる以外は）ウマにあれこれしろと強制できない。ウマは人間よりもはるかに体が大きく、また力が強いからである。

柵や馬小屋に収容することさえも、実際には相互に暗黙に合意された協約であって、人間によって強要された絶対的な制限ではない。さらに乗馬を学んだ人は誰でも、遅かれ早かれ、乗馬とは人間の身体的な幸運を別の動物個体に委ねることなのだという理解に向き合うようになる。人間がウマと意思疎通がはかれないのであれば——ウマを動揺させたり怖がらせたり、あるいはウマにこの人間は協力的で安全だと思わせるようにウマに語れないのであれば、そしてまた理解し、受容できるはずの

ウマの要望を尊重できないのであれば、痛い目に遭う可能性が大である。

　乗馬とは、ウマの思うがままに連れて行かれることに、自発的に協力することでもある。そのウマは、人の命を危険にさらす様々な出来事で迷惑を感じさえしている。昔と違って、現代社会でウマに乗るのは、スポーツか娯楽が理由であって、必要からではない。だから乗馬の際に、人はウマとの対話に深く注意を払って、ウマとの対話技術を向上させるのを学ぶか、さもなければ落馬して脳震盪を起こしたり骨折したりして、結局は乗馬をやめる羽目になることだろう。

最初にウマを家畜化した人たちの大きな利益

　ウマに無知な人たちは、ウマが動いている間にそれに乗って、鞍に座っているだけだと考える。乗馬とは、それどころでない大変に複雑な作業なのだ。適切な訓練のされていないウマなら、バカな乗り手に要求されること以上のことはしないと決めてかかっている。良く調教されたウマ——そして時には特別に良く調教されたウマ——でさえ、非常識な乗り手にはイライラさせられるので、そんな人間を意図的に振り落とそうとすることがある。今日、乗馬用ヘルメットのような防具のおかげで落馬で命を落とす乗り手はさほど多くはないが、これまで私の会ったことのある乗り手は、それこそ何度となく乗馬が原因のけがをしている。ウマに乗って、ウマとのコミュニケーションを楽しむ本当の喜びは、そしてウマの圧倒的な美しさとウマの所作は、病みつきになるほど魅力的だ。たとえしばしば体重が1000ポンド（約450キロ）以上にもなる動物と一緒に作業をする危険性を認識しているとしても、こうしたことはウマと人とを真の関係に引き戻す。

　完璧に家畜化されたウマに乗る現代人もこうした恐れを経験しているとすれば、最初にウマを家畜化した人々にかかった家畜化への成功に向けての選択圧は、どれほどのものであっただろうか。確かに先史人は自

らの動物観察とコミュニケーション技術を限界まで広げた。しかしそれで享受した利益は大きく、それだけの価値があった。ウマの家畜化の過程を想像すれば——これまでに引用した様々な証拠を基礎として利用すれば——家畜化が人間社会と人間の行動にいかに強い影響力を及ぼしたのかが明らかになる。もっともその過程で、ウマだけが家畜化されたわけではない。人間もまた、遺伝的な面でも行動面でも変身を重ね、いっそう「家畜化」されたのである。

第 15 章
メー、メーと鳴く黒ヒツジ（厄介者）、どんな毛を採れる？

「革命」を否定する栽培と家畜化に横たわる年代的ギャップ

　前章まででどのようにしたら考古記録の中から家畜化を検出できるかを見たが、そうしたいくつもの例は、一般に受け入れられてきた考えに疑問を投げかけている。動物との関わりがどのように人間行動のより新しい段階に役割を果たしたのかを総括すれば、このことをはっきりとさせられるだろう。

　諸事実は、V・ゴードン・チャイルドの提唱した、新石器革命——急速に進んだ出来事——があったとする見解を支持していないし、ましてやそれは植物の栽培化によって引き金が引かれた革命でもなかった。狩猟採集経済から動物と植物の栽培家畜化に部分的に依存する農耕・牧畜経済へという非常に重要な移行は、現実には存在した。だがその移行は、栽培家畜化の開始で引き金が引かれたのではなかったのも確実である。

　3万2000年前の最初の（イヌの）家畜化と1万3000年前頃の最初の植物栽培化との間には、大きな年代的ギャップがある。チャイルドは栽培家畜化とは単一概念だと考えたので、彼が健在であれば、この事実に驚愕したことだろう。だが私は、そうではない。動物の家畜化と植物の栽培化との間にギャップが存在して、なぜいけないのだろうか？　私の考えでは、二つの過程は全く異なっているのだから、人間の側に別種の技術と知識が必要である。

　さらにもう一つ、短いがギャップが存在した。栽培化された穀物の出現と、1万年前頃の新石器的な混合農耕生活様式の成立で初めて明らか

になった（ヒツジとヤギという）家畜化された動物の登場との間であり、そこに数千年の年代的空白がある。家畜種として利用するのに適切な動物を群れで飼育できるようになり、穀物農耕がそれと結びついた時にだけ、新石器的な生活様式が現れたのだ。だから新石器時代の到来は、革命ではなかった。

　新石器革命は食料の安全保障――次の食事のもたらされる所を知ること――をより大きなものにしたいとする人間の努力に促されたというのがチャイルドの基本的な概念だが、それは現代の証拠からも否定されている。イヌは、牧畜農耕民の枠内に全く収まらないうえ、一部は食用にされたことがあったとしても、食肉動物としてイヌは家畜化されていなかった。同種の食い違いは、前章で詳述したもう１種の動物、すなわちウマの家畜化でも存在する。カザフスタンのボタイ村落遺跡での知見に基づけば、ウマは肉用としてよりも、むしろ使役用と搾乳用として重要だったのだ。

偶然だった栽培家畜化の開始

　とりわけジャレッド・ダイアモンドが家畜の進化について『ネイチャー』誌のレビュー欄で指摘したように、「食料生産は意識的な決定で起こったのではないのかもしれない。世界最初の農耕民には周囲に参考にすべき農耕モデルがなかったからだ」（"Evolution, consequences and future of plant and animal domestication." *Nature* 418, 34-41, 2002）。

　さらに動物家畜化と植物栽培化から人が受け取った配当は、とうてい人の想像できないものだった。トウモロコシ栽培開始前後の先住アメリカ人の骨を注意深く比較した研究によると、農耕は狩りよりも激しい労働が必要で、しかも以前より貧困な栄養状態に陥いる結果になったことが明らかになっているのだ。一つの主作物だけへの依存は、不作になると、大きな脆弱性をさらけ出す。農耕民の体格は小さくなり、疫病が急

速に広がるほど密集して集落に暮らすようになったことで引き起こされる疾病にもかかりやすくなった。

この点で、農耕——少なくとも初期段階の植物栽培化——は深刻な否定的結果をもたらしたという見方に、誰もが驚かされるだろう。それなのに、なぜ誰もが動物を飼育し、植物栽培をしようとしたのだろうか？

答えは、栽培・家畜化は偶然であり、意図的なものではなかったから、というのが正確なところだろう。ダイアモンドによれば、植物栽培は野生植物が一種の野営地か集落にもち帰えられた時に始まり、その場所で野生植物が繁茂したのかもしれない（それだけだったのかもしれない）し、動物の家畜化は、「（ミサゴやハイエナ、ハイイログマのようなとうてい家畜にはふさわしくない候補動物を含めた）野生動物を何とか飼い馴らして管理しようとするすべての人に普遍的に存在する性向」から起こったのだろうという。

この着想は案外古い歴史をもち、チャールズ・ダーウィンの従兄弟であるフランシス・ガルトンによって1865年に初めて提唱された。ガルトンとダイアモンドが（そして他にも）着目したのは、動物を取り込み、仲間に加えようとする人間の衝動の普遍性だ。ただ2人が見逃したのは、人間と動物の間の基礎的な結び付きがいかに古い起源をもつのかを示す証拠である。私が本書で一貫して行っているような人類進化の長い時間を見直すことなくして、親密度の増進という関係で人間と動物とを結びつける身体的、行動的進化の長い軌跡があったことを誰も理解できないだろう。

ヤンガー・ドリアス期のもたらした多角的な食資源の開発

栽培家畜化を駆動したエンジンは複合的だったと、ダイアモンドは提言する。そしてそのことでは、彼の提言は確かに適格である。

更新世の末期、温暖期から寒冷期に反転するなど世界の気候の不安定

性は急激に高まった。この時期はヤンガー・ドリアス期と呼ばれ、1万2900年前から1万1500年前に当たる。急激な気候変化と増加した狩猟民の人口圧力のために、大型動物の個体数は激減した。生き残りのため古いやり方では不十分だと狩猟民は気がついた。彼らが選んだのは、遊動、そして新天地と新しい生態系の探求であり、従来より小型の種、新しいタイプの動物（鳥や魚）、食べられるまでかなりの準備時間の要る植物を含めて、依存する野生食物の範囲を広げた。この現象が、「多角的な」食資源を基礎とする戦略の発展と呼ばれるものだ。すべてというわけではないが、世界の多くの地域で、こうした変化が1万3000年前頃に起こり始めた確かな考古学的証拠がある。

　だが考えてみよう。短期間に必要になったものが、より多くの食物、より頼りになる食物だったとすれば、植物の栽培化と動物家畜化は大いに有益なことだったのだろうか？　その過程がまだ十分には進んでいなかったとすれば、そうではない。

　問題は、栽培化がもたらす将来の需要である。すなわちデイヴィッド・ウエブスターが認識したパラドックスだ。農耕民は、収穫した作物から得た種子を全部、あるいはまた最高品質の種子を食べられない。そのかなりの部分を翌年の作付のためにとっておき、保存しておかなければならないからだ。成功のために人間は、目前の餓えを考えることから、将来の必要のための計画立案の方に、戦略のスイッチを切り替えなければならない。同様に家畜化した多数の動物も生かしておき、面倒をみて——餌やりさえもして——やらなければならない。次の年に仔の誕生を待つのであれば。

肉以外の供給を重視する「二次産物革命」説

　「二次産物革命」というすでに十分に定着した考え——1981年に初めて提唱され、シェフィールド大学のアンドリュー・シャーラットにより

有名にされた——は、なぜ動物家畜化が始まったのかの疑問に対して、昔ながらの一つの説明をもたらしている。

シャーラットの見解によれば、家畜化は一次産物（主として肉）の開発の「周辺」にあったものだという。そして人間が家畜の二次産物（乳、肥料、動力、毛など）への依存度を高める発展を行ったのは、その後のことにすぎなかったとする。彼は、紀元前3300年頃に始まった二次産物革命が新石器農耕民をユーラシア大陸の周縁部まで成功裏に拡大させたと提唱した。それは、銅石併用時代の近東と青銅器時代のヨーロッパを席巻して、生業、経済、政治に大変革をもたらした。シャーラットによれば、二次産物の利用への集中化が複合化社会の勃興を可能にしたのだという。

最近、シャーラットの提唱した革命の考えを改訂する主張を発表しているマニトバ大学のハスケル・グリーフィールドは、この変化を、二次産物を初めて利用するようになった証拠というより、一次産物への依存から二次産物により利用度を強めることを重視する方向への移行、とみなす。

それでもこの解釈の根底に横たわる重要な疑問は、家畜化がなぜ起こったのかという謎だ。狩猟と初歩的な飼養で、家畜と同じ「一次的」産物が得られるなら、そもそも面倒な家畜化なんて必要はないではないか。

ペンシルベニア大学の私の同僚であるブライアン・ハッセは、確かに長期的には動物の家畜化は狩猟よりもたくさんの肉を生産するが、家畜化の初期段階ではこの限りではなかっただろう、と述べる。「畜産をうまくやっていくには、動物の屠殺を控える必要があります。家畜の数を増やしていく基礎にするためです。だから単刀直入に言えば、人々が所有する少数の家畜を維持していくのなら、人の集団にとって意味がありません。喉から手が出るほど**全員が**食物を必要としているのですから」、と

説明する。

ブライアンの言葉を聞いて、なるほど、そのとおりだと私は思った。家畜から短期のうちに得られる一次産物は、肉ではなく、家畜が肉になる前にその家畜が人に与えられる再生可能資源全体なのだ。それをシャーラットは、間違えて「二次産物」と名を付けたのだ。

時間と労力を投入した家畜化の鍵は再生可能資源

ブライアンと私は、動物家畜化の始まりは、殺した動物でもたらされる「一次産物」——肉、皮、骨——が必要なために刺激されたのではなかったことで意見が一致している。狩猟民は、(余った獲物の肉を燻製にしたり冷凍したりといった、保存するための何らかの仕組みがあれば) 将来のためにちょっとだけは残すだろうけれども、基本は動物を殺してその肉を食べる。それに対して家畜飼養者は、その動物を健康に生かし続け、自分の望む質を備えた群れを選択的に育種するのに、たくさんの時間と労力を費やしている。家畜を殺すと、狩猟民が野生動物を殺して得られる以上の物は、何も得られないのだ。

なぜあえて、そんなことをするのだろうか。

私の考えでは、動物をしばらくの間飼育して屠殺を遅らせることで、狩猟民では決して得られないたくさんの再生可能資源、すなわち乳、毛、角、糞、自分たちの防衛、動力 (牽引力、運搬力、重い荷物を運ぶ力)、そしてさらに多くの家畜を獲得できるから、人はあえて家畜化に踏み込んだのだ。上記の産物は、野生動物や死んだ動物からは簡単には得られない。したがって私は、シャーラットの言う「二次産物」こそ、実際に動物を家畜化するための主要な刺激、主な動機付けとなったと推定している。家畜ウシの群れは文字どおり何種もの富を自己生産してくれるが、死んだ野牛はただの肉になるだけだ。

私の解釈は、現在、明確になっているように、考古記録で裏付けを得

ている。明らかに家畜化された最初の動物は、食用動物ではなかった。そしてその動物のもたらす「二次産物」は、肉よりも、新しかったり、未開拓だったり、以前は利用できなかったりした多くの経済的利益を生み出したのだ。家畜から得られる肉も、確かに食べられるし、いつも食べられていた。だが肉は、そもそも家畜化への刺激的誘引ではない。自らに問いかけてみるがよい。家畜化に1000年かかるとしたら（そしておそらくはそれよりはるかに長い時間を要した）、誰が1000年もの先のディナーを計画するだろうか。

いわゆる「二次産物」の利用が可能になるほど動物が十分に馴れ（たり、半家畜化されたりす）ると、二次産物が一番大切だったとしても、家畜がただ一つのメリットをもたらすのに留まらなかった。家畜にした動物を有益に変えたものこそ、シャーラットの「二次産物」だったのだ。

11種もの資源をもらたした「生きた道具」

家畜化の記録を観察するもう一つの方法は、その現実的利益が動物を生きた道具に変えたということだ。家畜が何をもたらすことができ、現実に何をもたらしているか詳細に観察すると、11種もの資源、あるいは能力がある。それらが、動物を家畜化して飼育した人々に適応的利益をもたらしたのだろうと思う。

家畜は、人や荷を運ぶための、鋤を引くための、そして人力では達成不可能な仕事をこなすための動力や牽引力を与えてくれる。家畜は、大量の人と物を迅速に長距離運んでくれる可能性も与える。

毛は、殺さなくとも、家畜から容易に得られる。そしてその家畜は、人によく報いて、さらに育つ。服や綱を作れる毛の価値は、計り知れない。

家畜からは、糞も得られる。これは優れた肥料であり、燃料として燃やせるし、さらに良質の建材にもなる。例えばヤクの糞は、アジアの高

地に暮らすのに不可欠の物だった。そのうえ毎日、家畜は大切な糞を排出してくれるのだ。

家畜は——少なくとも何種かは——、食物ゴミと人の糞便の処理の安価な手段も提供してくれる。ヤギは畑の刈り株を食べ、ブタとイヌは人の糞便と残り物を食べる。それと交換に、家畜はさらに多くの仔、つまりヤギ、ブタ、イヌを生産するのだ。

家畜は、余剰穀物の動く貯蔵庫ともなっている。古代中国の遺跡で見られた有り余るほどのアワのように、余剰穀物は動物に食べさせることができたのだ。彼らのおかげで、穀物がカビたり腐ったり、あるいは特にネコが家畜化されるより前には、ネズミに食われるのを防げた。貯蔵容器、すなわち家畜は、それから後も飼育でき、動かせ、必要になったら食べることもできたのだ。

大型の温和しい動物は、人間に対し、そしてもっと重要なのだが離乳した人間の子どもに対し、滋養のある新しい食物である乳をもたらしてくれた。母乳で育てるのは、女性の妊娠能力を低下させる。そのため家畜の乳で赤ん坊を育てられれば、母親は出産した後、それまでより短い期間で妊娠可能になる。したがって1人の女性が生涯に産める子どもを前より増やせ、子どもの出産間隔を縮めることができる。また乳児期の母乳不足が原因となる栄養不良を恐れることがなくなった。良質な離乳食である乳は、女性の全般的な出産能力を高め、離乳期の子どもの死亡率を下げることにより、人口増へと結びついた。

家畜の助けで新たな居住地に進出

それとは別のタイプの家畜は、人、住居、貯蔵穀物、他の家畜への防護を与えてくれた。イヌとネコが、そのはっきりした例だ。ただ最近、牧畜家たちは、ヒツジの群れの監視動物としてリャマの効用も説き始めている。

家畜化された肉食獣は、また狩りの助手としても重要になった。イヌは人間よりも優秀な追跡者であり、人よりも早く走り、自分より大きな獲物を襲い、人間とともに喜んで狩りに加わる。ネコは、単独で狩りをする。穀物を食い荒らし、疫病を媒介するネズミを捕るという点では、人間よりはるかに優秀である。イヌは人と一緒に狩りをし、ネコは人のために狩りをする。両者とも、人にメリットをもたらしているのだ。

　家畜は、1種の動産ともなった。動産だから、戦争や干ばつなどの災害の時にも容易に移動させられる。例えば畑のトウモロコシは、敵がやってきても、収穫できないし動かせない。だが家畜なら、安全な別の場所に避難させられるのだ。

　最後に挙げられる特徴は、家畜が上記の特質の組み合わせた物となることだ。以前なら人がとうてい近寄れなかった荒野でも、動物と一緒ならうまく暮らすことができるようになった。荷物と人の運搬にラクダを家畜化して利用できなかったとすれば、アラビア半島やサハラ砂漠の部族は、果たして砂漠で暮らせたであろうか？　ブタがいなかったとすれば、オセアニアの人々は外洋の遠く離れた隣の島へと拡散して、そこで生き延びられただろうか？　雪上の運搬と暖と外敵からの防護を提供してくれるイヌがいなければ、極北地帯でイヌイットは繁栄できただろうか？　ヤクがいなかったとすれば、チベット高原に人が移住できただろうか？　さらにリャマとアルパカがいなければ、アンデスの高地に偉大な文明が成立しただろうか？　明らかに、ノー、である。

　つまり家畜の動物は、もう一種類の実際的な**身体外適応**なのであり、人が開発できる資源、人の要求する能力を拡大するのに利用できる道具だったのだ。石から道具を作ることを学ぶのは、様々な種類の岩石の物質的性質、広大な土地における分布、鋭い刃や望ましい形状を作り出すための技法についての知識を習得する必要がある。動物から生きた道具を作ることを学ぶには、それよりももっと複雑で、もっと繊細な情報

の基礎が必要である。

動物への認識が家畜化の基礎

　動物を飼育し、家畜化するのに必要なのは、多種多様な詳しい知識である。動物の生物学的特徴、その生態、その生理学的特徴、その気性、さらにはその知性についても知る必要がある。例えば乾燥して日射しの強い環境でブタを飼おうとすれば、ブタはみんな死んでしまうだろう。ブタは、自分の体温を調節するのがへたで、強い日射しに弱い。ブタには日陰の多い、湿った穴があり、たくさんの水が必要だということを知らなければ、誤って大量のブタを殺しかねない。ブタはどんな物であれ囲いから逃げ出すのがかなり上手で、その結果、菜園の根を掘り返すことが多いので、どのようにブタを閉じ込めておくかに注意深くあることは、もう一つの重要な留意事項である。

　動物の家畜化には、人に望ましい性質を伸ばしていく育種原理についてある種の認識も要る。たとえ染色体や遺伝子のことを知らなくとも、仔は、雄と雌の両親の特徴を混ぜ合わさったり、組み合わせたりしたものだということに気付く必要があるということだ。選択的育種という原理を理解し、それを利用すれば、頑丈な脚を備えてはいるが、穏和な性質をもった仔のできることを期待して、ちょっとばかり細長い脚をもった温和しくて協調的な雌を、元気のいい気性をもち頑丈な体をした雄と交配するのも簡単だろう。

　また家畜化の過程では、家畜化の可能性のある、あるいは現実に家畜になった動物と、言語以外の手段でのコミュニケーションを「読み解く」能力と、家畜とどのようにコミュニケーションをとっていくかを学ぶ能力とを発展させる必要がある。これは、このヤギの毛がみすぼらしかったり貧弱そうにしていることとか、あるウマが他のウマに異常に攻撃的なように見えることとかを認識できるという意味だ。行動であれ、身体

的な兆候であれ、家畜の発するこうした警告を拾い上げられる能力は、些細な課題が暮らしを脅かす大問題へと悪化していくのを防ぐ上で重要だ。

そして動物が様々な仕事で人のために働く——人と**ともに**働く——ようにするには、どのように扱ったら動物が喜んで協力してくれるかを知る必要がある。動物の心を理解する必要があるだけではない。動物にも理解してもらうのが必要なのだ。高度に洗練されたコミュニケーション技術は、不可欠である。ヒツジやヤギのように比較的小型の家畜でも、驚くほど頑固で強情、時には危険なことがある。まして大型で、もっと力のある動物に、意思に反して何かを無理強いさせようとすれば、負傷治療用の処方箋を受け取るのは確実だろう。動物の飼育者は、生まれながらに人が優位だというある種のファンタジーを信じるのではなく、協調性をどのようにして引き出すか、動物がどのようなことを要求しているのかを学ばなければならない。

動物側の家畜化の条件と人間の側の要件

そうしたスキルが、動物との結び付きの多くの面となっている。野生動物の徹底した観察と野生動物に親しくなること——人と動物との結び付きの早い段階——は、動物を家畜化して利用するのに必要な情報の基盤を習得するのに不可欠な前提であった。

動物を馴化し、育て、最後には家畜化するのに成功するか否かは、対象とする動物の性質で決まるのは確かだ。動物家畜化について書物や論文を書いてきた多くの研究者は、家畜化に適した動物の性質について驚くほど似た見方をする。家畜にふさわしい種は、母親から引き離されても生き延びていける逞しい仔を生めなければならない。通常、そうした動物は、生まれつきの優位・劣位という順位性をもち、人がその順位の中に入っていける社会的な動物である。家畜化の第1の対象動物は、仲

間の他の個体とすぐそばで暮らすのに耐えられないといけない。縄張り意識が高かったり他の個体に対して攻撃的であってはいけないのだ。さらに柵の中や限られた区画で捕らえられた状態でも繁殖しようとし、囲いの中でパニックになりそうもない動物である必要もある。最後に、そうした動物は人に対して従順で、餌の要求にも融通のきく動物でなければならない。

　動物のこれらの性質とは別に、家畜化のどのような試みにも成功するには、もう一つの重要な要因がある。そしてそれが、特に人間に必要となるスキルなのである。とりわけこれと関連するのは、動物を観察するスキル、言語によらないコミュニケーションを理解するスキル、そして言語や非言語のいずれかによる動物と意思疎通するスキルである。論理的に言えば本書で述べた2段階の人類進化の最初の時に、人間に淘汰的利益をもたらした動物についての情報の収集と動物への注視のおかげで、こうしたスキルが獲得された。その可能性が高いと思う——が、私はそれを証明できない——のは、言語能力と対人関係のスキルに密接な関連をもつこれらのスキルには遺伝的要素があるだろうということだ。

　動物とうまく付き合い、共に暮らすのに他の人よりも成功した人は淘汰的利益が増大したので、家畜化をされる方の動物も、人間の特定の特徴を効率的に選択していた。例えば人間があまり攻撃的でない原始犬を好んだとすれば、同時に原始犬の方は差し迫った攻撃の微妙な兆候と縄張り防衛のイヌ科特有の行動を読む能力を高めるようになった人間を選択してきただろう。

家畜飼育で変わった人間

　動物の家畜化は、別の点でも人間を変えた。一例として乳糖分解酵素のラクターゼが一部の人類集団では成人になっても機能し続けるようになったことがある。それにより、胃の不快感を感じずに乳製品を食べら

れるようになった。ラクターゼが成人になっても機能する突然変異は、過去1万年間にウシ飼育牧畜民の中で少なくとも4回起こった。

　さらにこの他にも容易に観察できる例として、様々な家畜を使って、以前は人が住みにくかった地域にある食資源も利用できるようになったことがある。ラップランドのサーミは、回遊するトナカイの都合に合わせて、自分たちの生活、移動、落ち着き先を定めている。その逆ではない。サーミは、トナカイ牧畜民とみなされており、トナカイを自分たちの以前の社会経済様式と居住様式を適合させるのではなく、自分たちの伝統と経済をトナカイ中心に形成するように変えたのだ。これと似た例に、マサイ族や他のウシを飼う民族がいる。ウシのおかげで、彼らはろくに植物も生えていない乾燥地で暮らせる。そしてサーミと同様に、彼らは家畜の要求に応じて移動生活をしているのだ。

　植物の栽培、作付け、維持管理、収穫に必要な技能と知識は、動物を家畜化し、育て、訓練し、使役するのに必要となるものとは異なる。植物は人間に協力するように命令されることはないし、果実や根茎を「引き渡す」ように手なずけられることもない。意識のない植物は、栽培化されていようがいまいが、人の攻撃もしない。さらに塀で囲まれた囲いの中にいる限り、よく育つことができる。もちろん栽培植物は、一定の植物に適した土地と特定の植物が必要とするだけのたくさんの水、肥料、空間がどれだけあるかという査定に依存する。食料にするために植物を育てる人は、家畜同様に病害の兆候に注意しなければならない。本章では動物の家畜化を主に述べたが、植物の栽培化が様々な生態系と人間集団に安定した食用作物に果たした特別に重要な役割を否定しているわけではない。

　動物家畜化は、新しい種類の利益をもたらした。家畜は初めは生きた道具として機能し、その後は肉資源になった。肉になるのは、人間のために働いた一生を終えようとした時や周囲の事情が必要とした時だけ

だったけれども。

　現代の暮らしでも動物家畜化が重要な意義をもつことは、以下のことからも明らかだ。すなわち動物と私たちとの関係は、コミュニケーションのスキル、そして動物を観察し、そこから結論を引き出し、遅くとも260万年前から次第に重要になってきた動物に対する様々な観察結果の中から関連をつけられる能力などをセットとして選択したことだ。そうしたスキルと人間性を特徴付ける現代人的行動との間の関係は、もはや明らかである。

第16章
夕陽に向かって駆ける

歴史を変えた動物原性感染症

ウマは、家畜化した人々に特別に大きな利益をもたらした。映画のカウボーイ――あるいは定住する農民と戦うコマンチ族――のように、敵を攻撃した騎馬文化由来の勇士は、勢いよく、そしてしばしば勝利して、鞍に戦利品や捕虜を縛り付けて夕日に向かって駆け去っていった。ウマに乗らない敵は、騎馬戦士に対抗できる見込みはほとんどなかった。

サンドラ・オルセンは、どんな動物よりもウマは人間社会に大きな影響を及ぼしたと指摘する。ウマを家畜化する前の人は、荷物を自分の手でもち、背中に背負うしかなかった。これは、人の移動や交易相手の選択に厳しい制約を課す。しかし一度ウマを家畜化すると、状況は根底から変わった。「ウマは軽快な足をもち、2人までの人間を軽く乗せられ、重い荷を運べ、ひどい品質の植物の食べ物だけでも生きられます。ウマは、人間が得た最初の速い移動手段だったのです」と、サンドラは言う。

ウマは、旧大陸の、そして後には新大陸の人の暮らしを変えるのに大いなる価値があった。しかしウマは、意図せざる結果をももたらした。紀元1300年頃、ボタイ文化の後継者と一つと予測される騎馬集団が、チンギス・ハーンとその後継者たちに率いられた恐ろしいモンゴル軍としてヨーロッパに襲いかかってきたのだ。熟達したこの騎馬集団は、戦争と家畜馬という別の利益を運んできたが、もう一つの災厄ももたらした。ペストである。歴史上のどんな例よりも、モンゴルの大群の侵入とペストの大流行の物語ほど、動物と人との親密さという深遠な生物学的重要性を証明する例がないのは明らかだ。

大量の人員と生きるのに必要な荷物を運ぶ手段をもった民族だけが、モンゴル軍によってなされたような軍事作戦に成功を収めることができた。極めて分かりやすい話だが、家畜化されたウマがいなかったとしたら、モンゴル帝国が創建されることはありえなかっただろうし、帝国の経営もできなかっただろう。また疫病によって敵を殺すことは、モンゴル軍の最初からの意図的戦略ではなかったが、致死的な動物原性感染症——動物からヒトへと感染する疾病——の急速な拡大は、人間と各種の家畜動物とがごく近くに暮らすという環境がなければあり得なかったであろう。騎馬戦士に運ばれた疾病は、モンゴル軍よりも恐ろしい戦士であった。

パックス・モンゴリカとウマがペストを世界的疫病に

紀元1160年頃に無名の遊牧民家族の中に生まれたチンギス・ハーンは、モンゴルの馬乗りの1人だった。彼はやがて、アジアの騎馬民族を戦争という血に飢えた飽くなき騎馬軍団の一つにまとめあげた。

1206年には彼は、昔からの敵を手練手管と軍事的手段を駆使してモンゴル帝国へとまとめ、「世界の支配者」、すなわち北アジア高原(今の中国北部)諸部族——タタール族、ネイマン、メルキト、ウイグル族、モンゴル族、ケレイト——のチンギス・ハーンを名乗った。王国や領地のそれぞれの征服は、別の王によって引き継がれた。1227年にチンギス・ハーンは死去するが、その時までの彼の21年間の統治で、モンゴルはチベットと華北を含む領域にまで拡大していた。チンギスの願いに従い、彼の息子たちはそれぞれの汗国、すなわち行政地域を占領し、電撃的攻撃と征服という遺志を追求した。

1270年までにモンゴル帝国は、華南、朝鮮半島、イスラム教スンニ派ホラズム＝シャー朝の支配するペルシャ領土、ロシアの大部分、グルジア、ポーランド、ハンガリー、バルカン半島、ヴォルガ・ブルガールま

で版図に組み入れた。最盛期のモンゴル帝国は、あまりに広大となったので——中国の黄海からヨーロッパの地中海沿岸まで広がる——、歴史上、モンゴル以外、どの陸続きの帝国もこれを凌ぐことはなかった。ユーラシアのステップ地帯と大草原が延びていく限り、戦士たちの傑出した馬術力のおかげでモンゴル軍も進軍した。

モンゴル支配の一つの結果は、徹底的に強化されたパックス・モンゴリカ（モンゴル支配の平和）であった。それが、シルクロードという重要な交易路や、それと連結する大切な海の交易路を守っていた。新たに安全となったその道沿いに交易が盛んになり、能力主義制度のような統治アイデアや火薬のような発明品、絹などの贅沢品が運ばれていった。さらにマルコ・ポーロのような旅人も、ある文化圏から隣の文化圏へと往来した。ペスト菌に引き起こされる腺ペストの最初に記録された流行は、パックス・モンゴリカの確立するずっと前の紀元前224年の中国だった。その当時は、人の住む集落は比較的離れ合っていて、旅人もほとんどいなかった。そのため破滅的な大流行は地理的に限定され、最後には犠牲者が尽きて終息した。しかしシルクロードが安全になると、ペスト菌は目に見えぬまま、おそらく思いもよらない形で、荷物と人の隊商に乗せてもらってやって来た。モンゴル軍が往く所に、したがってペストも広がったのだ。

中世ヨーロッパを荒廃させた黒死病の蔓延

14世紀の著述家、ガブリエル・デムッシによると、危機的な事件がクリミア半島にある黒海沿岸の重要な交易港であるカッハの数年間に及ぶ包囲攻城戦で起こった。カッハの門の外側に1、2年ほど布陣した後、モンゴル軍から派遣されてきたタタール部隊の間に、ペストの流行が始まった。通常ならいつも移動していることでタタール軍はペスト罹患を避けられ、したがって危機的な大流行にもならず、菌を媒介するノミも

増えようもなかった。しかし1個所に数年間も野営していたために、衛生的な整理整頓に大打撃となり、普通なら移動している兵士たちは都市住民のような暮らしを強いられていた。

　デムッシは、その難局の現実を生き生きと活写している。それによると毎日、数千もの兵士が病死し、「あたかも天から矢が降ってくるように、タタール軍の傲慢さを痛撃した。あらゆる医者の忠告と注意も、役に立たなかった。タタール軍兵士は、病気の兆候が体に現れるやすぐに死んだ。脇の下や鼠径部の腫れは、体液が凝固して起こった。そしてその後に悪臭を発しての発熱が続いたのである」と、彼は書き残している。

　タタール軍は、指揮官の命令で遺体を投石機に乗せ、内部の包囲された市民を殺すために城壁越しに遺体を投げ込んだ。カッハの街の住民は誰も、腐敗した死骸の悪臭や死骸が運ぶ致死的な疾病の感染から逃れられなかった。小舟でカッハを脱出できたわずかの市民も、彼ら自身が保菌者となっていたので、疫病を免れることはできなかった。彼らは、ジェノア、ヴェニス、マルセイユなどの港湾都市にペストを広げ、それぞれの街の住民を感染させた。ペストは、パリに1348年に、ロンドンに1349年に拡大した。そこからペストは内陸部に広がり、史上最悪のパンデミックになった。これが「黒死病」である。

　黒死病の犠牲者は、膨大な数にのぼった。中国の人口のおそらく50％、イギリスとドイツの人口の20％、地中海岸ヨーロッパの人口の70〜80％が死亡した。今日でも、治療をしないとペストの死亡率は60〜100％にもなるほどだ。いろいろな学者が、黒死病が腺ペストだったのか肺ペスト（媒介する動物がなく、人から人へと感染していく種類のペスト）だったのか、それともまだ知られていない出血熱のような第3の疫病だったのかについて議論しているが、結果は同じだった。疫病は極めて速く伝染し、感染したほとんどの人の命を奪い、当時の医学知識で効果的に治療することはできなかった。

繰り返される動物原性感染症の大流行

それではこの物語は、人間の歴史と進化に何を教えているのか？　同時代の文書類に克明に記録されたこの例は、動物と人との密接な結び付きに直接の関係があることを示している。

ウマがいなければ、軍と商人の速やかな移動も行われず、ペストが発生しても1地方だけを死に陥れる風土病で済んだだろう。今日の飛行機のようにウマは、動物原性感染症の蔓延にとっては好都合の、かなり時宜にかなった仕組みだったのだ。人々が耐久性のある密集した集落に住み、家畜と、そう呼んでよいかどうか、ネズミのような「意図せざる家畜」と身近な関係になっていなければ、ネズミからノミ、そしてヒトへというペストの感染は、あったとしてもかなり限定的で、比較的に稀にしか起こらなかっただろう。だが家畜化の過程で、人と家畜化した動物との間に行動面と生物学的な面の両方で複雑に絡み合う関係ができ上がったのだ。

黒死病の話は、ごく稀な例というわけではない。歴史時代で第2の最悪なパンデミックも、もう一つの動物原性感染症の例だった。第一次世界大戦全体の死亡者よりも多くの人々を死に至らせた1918年から1919年にかけてのスペイン風邪は、世界中でたぶん1億人もの人を死亡させた。科学的にはH1N1型に認定されているが、インフルエンザを起こすこのウイルス株は、水鳥から家畜のガチョウやブタに感染し、それから飼い主とそれに触れた人に感染するようになったと考えられている。家畜が、ウイルスの中間宿主の役割を果たしたのだ。しかし1918年流行のインフルエンザウイルスを蘇らせて行われた最近の実験では、ネズミも中間宿主だったのかもしれないことが示された。ウイルスは、ネズミにも急速かつ致死的に感染したのだ。

この他の動物原性感染症も、ほとんどが感染力と毒性が強かった。天然痘、麻疹、チフス、黄熱病、HIV、ジフテリア、腺ペストと肺ペスト、

そして最近出現したSARS（重症急性呼吸器症候群）、さらには鳥インフルエンザとブタインフルエンザは、すべて確実に動物の媒介源までたどれる。私たちは家畜と共に暮らし、野生動物も内部に取り込んで飼育したりしているので、そうした疾病の急速な伝染に著しく脆弱だ。ヒトに移ることが分かっている病原菌の半分以上——このパーセンテージは、もっとも深刻な健康への脅威となる疾病の中でも高い方だ——は、動物原性感染症が起源だし、新しく現れる感染症の60％は動物原性感染症である。

動物と人との長期の濃厚な接触が病気を生んだ

疫学研究者の予測によれば、次に現れる新しい強毒性の疾病は、熱帯の人口密集地から起こる可能性が高いという。そこでは増え過ぎた人口のため、人が周辺の森にあふれ出し、そこで否応なく野生動物と濃厚な接触を繰り返しているからだ。人がかかる疾病のうち、私たちが共に暮らす動物に起源をもつものがどんどん増えている。これまで動物と暮らし、動物の親しい関係を築いてきたことから、人は大きなメリットを得てきたが、それと同時に特別のタイプの疾病への脆弱性の高まりにも苦しむようになったのだ。

ジョンズ・ホプキンス大学ブルームバーグ公衆衛生大学院のネイサン・D・ウォルフ、カリフォルニア大学ロサンゼルス校医療センターのクレア・パナジアン・ドノヴァン、カリフォルニア大学ロサンゼルス校のジャレッド・ダイアモンドは、人間の感染症を再検討し、これまでに知られている人のかかる25の主な感染症とその起源を考察した。彼らの結論は、温暖な気候帯の疾病は、新大陸よりも旧大陸起源の方が多いというものだった。理由は、主な家畜のほとんど全種類が旧大陸起源だからである。

リャマとアルパカは、新大陸で家畜化されたほとんど唯一の動物だ。

だがリャマもアルパカも、これまでいかなる病原菌も人に移したことはない。なぜなのか？　伝統的にその地理的分布域がアンデス山中に限られ、そのためにどんな動物原性感染症も、(広大だが) 彼らの分布域を越えて広がっていけないという制約があるからだ。またリャマもアルパカも、旧大陸の他の家畜よりも人間から離れた距離で飼育されている。両者とも乳が利用されないし、屋内で飼育されることはなく、抱きしめられたりもしない。

　ここから分かるのは、動物の病気が種の壁を飛び越えて人の中に入っていくとすれば、人と動物との間に長期間の親密な触れ合いが必要とされるということだ。病原菌との一時的接触では、十分ではないのだ。

　ウォルフらは、動物だけの病気が人間だけの疾病に変わっていく際の五つの進化段階を認定した。ただしすべての感染症病原体が第5段階まで進化するわけではない。

・第1段階の病気は、自然条件では人に移らない、動物内部にいる病原菌である。マラリアのほとんどの種類がそれで、人に移るには中間宿主 (蚊) が必要である。
・第2段階の定型例が、動物から人へと感染 (一次感染) する動物病原体である。だが人から人 (二次感染) へは移らない。狂犬病が、その好例だ。
・第3段階の病原体は、人**へと**移る病原体だが、人**から**人へは滅多に感染しない。したがって疾病の発生は、人が動物の宿主から再感染しない限りやがて止む。サル痘ウイルスはサルから人へと移るこの段階の病原体だが、それ以上は広がらない。
・第4段階の疾病は動物に存在するが、例えば難民収容所での災厄のもとになるコレラのように、人から人へという二次感染は長い歴史もへているものだ。
・第5段階は、梅毒や天然痘のように専らヒトにしか感染しないよう

に進化した病原体である。

人は家畜化で生き延びた動物と共進化したが代償も伴った

　人間が自分たちの近くにいた数種の動物から創り出した生きた道具は、人間が新しい居住地と新しい生活方法へと入っていくことを可能にしたことにより、人間に新しい機会をもたらした。家畜は私たち人間に大いに有益な存在になったので、多くの場合、人が家畜化した動物は個体数を増やし、その健康を改善させた。スティーヴン・ブジアンスキーが『野生の契約（*The Covenant of the Wild*）』で説いているように、ウマは家畜化されていなければほぼ確実に絶滅していただろうほんの一例である。したがってすべての人間が動物に優しく振る舞っているわけではないが、人は家畜化した動物と共進化してきたのであり、その過程で両者ともその協約で利益を享受してきたのである。

　しかし人が創ったその生きた道具には、代償が伴った。それが、その道具を襲う（そして感染させる）疾病に対する人間の脆弱性を大きく高めたことだった。その体毛から衣服を、皮からレザーを作らせ、その背に荷物や私たち自身を運ばせる、人が一緒に暮らす家畜は、人間に寄生虫や病原菌、ウイルスをももたらす。人間はこれらの家畜と身近に暮らしているので、動物の体内に共存している病原体に種の壁を飛び越えて私たちの体内で暮らす道を進化させる素晴らしいチャンスを与えてきたのである。

　病原体の観点からすれば、宿主は多ければ多いほど良い。だが新しい動物を攻撃するためには、病原体は人の遺伝子に適合するように、あるいは少なくとも私たちの免疫システムをかいくぐるべく自らの遺伝子構成を変えねばならない。病原体の世代交代は非常に速いので、ランダムな突然変異で素早く適応できる。そして私たちの免疫システムは、侵入してくる病原体を打ち負かせる仕組みを進化させることができるが、人

の世代交代は病原体よりはるかに遅く、したがって免疫システムの進化も比べものにならないくらい遅い。他のすべてが同じであっても、だから病原体はいつでも適応競争に勝利するのだ。

家畜化と人口増が病原体に開いた新しいチャンス

今日、人口密度が高まり続け、人間が野生動物の生息域にどんどん進出しているので、野生動物も人に病原体を伝染させるだけの接触の機会が大きくなっている。びっしりと固まって暮らしているたくさんの人々のいる所では、そしてそうした人たちの人口がなお急成長し続けている所では、人間は否応なく新しい居住域へと進出し、動物が家畜化されておらず、また人に馴れていなくとも、そこに棲む動物と新しく接触せざるをえない。

どれほどの動物原性感染症が人に移行して成功裏に人に感染できるかは、どれだけ多くの動物が病原体の保有宿主となるか、その保有宿主でどれだけ多くの個体が感染するのか、例えば蚊のようなどれだけ優れた媒介者がその病気を伝染させようとしているのか、さらにどのように人間がふるまうか——などといった多くの変動要因に左右される。例えばサル痘病原体は感染性の強いウイルスだが、誰かが死んだサル（主要な野生動物肉である）を食べたり触れたりしなければ、感染の恐れはかなり低い。

もう一つの課題は、その保有宿主と人間がどれだけ近い関係があるか、である。霊長類のように他の動物よりずっとヒトに近い関係にある種は、それだけ彼らが本来もつ動物原性感染症を人間に移しやすい。彼らと私たちとの遺伝的違いが、他の動物より小さいからだ。霊長類は地球上の脊椎動物全体の0.5％を占めるにすぎないが、人間の主な病気の20％に関与している。例えばエイズ、エボラ出血熱、マールブルク病、ヘルペス・ウイルスBなどだ。

最近の新しい感染症は、ほとんどが野生動物由来の病原体で引き起こされる動物原性感染症であり、家畜に由来したものではない。したがって人口密度と人口増は、新しく現れる感染症の場所を予測できる強力な判断材料となる。

　このように家畜動物によって、人間は自分たち自身と私たちが家畜化してきた動物にとっての新しい機会を切り開いてきたが、同時に動物に（そして私たちにも）感染する病原体にとって、それは新しいチャンスをもたらしたのである。

第17章
現代世界における動物とのつながり

かくも大きなペットの占める位置

　私たちは、もはや農民だけの世界には暮らしていない。200年前、アメリカ国民の90%は農民だった。今はたった2%を占めるだけだ。それでもアメリカのように高度に産業化された国家でも、農耕民の遺産は依然として強固だ。アメリカで人気のある田園での素晴らしい生活という神話的地位は別として、現実の統計数字は印象に残る。2009年でも、アメリカの土地全体の40.8%が農地だった。さらにアメリカの畜産業の98%は家族経営である。これと良く似た家族経営農業のパーセンテージをもつのは中国だ。

　現代社会は産業化社会と考えられているが、私たちは身近に動物のいない世界で暮らしているのだろうか？　少数の人たちだけが農業で働いている現代で、私たちは動物との関わりと生活の中に占める動物の意義を失うようになってしまったのだろうか？

　そうではない。膨大な数の人々が毎日、畜産業の中でであれ、ペットとしてであれ、動物と関わって暮らすことを選択している。今や人間と親しく関わっているのが動物であることは世界で共通している。様々な国でのペット飼い主に関する統計数字によれば、現代世界で人と動物のつながりは依然として重要であることはきっきりと証明されている。単純に言えば、人は動物との接触を必要として進化してきたとしか思えない。

　ペットにかける年間支出は、巨額である。例えば2007年に、アメリカ人はペットに410億ドルも使い、オーストラリア人は46.3億ドルを支

出し、イギリス人の支出は26.2億ドルを超え、日本のペット所有者は100億ドルを支払い、中国人は9.95億ドルを出していた。自然災害で自宅から避難して家を失った悲惨な境遇の人たちでさえ、ペットを連れて逃げることに多大な努力を注ぐ。

ペットにはお金がかかるだけでなく、その数も膨大である。アメリカではペットを飼う家庭が6900万世帯（全家庭の63％）もいて、オーストラリアでも同じような飼育率であり、イギリスでは3700万世帯（同47％）に達する。アメリカでもイギリスでも、ペットのいる家庭の割合は、子どものいる家庭のそれよりも大きい。日本でもイヌの数は、12歳未満の子どもの数を超える。

ペットへの愛好は遺伝的基礎をもつ行動

なぜなのだろうか？

調査で一番多い回答は、友だちとしてペットを飼育しているというものや動物が好きだからというものだ。

人は動物と結びついて進化してきたので、動物が好きであり、ペットがいることでそこに交遊と喜びを見出しているのだ、と言えないだろうか。動物と私たち人間とのつながりは、数百万年間にわたってヒトが進化して生存してきたことに決定的に重要だったから、その後に人の生業の方法が大きく変化しても、動物と関わる必要性はなお大きいのだ。

この必要性の大きさは個人ごとに様々と想像されるので、読者の中には私の主張を眉唾だと感じる人もいるだろうことは分かっている。だが上述したように驚くほどたくさんの人たちが動物と一緒に暮らすことを選び、動物がいなければ自分の暮らしが不完全だと感じ、動物を家族の一員や愛すべき存在だと見ているのだ。動物と接触を保つことの必要性を私たちが感じていると考えるのが、一般的である。それ以外の何物も、私たちが動物と共に暮らすのに費やすエネルギー、お金、感情、努力を

説明してはくれない。

驚くほど多数の人たちが動物と暮らすことを選び、ペットなしの人生は不完全だと感じ、動物を家族の一員か愛すべき対象だと考えているのだ。

動物とつながりをもつことが、ヒトに典型的で遺伝的な基礎のある行動だとすれば、動物と暮らすことに目に見える利益があるはずだ。そして、それはある。ペットは、気まぐれな理由で手元に置いた、家畜化の過程のただの残り物ではない。ペットは人の暮らしの必要性を満たしてくれるのだ。

人の健康保全と癒しとなるペット

ペット——現代用語では「友だちである動物」——は、動物を愛護する豊かな国でだけでなく、文化を越えて、人の健康に影響を及ぼし、改善してくれる。だから多数の研究者がペットと人との関係を調べ、人を癒す状況でのペットの大きな価値を探っている。

ペットは、その周りの人に類をみない効能をもたらしている。ペットの飼い主は、ペットを飼わない人たちよりも、良好な健康、社会との接触、多くの運動、将来の暮らしについて良い見通しを保っている。ペットと暮らすだけで、多くの人たちで心拍数が落ち、コレステロール値が下がり、不安神経症が治まる。ペットといると、乳児と配偶者との絆を固める上で重要なホルモンであるオキシトシンのレベルも上がる。それが上がれば精神の静穏と平和がもたらされ、言葉を介しないコミュニケーションへの感受性も高まる。メグ・ダリー・オルメルトは、『お似合いで (*Made for Each Other*)』という自著の中で、オキシトシンは動物家畜化と動物に対する人の影響力の基礎となる「主要な生物由来の成分」だったと唱えている。

ペットや他の動物は、身体的弱者と精神的に弱った人を改善させ、学

校中退、犯罪、ドラッグ使用といった反社会的行動に走る人々を更生させるのに強力な「薬」ともなっている。リチャード・ルーヴは、『あなたの子どもには自然が足りない (*Last Child in the Woods*)』（邦訳、早川書房刊、春日井晶子訳）という本の中で、産業化社会に生きる子どもたちの暮らしに自然に触れる機会が失われたことは、注意障害、強迫観念、行動障害、不安神経症、鬱の原因に直接、関係していると提起した。まだ医学的診断基準とはなっていないが、彼の造語である自然体験不足障害は、多くの人々から共感を受けている。当然のことながら、自然の豊かな環境に接する機会をちょと増やすだけで、ストレスに対する人の回復力は大きくなる。

人間は動物と関わり、動物とコミュニケーションを交わすように遺伝的にプログラムされているので、動物と共に活動することは、数多くの身体的、精神的な困難に打ちかったり、緩和したりするのに特に効果的である。このことを教えてくれるもう一つの観点が、動物と共に活動することがオキシトシンを分泌させ、以前よりも心を和ませ、人をより社交的にし、信頼できるようにするというものだ。動物と共に活動することは、読書が不得意な人に自信を強めさせて音読するのを助けるし、心臓発作後の人の生存率を高め、自閉症児の社会的スキルを改善させ、またADHD（注意欠陥・多動性障害）の症状を軽減させる。だが動物と暮らすことも、決して万能薬ではない。

捕食動物の本能は消せず、危険を伴う接触もある

ペットが人気を得る理由として、多くの人は動物のもたらしてくれる無条件の愛情を挙げる。それは重要な要因の一つであるのは確かだ。だが深い洞察力をもって見れば、無条件の愛情への期待感が動物を家畜化する最初のきっかけだったことはあり得ないことが分かる。オオカミについて最低限の知識ももたなかった先史人なら、無条件の愛を受けるこ

とを期待して誰だってオオカミのアカンボウを抱きかかえたりはしなかっただろう。ペットとして自分たちと別種の動物を愚かにももち込んだ多くの人々が身に染みたように、馴れたオオカミにしろ別の野生動物にしろ、あからさまな攻撃を自制してくれるという保証はない。

その例は、大きな愛を惜しみなく与えたまさにその動物によってひどい怪我を負わされた異種動物を育てた無数の人々である。アダムソン夫妻（ジョイとジョージ）によって育てられたライオンの1頭でさえ（『野生のエルザ』で有名になった雌ライオンのエルザではない）、子ども1人を攻撃し、その後もこのライオンに毎日餌を与えたアダムソン夫妻のコックを殺したのだ。この悲劇的結果は、馴化と家畜化との違いについての基本的な混乱によって引き起こされる。数年間、人と親しく接し合ったところで、何万年以上もの間に育まれた捕食者としての（あるいは自己防衛としての）本能を消し去ることはできない。

馴れた動物や家畜と親しく接する基礎になる行動が、身体の接触であるのははっきりしている。動物と共に活動する人は、動物によく触れる。ウマの繁殖家、ブタを育てる畜産農家、ペットの飼い主、動物園の飼育係、獣医師であれば、誰もが動物に触り、ちょっと叩き、動物を抱きしめる。私たちの多くは自分のペットにキスし、また自分と一緒に眠ることを許している。人間が動物に触るのは、過去数百万年にわたって私たちが進化させてきた言語を用いないコミュニケーションの中でもこれが最も重要な一面だからだ。それでオキシトシン・レベルが上がるから、人は動物に触れる。そして動物のオキシトシン・レベルもそうである。人も動物もそれが楽しいから、人は動物に触れるのである。

動物と関わりたいという欲求は果てしなく

動物と関わりたいという同様の進化傾向は、広い人気を集める他の活動をすることの説明にもなる。人は、動物園、野生動物保護公園、動物

リハビリテーションセンターを訪れたり、野生動物保護区をハイキングしたり、クジラ、コンゴウインコ、ホエザルなどの観察をするエコツーリズム旅行に出かけたり、アマゾン川をカヌーでさかのぼったり、アフリカの広大なセレンゲティ平原を回遊する動物を観察したりして、多大な時間とお金を費している。野生動物に触れたり抱きしめたいという誘惑は、かなり強いのだ。

　上記の活動より冒険的でないレベルでなら、多数の人たちが『皇帝ペンギン（*March of the Penguins*）』や『哺乳類の暮らし（*The Life of Mammals*）』といった動物をテーマとした映画やテレビ番組を楽しんでいる。動物を配したポスター、カレンダー、それに動物意匠の工芸品や宝飾品、動物をデザインした服を、大量に購入する。数千、数万の人たちが、動物保護計画、動物の権利擁護グループ、動物避難所などの活動に、参加したり行動したりしている。机の上や壁に動物の写真を貼り、パソコンのスクリーンセーバーに動物の画像を用いる人もいるし、動物の姿を心に刻む人も多い。これらを全体として見れば、動物への広い関心は、人がなお動物とつながりを維持していたいという抗しがたい必要性を感じていることを物語るものだ。

　動物と共にすごした時間は、人の感覚を研ぎ澄まさせ、色や形、音、臭い、動作への注意力を高める。動物は、人の予測どおりにも、予測を超えた風にも動く。それが、人の驚きと感嘆の念を新たにさせる。動物は、人の心、魂を落ち着かせる。

　そして動物のいない環境で実際に暮らしている人々、緑の痕跡もほとんどない、まして野生動物を全く見られない、都市の無味乾燥な高層アパートで暮らす人たちはどうなのだろうか？　私の考えでは、そうした環境により数百万年にわたるヒトと動物とのつながりが選択してきた美質が劣化していると言えるだろう。

　私たちは、慈愛、共感、コミュニケーション技能を失っている。人間

同士の密接な感情の結びつきや支援網からも外れて、人は孤立して暮らしている。人はどんどんロボットのようになり、気遣いを失い、精神生活を薄れさせている。不安感が高まり、疎外感がつのり、緊張感が生まれ、そこに解放感も癒しもほとんどなくなっている。子どもたちは、屋外で探検ごっこをしたり、いろいろな物を観察したり、遊んだり、空想に耽ったりもせずに育つ。壁で囲まれたような、安全な空間で育てられている。彼らは好奇心を追い求めることと独力で楽しみを見つけることを学ばず、他のことで楽しみを見出している。味気ない、無菌室のような世界が、子どもたちの感覚を鈍らせ、想像力を窒息させている。すぐに子どもたちは、自分の注意を惹く、増える一方の、ますます極端になる刺激を必要とするようになる。

　身近に動物のいない世界は、もし私たちがそこで生きることを選択したとすれば、人類の最良の美質を破壊に瀕しさせる恐ろしい場所となる。

260万年のタイムスパンで動物との関わりを観た本書

　本書の冒頭で、私は一つの課題を提出しておいた。そして自分なりの仮説を確認した。すなわち人と動物とのつながりは太古からのものであり、それが人類を大きな三つの行動の進歩——石器の製作、言語と象徴化の始まり、そして動物の家畜化——に駆り立てたので、それこそが根本的に重要だったということだ。動物と人とのつながりが今日あるような人間を形成するのに有益だったことを説得力をもって示せたと確信できるが、その証拠と観察結果を提示して、私は260万年前から現代までの人類進化の物語を追跡してきた。最古の石器から言語の始まりと最も新しい段階である生きた道具の作成まで、動物と人間との関わりが私たちをこの道をたどらせたのである。

　なお人に及ぼした動物の影響力の重要性に注目したのは、私が唯一の著作者ではない。そうした先人の一例として、ジャレッド・ダイアモン

ドがいるが、彼は「植物栽培と動物家畜化は、過去１万3000年間で最も重要な発展」と呼んだ。

さらにスティーヴン・ブジアンスキーは、論議を呼んだ『野生の契約』で、家畜化された動物は家畜化を選んだのだ、野生から家畜への変身は人と動物との間の一種の相互契約だったのだと主張した。テンプル・グランディンとキャサリン・ジョンソンは、『動物が幸せを感じるとき――新しい動物行動学でわかるアニマル・マインド（*Animals Make Us Human*)』（邦訳、NHK出版、中尾ゆかり訳）という本で、自分（グランディン――自閉症児だった）が運命的人生に立ち向かうのに、動物との関わりがいかに役だったかを感動的に描いた。バーバラ・J・キングは、自著『動物と共に生きる（*Being With Animals*)』で動物と人との深い精神的つながりを探究した。さらにハル・ハーツォグは、『ぼくらはそれでも肉を食う（*Some We Love, Some We Hate, Some We Eat*)』（邦訳、柏書房、山形浩生・守岡桜・森本正史訳）という本で、人と動物との関係について、不可解で、相矛盾することの多い道徳感を考察している。

リチャード・ルーヴは、子どもたちが自然――昆虫、樹木、動物、鳥、泥、土――に身をさらすことから遠ざけられていることで感動に乏しくなる負の効果を嘆いている。

こうした思索家、学者、作家たちのコミュニティーの内部で、私は人の動物との交流がこれほど深く私たちに影響を及ぼし続けている理由を説明するプロセスを描写してきた。その意味で私は、過去数百万年にわたる動物と人との複雑な関係を上記のように詳しく追跡したたぶん唯一の人間だろう。

現代の都市に欠落する動物との関わりの維持の視点

本書で、動物とのつながりこそが人類の進化につれて人間という種に及ぼした重要な影響力の一つになってきた、と述べた。私たちが動物と

第 17 章 現代世界における動物とのつながり　295

どんどん親しく交流するようになったことが今日の私たちのライフスタイルを形成し、私たちをもっと観察力が鋭く、共感的で、コミュニケーションの上手な、寛容で、和解したり交渉したりできるようにしてくれた。他の動物に注意を払うだけで――彼ら動物たちに心を注ぎ、動物たちが何をするのか、どのように暮らしているのか、何を必要としているのかを注視し、重要な情報を収集し、他の人間たちとその情報をやりとりしたことで――、それが私たちの進化に信じられないほど巨大な効果をもったのだ。私たちと動物とのつながりこそがヒトを人間にしたのだとしたら、未来においては私たちのなすべきことは何なのだろうか。

　残念なことに、都市計画や建築で動物との交流のためのスペースを作っている証拠は、ほとんど見られない。住居は最大限の密度までしばしばぎゅう詰めにされ、緑地の計画された空間はあまりに狭すぎて、どんな野生生物も棲めそうもない傾向が見受けられる。例外は、ゴキブリ、リス、都市生活に上手く適応できた鳥くらいのものだろう。

　子どもたちは動物を直接には何も知らないまま育っているし、肉が食料品店以外のどこからやってくるのか、何も考えない。さらにまた動物の（したがって人間の）行動にも、ほとんど理解をしていない。こうした子どもたちこそ、ルーヴの言う自然体験不足障害に罹っている子たちである。そう、人はもっと多くの人たちをより経済的に、高層のコンクリート建築物に詰め込むことはできる。ことに美や形にお金を投じたくなければ。

　ところが多くの都市の集合住宅は、ほとんどのペットに（ほどんどの人たちに、と言ってもいいだろう）快適ではなく、ペットとの暮らしも、人々に動物とのつながりのもたらす身体的、感情的、精神的心地よさを与えない。これが、ジェフリー・ムッサイエフ・マッソンにより『愛さずにはいられないイヌ（*The Dog Who Couldn't Stop Loving*）』という書物でかなりの説得力をもって提起された点である。動物と共に暮らし、

動物に触れ、動物と共に活動することが必要であるのは、私の仮説が正しければ、ヒトの遺伝子に埋め込まれている。私たちは、動物の必要性、動物と陽気に、進んで楽しむことを投げ捨てられないし、それは変わらないのだ。

現代人はいかに動物との接触に餓えているか

上記の一例は、ごく単純であり、またはっきりしていることなので、他に例を挙げる必要はないくらいだ。世界の多数の地域で都市化がどんどん進行しているので、家族の絆と生涯続く個人的関係が弱まっている。多数の老人がもはや家族から面倒をみてもらえず、介護施設や老人ホームで赤の他人の世話になっている。

この処遇で最もはっきりした困難さの根源が、概して見すごされている。最近なされたイギリスでの研究で、次の結論が得られた。老人や障害者が自宅を離れ、介護施設に入所すると、ストレスと惨めさ、身体的、精神的不調をきたすが、その大きな原因は、ペットから引き離されることにあるというのだ。もちろんそうした施設にペットを連れていくのは具合が悪い。ペットの方も、餌を与えられ、世話をされ、排便の後始末をしてもらい、運動に連れ出してもらわなければならない。人間と同じように、だ。だがそうした不都合さも、ペットがいることによる老人の健康と生活態度の向上のメリットの方が上回り、精神的落ち込みや不安感の顕れを低下させ、社交性を増進させる。その証拠はあまりにも明瞭だったので、2010年、イギリス下院は、老人が介護施設に入居する際にペットをもち込める居住型介護施設の施設数を増やす法案を通過させた。

この研究での発見は、現代世界で人の生活に占める動物の意義が著しく過小評価されてきたとする私の確信を強めただけではない。なおかつ、ある日突然、自然の世界が都市居住者の意識に入り込んでくるという希

有な機会に接した時、私たちはいかに完全にそれに魅了されることか。ニューヨークの集合住宅のビルをねぐらにして、そこで雌に求愛し、さらに雛の子育てをしたペイル・メイル（Pale Male＝「淡い色の雄」の意）という愛称のアカオノスリの愛すべき物語は、ニューヨーク市民数百万人の心を捕らえた。動物園の赤ちゃんパンダに、私たちはなんと簡単に魅了されることだろう。さらにまた油まみれになったペリカンやラッコの写真が情感をかき乱し、それがどれほど効果的な救出につながり、原油掘削産業への規制を強める圧力を高めるのにいかに効果的に働いただろうか。

想像もできない動物のいない世界

ペット連れで住めるアパートを見つけるのはまだ難しいが、それでも大都市に住む多くの人々は、「親交を求めて」ペットを飼う。それは、人間には明らかに満たされていない必要性なのだ。ネコがゴロゴロと喉を鳴らし、イヌが千切れるほど尻尾を振るのは、人の1日の中で最も心温まる、最も充実した動物との交流だろう。それと似た証拠、常識、本書で示した人と動物の交流の長い歴史は、動物と共に暮らす人の能力を保持していくために大いに配慮しなければならないことを示しているのではなかろうか。

動物との親しみを基にした交流こそが、人間に優れた道具と、言語の確立を含めた強化されたコミュニケーション技能を進化・発展させた、と私は確信している。人類に他の動物も——たとえ別の種であっても——感情、必要性、「思考」をもつと教えたものこそ動物だった。人類の系統で発達した共感、理解、そして妥協という重要なスキルを選択させたのも、動物だった。それらのスキルと動物と親しくつながっていたいという私たちの願いの発達は、人間の文化と生物としての人間の大いに重要な一面なのである。

もし人類が動物を少しずつ世界から消滅させていけば——私たちの暮らしへの動物の意義と関連性を無視すればだが——、動物とのつながりが他者とのコミュニケーションと共感に果たしてきた淘汰的メリットを減じることになろう。

　現代世界は、ますますグローバル化している。私たちは、毎日のように世界の他の土地に暮らし、他の文化をもち、他の言語を話す人々と接触を重ねている。グローバル化がさらに進んでいけば、私たちのかき集められるわずかずつの共感、寛容さ、コミュニケーションスキルをその都度、緊急に必要とすることだろう。これこそ、人間と動物とのつながりが私たちに与えてきたことだ。未来に対しても、このことはとても必要なのである。

図版クレジット

図1 　a) ⓒ Tim White, 2009 ; b) Photo by C.K. Brain
図2 　Courtesy of Kathy Schick and Nicholas Toth, The Stone Age Institute
図3 　ⓒ Sileshi Semaw
図4 　ⓒ Pat Shipman
図5 　a) Photo by Manuel Domínguez-Rodrigo ; b) Reprinted with permission from Journal of Archaeological Science, 33 (4). Travis Rayne Pickering, Charles P. Egeland. Experimental patterns of hammerstone percussion damage on bones : implications for inferences of carcass processing by humans. Pages 459-469. (2006), with permission from Elsevier.
図7 　ⓒ Pat Shipman
図8 　Reprinted from Henry T. Bunn and Ellen Kroll 1986. Systematic butchery by Plio-Pleistocene hominids at Olduvai Gorge, Tanzania. Current Anthropology 27 : 431-452 with permission from University of Chicago Press.
図10 　ⓒ Blaire Van Valkenburgh
図11 　ⓒ 2001 Lucinda Backwell and Francesco d'Errico.
図12 　a) (c) 2001 Lucinda Backwell and Francesco d'Errico. b) Reprinted from Journal of Human Evolution 50(2). Jackson Njau and Robert Blumenschine, 2006. A diagnosis of crocodile feeding traces on larger mammal bone, with fossil examples from the Plio-Pleistocene Olduvai Basin, Tanzania. Pages 142-162, with permission from Elsevier.
図13 　Reprinted from Proceedings of the National Academy of Sciences 98(4) : 1358-1363. Backwell, L., and d'Errico, F. 2001. "Evidence of termite foraging by Swartkrans early hominids." ⓒ 2001. National Academy of Sciences USA.
図14 　Reprinted from Proceedings of the National Academy of Sciences 98(4) : 1358-1363. Backwell, L., and d'Errico, F. 2001. "Evidence of termite foraging by Swartkrans early hominids." ⓒ 2001. National Academy of Sciences USA.
図15 　Reprinted from Proceedings of the National Academy of Sciences, 104 (9). Mercader, J., Barton, H., Gillepie, J., Harris, J., Kuhn, S., Tyler, R., and Boesch, C. 4,300-year-old chimpanzee sites and the origins of percussive stone technology." Pages 3043-3048. ⓒ 2007. National Academy of Science USA.

図 16　The Great Ape Trust
図 17　Reprinted from Proceedings of the National Academy of Science 99：2455-2460. Naama Goren-Inbar, Gonen Sharon, Yoel Melamed, and Mordechai Kislev. "Nuts, nut cracking, and pitted stones at Gesher Benot Ya'Aqov." ⓒ 2002. National Academy of Science USA.
図 18　ⓒ Tim White（2001）
図 19　Photo：University of Bergen, Norway
図 20　ⓒ 2010 Genevieve Von Petzinger
図 21　Photo by Pierre-Jean Texier
図 22　ⓒ copyright d'Errico/Vanhaeren；Reprinted from Proceedings of the National Academy of Science 106（38）. Francesco d'Errico, Marian Vanhaeren, Nick Barton, Abdeljalil Bouzouggar, Henk Mienis, Daniel Richter, Jean-Jacques Hublin, Shannon P. McPherron, and Pierre Lozouet. 2009. Out of Africa：Modern Human Origins Special Feature：Additional evidence on the use of personal ornaments in the Middle Paleolithic of North Africa Pages 16051-16056.（c）2009 National Academy of Science USA.
図 23　Reprinted from the Journal of Archaeological Science 25. Backwell, Lucinda, Francesco d'Errico, and Lyn Wadley. 2008. Middle Stone Age bone tools from the Howiesons Poort layers, Sibudu Cave, South Africa. Pages 1566-1580（2008）with permission from Elsevier.
図 24　The Great Ape Trust
図 25　Reprinted from Journal of Archaeological Science 36. Germonpré, M. Sablin, M.V., Stevens, R.E., Hedges, R.E., Hofreiter, M., Stillere, M., Desprése, V.R. Fossil dogs and wolves from Palaeolithic sites in Belgium, the Ukraine and Russia：osteometry, ancient DNA and stable isotopes. Pages 473-490（2009）with permission from Elsevier.
図 26　Reprinted from Journal of Archaeological Science 25（4）. Dorcas Brown and David Anthony. Bit Wear, Horseback Riding and the Botai Site in Kazakstan, Pages 331-347. Copyright（1998）, with permission from Elsevier.
図 27　ⓒ Sandra Olsen

謝　辞

　物書きとは、言葉だけで生きているわけではない。少なくともこれ一つではない。
　支援、提言、編集者の一言、共感、そして知的刺激が必要で、それをいただいたことにまず、そして最高の謝意を夫のアラン・ウォーカーに表したい。
　それから以下の友人と学問的同僚に感謝する。ゼレイ・アレムゼゲド、ルシンダ・バックウェル、ボブ・ブレイン、ナンシー・マリー・ブラウン、ジョージ・チャプリン、メリッサ・ダインズと彼女の勤める動物園、フランチェスコ・デリコ、ビル・フィールズ、ミーツェ・ジェルモンプレ、チェリル・グレン、ハスケル・グリーンフィールド、ハル・ハーツォグ、ブライアン・ヘッセ、レズリー・フルスコ、ピーター・ハドソン、ニーナ・ジョブロンスキ、ジェニー・ジン、バーバラ・ケネディ、バーバラ・J・キング、カーティス・マリーン、ジギ・マリノ、ジェフリー・ムッサイエフ・マッソン、リー・ニューサム、サンドラ・オルセン、ジョン・オルソン、キャシー・シック、スー・サヴェッジ゠ランボー、シレシ・セマウ、メアリー・スタップルトン、ニック・トス、クリス・ワドマン、サイモン、シェレン、ブライン、そしてミーガン・ウォーカー、ボブ・ウェイン、デイヴィッド・ウエブスター、ティム・ホワイト、さらにカンジとパンバニシャ、そしてジェニファー、ゼルダ・シップマンにも。
　アンジェラ・フォン・デル・リッペには、草稿を読んで有益で共感に満ちた助言をいただいたし、彼女の助手のローラ・ロマンは驚くほど有能だった。私の今は亡き代理人だったラルフ・ヴィシナンジは、誰も買

おうとしなかった時に、本書の版権を売るのに奮闘してくれた。そして私の新しい代理人であるミシェル・テスラーは、ラルフの没後に手際よく代理業務を進めてくれた。ありがとう、皆さん！

訳者あとがき

　著者パット・シップマンの本を翻訳するのは、これが実は2冊目となる。夫君の古人類学者アラン・ウォーカーと共著で出した『人類進化の空白を探る（朝日選書、2000年）』以来だが、共著とはいえ同書も実はシップマンの執筆になるものであろう。旺盛な執筆活動に敬服する。

人と動物との関わりと身体外の適応というユニークな視点

　本書は、ホモ属の進化史を動物との関わり（アニマル・コネクション）の観点から見直すというこれまでにないユニークな書物だ。エチオピアのブーリやゴナの獣骨に石器によるカットマークが付いていたというのは、かつて大きなニュースになった。訳者も、そのことを何度か自著で触れたことがある。

　しかしシップマンのように、その時あたりからヒトと動物との関わりが始まり、その関わりの濃淡が淘汰圧として働き、ホモの進化を駆動したという見方に接したのは、初めてだ。その仮説は、説得力がある。

　ただ、その仮説に力点を置くあまり、あたかも初期ホモの段階で動物の狩りをしていたかのような記述が見られるが、訳者はこれには同意しない。初期ホモの製作・使用していたオルドワン・インダストリーには、槍先などの狩猟具は存在しないからだ（腐りやすい木槍を使っていたという考えはできそうだが、まだ実証されていない）。

　だから初期ホモが取り得たのは、集団で石などを投げて、草食動物を倒した肉食獣を追い払い、死体を横取りするのがせいぜいだったのではないか、と考えている。その点で、53ページで触れられているヘンリ・バンの「力尽くの死肉漁り」という考えの方に共感する。それでも初期ホモは草食動物の死体を得るには、周囲の動物たちの挙動の観察を怠ら

なかっただろう。例えば現代の東アフリカのハッツァ族はいつも空を見ていて、ハゲワシが舞うのを察知するやその下に急行し、倒れた草食動物の死体を掠め取って肉を得るが、そのような行動の萌芽が始まっていたに違いない。

そうやって死肉漁りした獲物の解体なら、オルドワン石器が十分に役だった。それどころか今まで不可能だった「肉を切り取る」ことが、石器の発明で可能になったのだ。

その意味で、身体外の適応、という概念を本書で初めて知ったのも新鮮だった。著者の指摘するように、石器は人類が得た初めての身体外の適応手段であった。

石器製作の最大の目的である動物の肉と骨髄を獲得しやすくするために、獲物となる草食動物、干渉競争の相手となる肉食動物の振る舞いを常に注視し、注意を怠らない性向は、そうした中で初めて進化する。それにより肉と骨髄を利用できるようになった個体は、石器を作らない個体よりはるかに有利になったからだ。

ホモ属の中でも、やがて発展してくるアシューリアン・インダストリーを開発したホモ・エレクトスが、同時代者のホモ・ハビリス、ホモ・ルドルフェンシス、パラントロプス属を圧倒し、最終的に絶滅に追いやったのは、アシューリアンというオルドワンよりはるかに進歩した石器を手にし、淘汰圧を克服できたからだろう。

その後のホモ属の進化史は、身体外適応の発展と表裏の関係で進んでいく。それは、本書でじっくりと味読していただきたい。

ウマの家畜化の意義と動物原性感染症の出現

身体外の適応の第3の飛躍である栽培家畜化で、著者はイヌの家畜化とウマの家畜化の意義を、特別に重視する。もちろんイヌの家畜化の方がはるかに古いわけだが、比較的新しい6000年前のウマの家畜化は、特

訳者あとがき　305

に人類文化に大きな影響を与えた。

　その例は、本書に詳述されているボタイ文化の後継者と思われるスキタイ人など騎馬遊牧民の北部ユーラシアでの活躍、さらに下ってモンゴル帝国のユーラシア制覇に留まらず、南北新大陸文明のスペイン、コンキスタドールによる征服という形でも表れた。

　一方で4000年前頃に車輪とスポークが発明されると、ウマで牽引される戦車が登場し、優れた兵器となった。6000年前以降の世界史の動向は、ウマの存在なしには語れないだろう。

　このように動物家畜化は、人類の生活を大きく変えたが、同時に著者はその暗部も指摘する。

　動物原性感染症の出現である。本書にもウマの家畜化の意義と絡めてたっぷりと述べられているが、栽培植物の出現とその品種改良が進んだことによる食の単純化で、人口増という負荷も相俟って人々の全般的な栄養状態は、むしろ悪化した。健康状態の全般的悪化は、動物原性感染症の病原体の寄生にとって最高の新天地が切り開かれることになったのである。

　それら病原体は、元の宿主の体内で、もともとは特に悪さをすることもなく平和的に共存していたものだ。しかしヒトという新たな感染先を得ると、病原体は新宿主との関係の構築に戸惑うことになる。それは感染されたヒトにとって、猛毒となって表現された。

　最も新しい例では、パンデミックが懸念されるH5N1鳥インフルエンザウイルスである。いつ人から人へと感染するかが恐れられているのは、元の宿主である水鳥のゲノム内で平和的に共生していた（おそらく水鳥の生存にとって何らかのプラス効果があったと思われる）ウイルスが、人から人への感染性を獲得した時の共存前の戸惑い反応の毒性が懸念されているのだ。水鳥起源のウイルスがアヒルとブタのゲノム内で遺伝子組み替えと追加で改変されて人への感染がなされるのだから、インフル

エンザはまさに動物原性感染症である。

　HIVも、そうである。今では感染しても、有効な多剤服用療法が進歩し、エイズへと進む恐れは大幅に減っているが、HIVもアフリカのサルとチンパンジーに内在していた（したがって平和的に共存していた）ウイルスだった。それがつい数十年前、古くても100年前にアフリカの住民に感染したことにより、致死率100%に近い猛烈な毒性を発揮した。

　ちなみにヒトゲノムには、多数の内在ウイルスの痕跡が見られることから、人類は常に動物起源ウイルスに感染し、自然淘汰でその度に弱い個体が除かれ、生き残った個体のゲノムに内在化したと考えられている。それからすれば、もはや医学の進歩で自然淘汰の効果は働かないが、HIVもいずれは人類と共存する方向に向かうだろう。多数の動物原性感染症が、医学の発達のおかげで、恐ろしい病気でなくなったように。

　それでもエボラ出血熱のように、新しい動物原性感染症は現れる。人類が農耕牧畜を推し進めた以上、それは仕方のないことなのかもしれない。

初期人類の誕生期

　化石記録はすでに700万年前のサヘラントロプスまでさかのぼり、初期人類とチンパンジー祖先の分岐はもう少し古くなるのは決定的になっているのに、遺伝子分析では両者の分岐は500万年前前後とされていた。そのギャップが、最近、埋まった。京都大学など日米独英の共同研究チームが今年（2012年）8月に発表したところによると、両者の祖先の分岐は、700万〜800万年前になるらしい。チームは、チンパンジーの世代交代の平均年数をより正確に反映させ、精度の高い分析法で計算し直した結果だという。

　これで化石記録と遺伝子記録が一致したことになるが、実は両者が分岐しても、しばらくは完全な種分化は起こらなかったともいわれる。ア

フリカの熱帯雨林内での種分化で、地理的隔離は不十分だったと考えられるので、両者はしばらくは相互に遺伝的な交雑を繰り返していたようだ。

英科学週刊誌『ネイチャー』2006年6月29日号に掲載されたアメリカのニック・パターソンらの「*Genetic evidence for complex speciation of humans and chimpanzees*」というタイトルの論文によると、ヒトの祖先とチンパンジーの祖先が共通祖先から分岐した後、630万年前頃まで両者は互いに交雑していただろうという。ヒトとチンプの両祖先が分岐したのが今から800万年前頃とすると、150万年以上は互いに交雑し合うハイブリッドだったというのだ。

これが事実だとすると、サヘラントロプスやオロリン・ツゲネンシス、アルディピテクス・カダッバという初期人類は、ひょっとするとまだ完全な種分化を遂げていなかった可能性がある。

ホモ3種の鼎立

さらに最近の研究で、ホモ・ハビリスとホモ・ルドルフェンシスは単一種だという一部の人類学界の見方を否定する発見もあった。

今から40年前の1972年にリチャード・リーキーらが、ケニア、トゥルカナ湖東岸クービ・フォラで粉々の状態で発見した下顎のない頭蓋ER1470標本は、ホモ・ルドルフェンシスの基準標本だが、これについては大型のホモ・ハビリスにすぎないという意見も存在した。

ところが2012年8月9日付の『ネイチャー』で、ミーヴ・リーキーらは、同じクービ・フォラでER1470に良くフィットする下顎を含む新化石3点が新たに発見し、それによりホモ・ルドルフェンシスの存在は確証されたと発表した。

見つかっていたのは、若者の下顔部のER62000、完全に近い成人下顎化石ER60000、下顎骨片ER60003で、2種類の年代測定法で178万〜

195万年前と年代推定された。この年代は、ホモ・ハビリスの年代と完全に重なり合う。この直後にアシューリアン・インダストリーも出現し、古ければ195万年前には最古のホモ・エレクトスも出現していると考えられるので、トゥルカナ湖周辺には3種のホモが同時・同所的に共存していたことがあらためて確かめられた。

南アと東アフリカのパラントロプスはやはり別系統か

本書の第4章で南アのパラントロプス・ロブストスの骨器使用について最新の研究成果が詳細に紹介され、いろいろと学ばされたが、パラントロプスに関する一連のこの記述から、訳者が長年抱いていた漠然としたパラントロプス観は確信に近いものに変わった。

つまり「頑丈型猿人」として括られる南アのパラントロプス・ロブストスと東アフリカのパラントロプス・ボイセイとの関係である。両者の形態的類似性と生息年代の重複から、両者は同系統の頑丈型猿人の地域種という見方もあるが、その一方で有力なのは、両者は系統の異なる並行種という見解である。

後者の考え方によると、南アのロブストスは先行するアウストラロピテクス・アフリカヌスが頑丈化した後継種であり、東アフリカのボイセイはやはり頑丈型猿人である先行するパラントロプス・エチオピクスの後継種とされる。すなわちロブストスとボイセイの良く似た形態は、単なる収斂進化の結果というわけだ。

本書を読んで、東アフリカと南アの頑丈型が全く異なる道具使用をしていたことを再認識させられた。南アでロブストスによりシロアリ掘りに盛んに使われた骨器が東アフリカで全く使用されていないのは、ただの文化の受容の差ではなく、両者の系統が異なっており、両者間に文化的・遺伝的交流のなかったことを強く示唆していると考えられるのだ。また東アフリカの骨製ハンドアックスを含む大型獣の骨を剥離した骨器

は、材質こそ違え、同じ製作手法から考え、おそらくはホモ・エレクトスの作ったものなのだろう。東アフリカのパラントロプスは、考古遺物として残る道具を製作していなかったのかもしれない。

顔料製作工房はさらに古く

さらに本書にも紹介されている南ア、ブロンボス洞窟での2008年の発掘調査シーズンで、10万年前のオーカー顔料製造工房が発見された。『サイエンス』2011年10月14日号に、クリストファー・ヘンシルウッドやフランチェスコ・デリコらが発表した。

遺構からオーカー粉を水に溶いたらしい貯蔵用の2枚のアワビ貝殻が見つかった。貝殻のそばに、オーカー、動物骨、木炭、珪岩の磨石、ハンマー石も見つかり、これらは顔料製作の道具一式と見られる。オーカーをハンマー石を用いて磨石上で砕き、それに木炭片やアザラシの油脂などを混ぜて顔料を製作し、できあがった顔料をアワビ貝殻に移してかき混ぜていたらしい。

遺構の近くにはその他の考古遺物が見つからなかったことから、この場所は主に工房として使用され、顔料が完成してすぐに放棄されたのではないかと推測されている。

年代測定は貝殻の発見された堆積層の石英を光励起発光（OSL）法で行われ、その結果、前述のように約10万年前という推定年代が得られた。本書でも172～173ページに紹介されている南ア、シブドゥ洞窟のオーカー工房は5万8000年前とされているので、オーカー処理工房はさらに古くなったことになる。

訳語について一つ注記しておけば、本書でヒト科（hominid）と、人、人間を訳し分けた。ヒト科とは、ホモ属も含むパラントロプス属やアウストラロピテクス属も含めた人類全体やホモ属以外の人類を指す場合に

用い、ホモ属と同義で使用したり、一般的な用語の場合は、人や人間という言葉を用いた。やや煩雑だが、ご容赦いただきたい。

　また第9章の行動の現代化などについては、同成社で刊行した拙著『ホモ・サピエンスの誕生』（2007年）で詳述しておいたので、同書を参照していただければ幸いである。

　最後に、訳出にあたって、長すぎると思われた段落には訳者の判断で、適宜改行し、また読者の理解の進むように、原文にはない小見出しを加えたことをお断りしておく。なおページ数の関係で、原著に付いていた膨大な出典は省略させていただいた。また大変残念ながら、時間の関係で索引も付けることはできなかった。その代わり、巻頭の目次の各章に詳細な小見出しを付けた。この小見出しは前述したように、訳者が付けたものである。これで索引の代わりになるとは思えないが、少なくともどこに何が書かれていたかを後でたどる時の手掛かりにはなるだろう。

　本書の公刊に当たって、出版を引き受けていただいた同成社社長の佐藤涼子さん、そして編集に当たった山田隆さんに感謝する。

2012年11月29日

アニマル・コネクション 人間を進化させたもの

■著者略歴■

パット・シップマン (Pat Shipman)

ペンシルベニア州立大学人類学部名誉教授。人類学を専門とする科学ジャーナリストとしても著名。1970年、スミス・カレッジ卒業、1977年、ニューヨーク大学より Ph.D 取得。夫君で同じ人類学者のアラン・ウォーカーと共著で『The Wisdom of the Bones (邦訳名『人類進化の空白を探る』2000年、朝日選書、河合訳)』(1995)があるほか、単著にウジェーヌ・デュボアの評伝『The Man Who Found the Missing Link』(2001)など多数。また「アメリカン・サイエンティスト」誌や「ニュー・サイエンティスト」誌などにも寄稿している。

■訳者略歴■

河合信和(かわい のぶかず)

1947年千葉県生まれ。北海道大学卒業。1971年、朝日新聞社入社。科学ジャーナリスト。現在、「リブパブリ」代表取締役。
【主要著訳書】
『ネアンデルタール人と現代人』、『旧石器遺跡捏造』、『人類進化99の謎』(いずれも文春新書)、『ヒトの進化 七〇〇万年史』(ちくま新書)。主な訳書に『最初のヒト』(アン・ギボンズ著、新書館)、『出アフリカ記 人類の起源』(C・ストリンガー、R・マッキー著、岩波書店)、『人類進化の空白を探る』(A・ウォーカー、P・シップマン著、朝日新聞社)など。

2013年6月26日発行

著 者　パット・シップマン
訳 者　河　合　信　和
発行者　山　脇　洋　亮
印 刷　三 報 社 印 刷 ㈱
製 本　協　栄　製　本　㈱

発行所　東京都千代田区飯田橋4-4-8　㈱同成社
　　　　(〒102-0072) 東京中央ビル
　　　　TEL 03-3239-1467　振替 00140-0-20618

ISBN978-4-88621-637-3　C0045